"十二五"国家重点图书出版规划项目

21世纪先进制造技术丛书

微织构刀具及其切削加工

邓建新 等 著

科学出版社

北京

内 容 简 介

本书结合作者多年来从事微织构刀具技术研究的成果撰写而成。在全面分析国内外刀具技术发展现状的基础上，着重论述微织构刀具、软涂层微织构刀具、基体表面织构化涂层刀具、多尺度表面织构刀具的设计理论、制备方法、力学性能、微观结构、切削性能及其减摩抗磨机理。本书兼顾理论和应用两方面，着眼于最新的内容和动向，既有理论分析，又结合实际应用，反映了国内外微织构刀具的最新成果。

本书可供切削理论和切削刀具等领域的技术人员和管理人员参考，也可作为科研人员、高等工科院校教师的科研参考书以及机械类专业研究生的教学参考书。

图书在版编目(CIP)数据

微织构刀具及其切削加工/邓建新等著. —北京:科学出版社,2018.5
("十二五"国家重点图书出版规划项目:21世纪先进制造技术丛书)
ISBN 978-7-03-056627-0

Ⅰ.①微… Ⅱ.①邓… Ⅲ.①织构-刀具(金属切削) Ⅳ.①TG71

中国版本图书馆 CIP 数据核字(2018)第 035064 号

责任编辑:裴 育 赵晓廷 / 责任校对:张小霞
责任印制:徐晓晨 / 封面设计:蓝 正

科 学 出 版 社 出版
北京东黄城根北街 16 号
邮政编码:100717
http://www.sciencep.com

北京凌奇印刷有限责任公司 印刷
科学出版社发行 各地新华书店经销
*

2018 年 5 月第 一 版 开本:720×1000 B5
2021 年 7 月第三次印刷 印张:18
字数:344 000
定价:128.00元
(如有印装质量问题,我社负责调换)

《21世纪先进制造技术丛书》序

21世纪，先进制造技术呈现出精微化、数字化、信息化、智能化和网络化的显著特点，同时也代表了技术科学综合交叉融合的发展趋势。高技术领域如光电子、纳电子、机器视觉、控制理论、生物医学、航空航天等学科的发展，为先进制造技术提供了更多更好的新理论、新方法和新技术，出现了微纳制造、生物制造和电子制造等先进制造新领域。随着制造学科与信息科学、生命科学、材料科学、管理科学、纳米科技的交叉融合，产生了仿生机械学、纳米摩擦学、制造信息学、制造管理学等新兴交叉科学。21世纪地球资源和环境面临空前的严峻挑战，要求制造技术比以往任何时候都更重视环境保护、节能减排、循环制造和可持续发展，激发了产品的安全性和绿色度、产品的可拆卸性和再利用、机电装备的再制造等基础研究的开展。

《21世纪先进制造技术丛书》旨在展示先进制造领域的最新研究成果，促进多学科多领域的交叉融合，推动国际间的学术交流与合作，提升制造学科的学术水平。我们相信，有广大先进制造领域的专家、学者的积极参与和大力支持，以及编委们的共同努力，本丛书将为发展制造科学，推广先进制造技术，增强企业创新能力做出应有的贡献。

先进机器人和先进制造技术一样是多学科交叉融合的产物，在制造业中的应用范围很广，从喷漆、焊接到装配、抛光和修理，成为重要的先进制造装备。机器人操作是将机器人本体及其作业任务整合为一体的学科，已成为智能机器人和智能制造研究的焦点之一，并在机械装配、多指抓取、协调操作和工件夹持等方面取得显著进展，因此，本系列丛书也包含先进机器人的有关著作。

最后，我们衷心地感谢所有关心本丛书并为丛书出版尽力的专家们，感谢科学出版社及有关学术机构的大力支持和资助，感谢广大读者对丛书的厚爱。

华中科技大学

2008 年 4 月

前　　言

　　近年来,摩擦学研究领域提出了一种表面织构的概念,又称表面微织构,已被证明是提高表面摩擦学性能的有效手段。表面织构技术就是通过改变材料表面的物理结构来改善材料表面特性的方法,表面织构是具有一定尺寸和排列的凹坑、凹痕或凸包等图案的点阵。表面织构在机械密封、轴承、计算机硬盘、气缸和活塞环、导轨等机械零部件上的应用研究表明,它具有改善表面润滑状态和减摩抗磨的作用。微织构刀具的研究开始于 21 世纪初,其主要技术思想是通过在刀具表面的特定位置上加工出表面织构以改善刀具在切削过程中刀-屑接触界面的摩擦润滑状态,冷却润滑介质可在切屑和前刀面剧烈的摩擦作用下通过泵吸作用渗透到这些表面织构中,并在刀-屑接触界面形成稳定的边界润滑层;另外,在刀具的前刀面上引入合理的表面织构,还可减小刀-屑接触面积,改善摩擦和润滑条件,降低切削温度,减轻黏结及扩散等现象,提高刀具的寿命。目前,国内外关于微织构刀具的研究已经取得很多的成果,研究结果均证明了微织构具有提高刀具切削性能的作用。微织构切削刀具是一种极具发展潜力的刀具,已成为当前切削刀具研究领域的研究热点之一。微织构刀具的研究开发为切削刀具的设计提供了新的思路和研究领域,为提高刀具性能开拓了新的途径。深入研究微织构刀具及其减摩抗磨机理,对减小刀具磨损、延长刀具寿命、降低生产成本有重要的实际意义,对丰富和发展切削刀具的设计理论具有重要的学术价值。

　　本书作者多年来致力于微织构刀具的研究开发及其减摩抗磨机理研究,本书是在总结这些研究成果的基础上撰写而成的,其内容直接取材于作者在国内外专业期刊上发表的学术论文和作者指导的博士研究生的博士论文,涉及多种不同类型微织构刀具的设计理论、制备、性能和应用等。撰写本书的目的在于向读者介绍该领域的最新进展,并在实际应用中推广这些成果,希望能够对推动我国刀具技术的发展和应用水平的提高起到积极有益的作用。

　　本书由邓建新、吴泽、连云崧、邢佑强、张克栋、刘亚运、段冉、宋文龙等共同撰写。恩师艾兴院士在百忙之中审阅了书稿全文,提出了许多指导意见。本书的研究先后得到国家自然科学基金(51675311、51375271、51075237)、山东省杰出青年基金(JQ200917)、山东省科技发展计划(2017GGX30115、2014GGX103026)等多项科研项目的资助。在此一并表示衷心的感谢。

由于微织构刀具尚处在发展之中,加之作者的水平和实践经验有限,书中难免存在疏漏之处,恳请读者提出宝贵意见,以便于进一步完善。

邓建新

目　　录

第1章　微织构刀具的理论基础

本章主要介绍微织构刀具的概念和刀具表面微织构的制备方法,并分析微织构对刀具切削加工过程中切削力和切削温度的影响;然后介绍软涂层微织构刀具的概念以及软涂层对微织构刀具切削力和切削温度的影响。

1.1　微织构刀具的概念

近年来,摩擦学研究领域提出了一种表面织构(surface texturing)的概念,又称表面微织构,已被证明是提高表面摩擦学性能的有效手段。表面织构技术就是通过改变材料表面的物理结构来改善材料表面特性的方法,表面织构是具有一定尺寸和排列的凹坑、凹痕或凸包等图案的点阵。表面织构在机械密封、切削刀具、轴承、计算机硬盘、气缸和活塞环、导轨等机械零部件上的应用研究表明,它具有改善表面润滑状态和减摩抗磨的作用。表面织构的作用主要表现在:在流体润滑下,每一个凹坑都相当于一个流体动压润滑轴承,在摩擦副相互运动过程中,增强了流体动压力,促进摩擦副表面形成流体动压润滑,进而提高摩擦副表面的承载力和润滑油膜刚度,实现减摩抗磨的作用;在边界润滑下,随着表面的磨损和变形,凹坑的体积缩小导致凹坑中存储的油液流出,形成挤压膜,在相对滑动过程中,存储在凹坑中的润滑油在摩擦力的作用下流出凹坑,起到对周围表面的润滑作用;在干摩擦下,表面织构能起到储存和容纳磨屑的作用,减少由于磨屑的犁沟作用而产生的高摩擦磨损。大量的研究表明,在不同的润滑状态下,表面织构的减摩机理并不相同。表面微织构的类型、分布、尺寸对摩擦副的摩擦学性能有重要影响,设计加工出合理的表面微织构才能有效地改善摩擦副的摩擦磨损性能,起到更好的减摩抗磨效果。

摩擦学与仿生学的研究表明,高性能的表面织构可以实现良好的减摩、抗黏结功能并提高耐磨性,这给刀具减摩抗磨带来了新的研究方向,也提供了理论依据。微织构刀具(micro-textured tools)是指在刀具表面(前刀面或后刀面)的特定位置上加工出具有一定尺寸、形状的微纳结构阵列(图1-1),以改善刀具在切削过程中刀-屑接触界面的摩擦润滑状态。一方面,刀具表面的微织构可以存储切削液或润滑剂,可在刀-屑接触界面形成稳定的边界润滑层(图1-2);另一方面,在刀具刀面上引入合理的表面织构还可以减小刀-屑接触面积,改善摩擦、润滑和散热条件,从而降低切削温度,减轻冷焊、黏结及扩散等现象,延长刀具的寿命。目前,微织构刀具的研究虽然处于起步阶段,但是国内外关于微织构刀具的研究已经取得了一定的成果,研究结果均证明了微织构具有提高刀具切削性能的作用。微织构切削刀具是一种极具发展潜力的刀具,已成为当前切削刀具研究领域的研究热点之一。

图 1-1　微织构刀具示意图

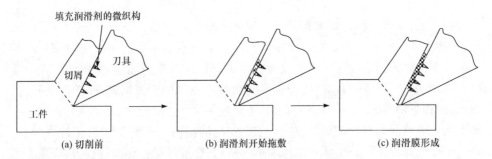

图 1-2　微织构刀具切削加工时形成润滑膜示意图

1.2　刀具表面微织构的制备方法

目前,刀具表面微织构的制备方法主要有:激光加工、微细电火花加工、离子束加工、电子束刻蚀、电化学加工、光刻技术、表面喷丸处理、超声加工、化学刻蚀技术等,其中以激光加工应用最为广泛。图 1-3~图 1-13 为不同方法制备的刀具表面微织构形貌。

图 1-3　硬质合金刀具表面纳秒激光加工的微织构形貌

图 1-4　陶瓷刀具表面纳秒激光加工的微织构形貌

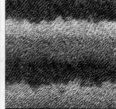
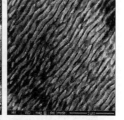

图 1-5　硬质合金刀具表面飞秒激光加工的微织构形貌

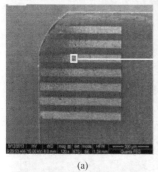
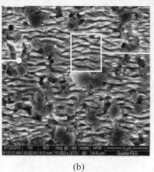
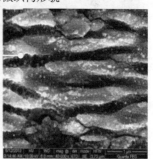

(a)　　　　　　　　　　　(b)　　　　　　　　　　　(c)

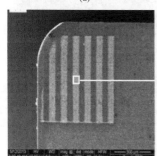
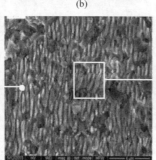
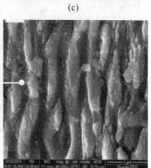

(d)　　　　　　　　　　　(e)　　　　　　　　　　　(f)

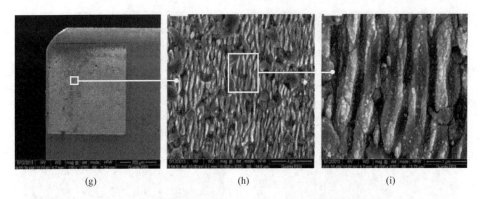

(g)　　　　　　　　　　　(h)　　　　　　　　　　　(i)

图 1-6　陶瓷刀具表面飞秒激光加工的微织构形貌

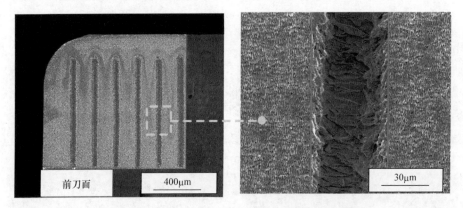

图 1-7　硬质合金刀具表面激光加工的微纳复合织构形貌

图 1-8　陶瓷刀具表面激光加工的微纳复合织构形貌

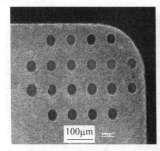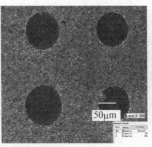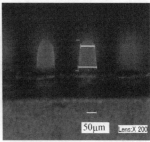

图 1-9　硬质合金刀具表面微细电火花加工的微织构形貌

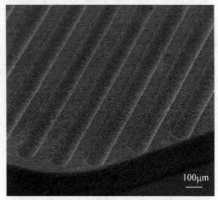

图 1-10　PCBN 刀具表面电火花加工的微织构形貌

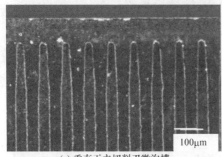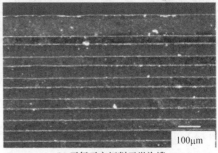

(a) 垂直于主切削刃微沟槽　　　　　　　(b) 平行于主切削刃微沟槽

(c) 微方坑　　　　　　　　　　　(d) 微凸点

图 1-11　硬质合金刀具 DLC 涂层表面光刻技术加工的微织构形貌

图 1-12　离子束加工铣刀刀面微织构形貌

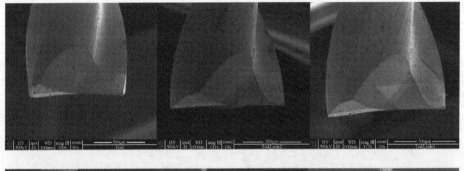

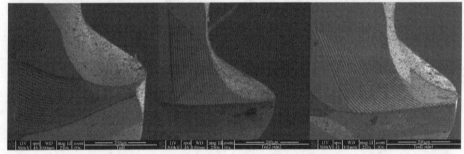

图 1-13　离子束加工铣刀刀面微织构形貌

1.3　微织构刀具切削力的理论分析

刀具表面的受力分布如图 1-14 所示,作用力 F_s 在平面上产生的应力应与所加工材料剪切变形应力 τ_s 相平衡。由此,可以得到

$$F_r = \frac{a_w a_c \tau_s}{\sin\phi\cos\omega} = \frac{a_w a_c \tau_s}{\sin\phi\cos(\phi+\beta-\gamma_o)} \tag{1-1}$$

$$\omega = \phi + \beta - \gamma_o \tag{1-2}$$

式中,a_w 为切削宽度,a_c 为切削厚度,ϕ 为剪切角,β 为摩擦角,γ_o 为刀具前角,ω 为 F_r 与剪切面的夹角。

另外,剪切面上的力必须与刀具前刀面上的力保持平衡,即作用力 F_r 必须与切削力 F_r' 保持一致。因此,可以得到

$$F_r = F_r' = \frac{F_f}{\sin\beta} = \frac{a_w l_f \bar{\tau}_c}{\sin\beta} \tag{1-3}$$

式中,$\bar{\tau}_c$ 为刀具前刀面上的平均剪切应力,F_f 为前刀面摩擦力,l_f 为刀-屑接触长度。

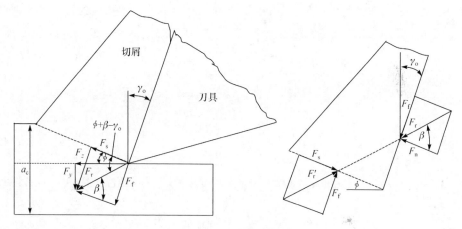

图 1-14　直角切削模型

在实际的加工过程中,斜角切削较为常用。在一般的斜角切削时,进给量和刀尖圆弧半径比切削深度小(即切削厚度与刀尖圆弧半径比切削宽度小),因为切削主要是以一根直线的切削刃(主切削刃)进行的,近似地可以看作直角切削,所以可使用式(1-3)计算(图 1-15)。

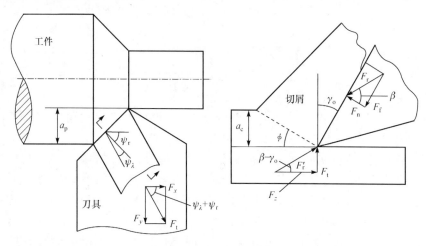

图 1-15　斜角切削的简化模型

通常在切削过程中，若刃倾角 λ_s 在 $\pm5°$ 范围内，则认为刃倾角 λ_s 对切削力大小的影响可以忽略不计。另外，当切削深度为 a_p、进给量为 f、余偏角为 ψ_r 进行斜角切削时，可以近似看作切削宽度为 a_w ($a_w = a_p/\cos\psi_r$)、切削厚度为 a_c ($a_c = f\cos\psi_r$)的直角切削。但这种近似的直角切削，切屑流出方向与主切削刃并不垂直，其差为切屑流出角 ψ_λ。从切削方向来看，这种近似的直角切削，切屑的流出方向与直角切削时吃刀抗力 F_t 的方向应该是一致的。因此，可以把 F_t 分解成轴向力 F_x 和径向力 F_y，而主切削力 F_z 保持不变。也就是说，这种近似的直角切削的三向力可以用下面的公式来表达：

$$F_z = F_r\cos(\omega-\phi) = \frac{F_f}{\sin\beta}\cos(\omega-\phi)$$

$$= \frac{a_w l_f \bar\tau_c}{\sin\beta}\cos(\omega-\phi) = \frac{a_w l_f \bar\tau_c}{\sin\beta}\cos(\beta-\gamma_o)$$

$$= a_w l_f \bar\tau_c \left(\sin\gamma_o - \frac{\cos\gamma_o}{\tan\beta}\right) \tag{1-4}$$

$$F_t = F_r\sin(\omega-\phi) = \frac{F_f}{\sin\beta}\sin(\omega-\phi) = \frac{a_w l_f \bar\tau_c}{\sin\beta}\sin(\omega-\phi) \tag{1-5}$$

$$F_x = F_t\cos(\psi_r+\psi_\lambda) = \frac{a_w l_f \bar\tau_c}{\sin\beta}\sin(\omega-\phi)\cos(\psi_r+\psi_\lambda)$$

$$= \frac{a_w l_f \bar\tau_c}{\sin\beta}\sin(\beta-\gamma_o)\cos(\psi_r+\psi_\lambda)$$

$$= a_w l_f \bar\tau_c \left(\cos\gamma_o - \frac{\sin\gamma_o}{\tan\beta}\right)\cos(\psi_r+\psi_\lambda) \tag{1-6}$$

$$F_y = F_t\sin(\psi_r+\psi_\lambda) = \frac{a_w l_f \bar\tau_c}{\sin\beta}\sin(\omega-\phi)\sin(\psi_r+\psi_\lambda)$$

$$= \frac{a_w l_f \bar\tau_c}{\sin\beta}\sin(\beta-\gamma_o)\sin(\psi_r+\psi_\lambda)$$

$$= a_w l_f \bar\tau_c \left(\cos\gamma_o - \frac{\sin\gamma_o}{\tan\beta}\right)\sin(\psi_r+\psi_\lambda) \tag{1-7}$$

式中，刀具前角 γ_o 通常为已知量，而切削宽度 a_w、摩擦角 β、余偏角 ψ_r 和切屑流出角 ψ_λ 在相同的加工条件下基本保持不变。

基于上述对切削力的理论分析，来研究微织构刀具表面的微织构对切削力的影响，微织构刀具的示意图如图 1-16 所示。微织构刀具是采用一定的加工技术在刀具前刀面上加工出微织构的刀具，通过分析可以得到实际的刀-屑接触长度 l_f'：

$$l_f' = l_f - n l_o \tag{1-8}$$

式中，l_f' 为实际刀-屑接触长度，l_f 为名义刀-屑接触长度，l_o 为微织构的槽宽，n 为刀-屑接触区微织构的数量。

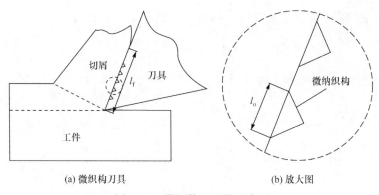

(a) 微织构刀具   (b) 放大图

图 1-16 微织构刀具的示意图

由式(1-8)可知,微织构的存在将导致微织构刀具刀-屑接触长度的减小。根据式(1-4)、式(1-6)和式(1-7)可知,三向切削力的大小和刀-屑接触长度呈正比关系。可见,通过在刀具前刀面上加工出微织构,可以减小切削过程中的刀-屑接触长度,进而达到降低切削力的作用。

1.4 微织构刀具切削温度的理论分析

在金属切削时,切屑变形功和前、后刀面的摩擦功是切削热的主要来源,而大量的切削热会使切削温度升高。切削温度一般指刀具前刀面刀-屑接触区的平均温度。刀具前刀面刀-屑接触区的平均温度可近似地认为是剪切面的平均温度与刀-屑接触界面摩擦温度之和,即

$$\bar{\theta}_t = \bar{\theta}_s + \bar{\theta}_f \tag{1-9}$$

式中,$\bar{\theta}_t$ 为刀具前刀面刀-屑接触区的平均温度,$\bar{\theta}_s$ 为剪切面的平均温度,$\bar{\theta}_f$ 为刀-屑接触界面摩擦温度。

切削过程中产生的热量分配原理如图 1-17 所示。

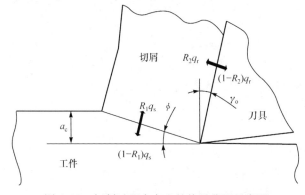

图 1-17 切削过程中产生的热量分配示意图

假定塑性变形功完全变成热,则单位时间单位面积的热量 q_s 为

$$q_s = \frac{F_s v_s \sin\phi}{a_c a_w} \tag{1-10}$$

式中,F_s 为作用在剪切面上的剪切力,v_s 为剪切速度,ϕ 为剪切角,a_c 为切削厚度,a_w 为切削宽度。

切屑在剪切面的平均温度 $\bar{\theta}_s$ 为

$$\bar{\theta}_s = \frac{R_1 q_s (a_c a_w \csc\phi)}{c_1 \rho_1 (v a_c a_w)} + \theta_0 = \frac{R_1}{c_1 \rho_1 v \sin\phi} \cdot \frac{F_s v_s \sin\phi}{a_c a_w} + \theta_0$$

$$= \frac{R_1 v_s}{c_1 \rho_1 v a_c a_w} \cdot a_c a_w \csc\phi \tau_s + \theta_0$$

$$= \frac{R_1 v_s \tau_s}{c_1 \rho_1 v \sin\phi} + \theta_0 \tag{1-11}$$

式中,R_1 为剪切面产生的热量流入切屑的比率,c_1 为 θ_0 和 $\bar{\theta}_s$ 间工件材料平均温度的比热容,ρ_1 为工件材料的密度,v 为切削速度,τ_s 为工件材料的剪切强度,θ_0 为环境温度。

前刀面上单位时间单位面积产生的热量 q_r 为

$$q_r = \frac{F_f v_{ch}}{l_f a_w} \tag{1-12}$$

$$v_{ch} = \frac{v}{\xi} \tag{1-13}$$

$$F_f = a_w l_f \bar{\tau}_c \tag{1-14}$$

式中,F_f 为前刀面摩擦力,v_{ch} 为切屑速度,l_f 为刀-屑接触长度,ξ 为切屑变形系数,$\bar{\tau}_c$ 为刀具前刀面上的平均剪切应力。

由摩擦引起的在切屑表面上的平均温度 $\bar{\theta}_f$ 为

$$\bar{\theta}_f = \frac{0.377 R_2 q_r l_f}{k_2 \sqrt{\dfrac{v_{ch} l_f c_2 \rho_2}{4 k_2}}} = \frac{0.754 R_2 \sqrt{l_f \xi}}{\sqrt{v c_2 \rho_2 k_2}} \cdot \frac{a_w l_f \bar{\tau}_c v}{l_f a_w \xi} = 0.754 R_2 \bar{\tau}_c \sqrt{\frac{v l_f}{\xi c_2 \rho_2 k_2}} \tag{1-15}$$

式中,R_2 是前刀面产生的热量流入切屑的比率,k_2 是温度为 $(\bar{\theta}_s + \bar{\theta}_f)$ 时切屑的导热系数,c_2 是温度为 $(\bar{\theta}_s + \bar{\theta}_f)$ 时切屑的比热容,ρ_2 是温度为 $(\bar{\theta}_s + \bar{\theta}_f)$ 时切屑的密度。

由式(1-9)可知,刀具前刀面刀-屑接触区的平均温度 $\bar{\theta}_t$ 为

$$\bar{\theta}_t = \bar{\theta}_s + \bar{\theta}_f = \frac{R_1 v_s \tau_s}{c_1 \rho_1 v \sin\phi} + \theta_0 + 0.754 R_2 \bar{\tau}_c \sqrt{\frac{v l_f}{\xi c_2 \rho_2 k_2}} \tag{1-16}$$

由式(1-16)可知,在其他参数保持不变的条件下,刀具前刀面刀-屑接触区的平均温度 $\bar{\theta}_t$ 与刀-屑接触长度 l_f 的平方根 $\sqrt{l_f}$ 呈正向关系,即随着 $\sqrt{l_f}$ 减小,$\bar{\theta}_t$ 也减小。由式(1-8)可知,微织构的存在将导致微织构刀具实际刀-屑接触长度的减

小。因此,微织构刀具也能有效降低切削温度。

1.5　软涂层微织构刀具的概念

软涂层纳织构刀具是指将软涂层和微织构两种减摩效应有机结合,其主要原理是首先在刀具前刀面刀-屑接触区加工出具有一定尺寸、形状的微结构阵列,然后在微织构中沉积固体润滑剂软涂层,制备出软涂层微织构刀具,使刀具表面硬质耐磨相与软质润滑相相互交替共存。在切削过程中,刀具微织构表面覆盖的软涂层会形成一层润滑膜,从而达到改善切削过程摩擦润滑状态的目的。此外,当表面润滑膜损耗或破裂时,微织构中的软涂层也会受热挤压拖敷到刀具表面,再次形成润滑膜,实现了润滑膜的自我修复,进而起到降低切削力和切削温度、延长刀具寿命的作用。普通刀具、微织构刀具和软涂层微织构刀具的示意图如图 1-18 所示。

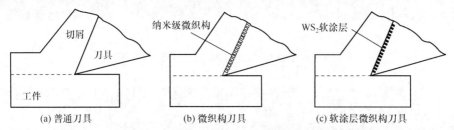

(a) 普通刀具　　　　　　(b) 微织构刀具　　　　　　(c) 软涂层微织构刀具

图 1-18　普通刀具、微织构刀具和软涂层微织构刀具示意图

根据软涂层微织构刀具的概念,提出了"两步法"的设计制备思路,如图 1-19 所示。其中,第一步是在刀具表面上制备出微织构,第二步是在刀具微织构表面沉积软涂层。图 1-20 和图 1-21 为软涂层微织构刀具的实物照片。图 1-20 所示的软涂层微织构刀具的制备工艺为:首先在硬质合金刀具基体表面用飞秒激光加工出微织构,然后采用 PVD 涂层工艺在微织构表面沉积 WS$_2$ 软涂层;图 1-21 所示的软涂层微织构刀具制备工艺为:首先在陶瓷刀具基体表面用飞秒激光加工出微织构,然后采用 PVD 涂层工艺在微织构表面沉积 WS$_2$ 软涂层。

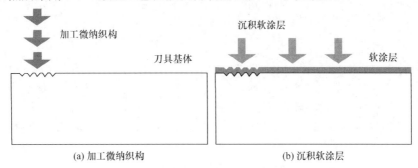

(a) 加工微纳织构　　　　　　　　　　　　(b) 沉积软涂层

图 1-19　"两步法"设计制备软涂层微织构刀具

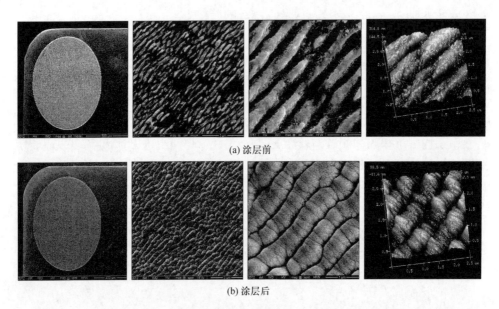

(a) 涂层前

(b) 涂层后

图 1-20　软涂层微织构刀具实物照片（刀具基体：硬质合金）

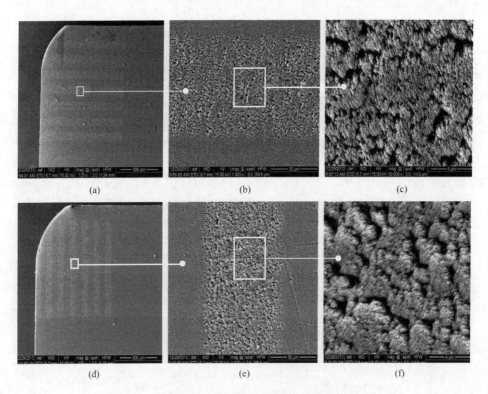

图 1-21　软涂层微织构刀具实物照片（刀具基体：陶瓷）

1.6　软涂层对微织构刀具切削力和切削温度的影响

刀具表面软涂层是指在刀具表面采用涂层技术沉积软涂层。由常见软涂层的晶体结构可知,通常软涂层具有远低于刀具前刀面上的平均剪切应力 $\bar{\tau}_c$ 的剪切强度 σ_c,即

$$\sigma_c \ll \bar{\tau}_c \tag{1-17}$$

式中,σ_c 为软涂层材料的剪切强度。

刀具表面软涂层的存在将大大降低刀具前刀面上的平均剪切应力 $\bar{\tau}_c$。根据式(1-4)、式(1-6)和式(1-7)可知,三向切削力的大小和刀具前刀面上的平均剪切应力 $\bar{\tau}_c$ 呈正比关系,由此可知刀具表面软涂层能有效降低三向切削力。由式(1-16)可知,在其他参数保持不变的条件下,刀具前刀面刀-屑接触区的平均温度 $\bar{\theta}_t$ 与刀具前刀面上的平均剪切应力 $\bar{\tau}_c$ 呈正向关系,即随着 $\bar{\tau}_c$ 减小,$\bar{\theta}_t$ 也减小,由分析可知刀具表面软涂层也能有效降低切削温度。

由上述分析可知,通过在刀具表面进行软涂层,可以明显减小刀具前刀面上的平均剪切应力 $\bar{\tau}_c$,进而达到降低切削力和切削温度的目的。此外,刀具前刀面上的平均剪切应力 $\bar{\tau}_c$ 会影响摩擦角和剪切角。在金属切削中,刀具前刀面上平均剪切应力 $\bar{\tau}_c$ 的降低会导致摩擦角 β 的减小,由式(1-4)、式(1-6)和式(1-7)可知,摩擦角 β 的减小会导致三向切削力的降低。同时,根据 Lee 和 Shaffer 的剪切角公式:

$$\phi + \beta - \gamma_o = \frac{\pi}{4} \tag{1-18}$$

式中,在刀具前角 γ_o 保持不变的情况下,摩擦角 β 的减小会导致剪切角 ϕ 的增大,根据式(1-16)可知,剪切角 ϕ 增大,$\sin\phi$ 就会增大,最终导致刀具前刀面刀-屑接触区的平均温度 $\bar{\theta}_t$ 减小。

1.7　本　章　小　结

本章介绍了微织构刀具和软涂层微织构刀具的概念及其制备方法,并分析了微织构对刀具切削加工过程中切削力和切削温度的影响以及软涂层对微织构刀具切削力和切削温度的影响。结果表明,微织构能够减小刀-屑接触长度,软涂层能够降低前刀面上的平均剪切应力,两者均能降低切削力和切削温度。

第 2 章　微织构刀具的设计与制备

本章提出微织构刀具的设计原则和设计模型,分析微织构的形状和结构参数对刀具应力分布的影响及作用规律,优化确定微织构的最佳结构参数;采用激光加工技术在硬质合金刀具前刀面加工出三种微织构,通过摩擦磨损试验,研究微织构试样的摩擦磨损性能,分析和探讨其在摩擦过程中的减摩润滑机理,通过切削试验研究微织构刀具的切削性能。

2.1　微织构刀具的设计

2.1.1　刀具表面微织构位置的确定

微织构刀具的设计实质就是要确定刀具表面微织构的位置、形状和大小。在切削加工过程中存在两个摩擦副,即由前刀面与切屑组成的摩擦副和由后刀面与工件组成的摩擦副,刀具前刀面、后刀面不断与切屑和工件接触并发生强烈的摩擦,从而产生刀具的磨损。刀具的磨损形式主要有:前刀面磨损、后刀面磨损以及前后刀面磨损。当加工塑性材料时,刀具往往以前刀面磨损形式为主;当加工脆性材料时,刀具磨损往往以后刀面磨损形式为主;当加工难加工材料时(如镍基合金、钛合金等),刀具前、后刀面往往同时发生剧烈磨损,两种磨损形式并存。针对刀具在切削过程中的磨损形式,提出微织构刀具的设计模型:当刀具以前刀面磨损形式为主时,在刀具前刀面的刀-屑接触区加工微织构,如图 2-1(a)和图 2-2(a)所示;当刀具以后刀面磨损形式为主时,在刀具后刀面刀-工接触区加工微织构,如图 2-1(b)和图 2-2(b)所示;当刀具前后刀面同时发生剧烈磨损时,在刀具前后刀面的刀-屑以及刀-工接触区同时加工微织构,如图 2-1(c)和图 2-2(c)所示。

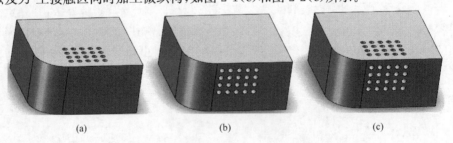

(a)　　　　　　　　　　　(b)　　　　　　　　　　　(c)

图 2-1　微织构(圆孔型)刀具示意图

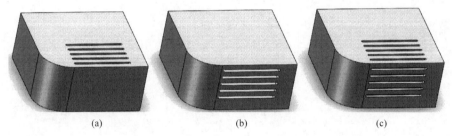

(a)　　　　　　　　　　(b)　　　　　　　　　　(c)

图 2-2　微织构(直线型)刀具示意图

对微织构刀具进行设计的目的就是使刀具在满足切削的基本要求的前提下,能够具有优良的减摩润滑特性。相关研究表明,微织构表面结合润滑剂使用时的减摩润滑性能与微织构的结构参数、润滑剂的性能以及摩擦工况条件有关。因此,根据切削加工刀具的具体工作条件,合理设计刀具刀面微织构的结构和选择适当的润滑剂对微织构刀具的减摩润滑特性的发挥具有重要的影响。另外,在刀具刀面加工微织构可能会影响刀具受力时的应力分布状态,产生应力集中,影响刀具的强度。结合切削加工的实际工况条件和微织构刀具的设计目的,认为微织构刀具的设计应遵从以下几个原则:

(1) 在刀具刀面加工的微织构要尽量减小应力集中,满足刀具的强度要求。

(2) 微织构应处于刀-屑(或刀-工)接触区,微织构的结构设计要考虑切屑摩擦流动方向,应在切屑摩擦挤压作用下易于在刀-屑接触界面形成润滑膜。

(3) 填充在微织构凹槽中的润滑剂应具有良好的延展性,并能在切削高温条件下满足润滑要求。

2.1.2　刀具表面微织构的结构设计

微织构刀具是在刀尖附近加工一定形状和尺寸的微织构,微织构的存在可能会影响刀具的应力分布状态,甚至产生应力集中,降低刀具强度。因此,合理设计微织构刀具的结构至关重要。表面织构的形式多种多样,而刀具表面微织构的结构设计要满足润滑剂易于拖敷形成润滑膜的要求。根据切削时切屑流动特点,提出了椭圆状、凹槽与切屑流动方向近似垂直、凹槽与切屑流动方向近似平行三种微织构刀具的设计模型,如图 2-3 所示。

采用有限元的分析方法研究微织构的存在对刀具应力分布状态的影响,根据设计要求优化得到微织构的结构参数,并依据适当强度理论考察刀具的强度。常用工程材料的失效形式为屈服与断裂。当材料发生屈服时,晶面间相对滑移,构件要产生塑性变形而失去正常的功能;当材料发生断裂时,构件因解体而丧失基本承载能力。在复杂应力状态下,材料发生哪种失效形式,取决于材料本身的力学性能和应力状态,这要比单向应力状态复杂得多。对于常温、静载、常见应力状态下通常的塑性材料,其失效形式为塑性屈服;通常的脆性材料(如硬质合金),其失效形

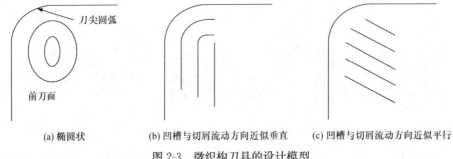

| (a) 椭圆状 | (b) 凹槽与切屑流动方向近似垂直 | (c) 凹槽与切屑流动方向近似平行 |

图 2-3　微织构刀具的设计模型

式为脆性断裂。因此,可根据材料来选择适用的强度理论:脆性材料易发生断裂破坏,宜选用第一或第二强度理论;塑性材料易发生塑性屈服破坏,宜选用第三或第四强度理论。

2.1.3　微织构结构设计的有限元建模

1. 几何模型的建立

选用 ANSYS 有限元分析软件。切削过程中,硬质合金刀具是装夹在刀杆上使用的。为了有限元分析计算的方便,研究只对单个硬质合金刀具建立几何模型。刀具为 19mm×19mm×7mm 的长方体,刀尖圆弧半径为 0.5mm,中心装夹定位孔直径为 7mm。刀具几何模型中,限制 X、Y 和 Z 三个方向的自由度,如图 2-4 所示。

2. 切削力的施加

为了考查微织构的存在对刀具刀尖应力分布的影响,将切削力施加在刀具试样上。将主切削力平均施加在前刀面刀尖处 1mm×1mm 以及与主、副切削刃及刀尖圆弧围成的区域,将进给抗力和切深抗力的合力平均施加在主切削刃及刀尖圆弧下方后刀面上的 1mm×0.3mm 的区域,如图 2-5 所示。

图 2-4　刀具几何模型

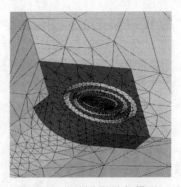

图 2-5　切削力的施加模型

切削力通过切削试验得到。切削条件:干车削;机床为 CA6140 普通车床;工件为 Ti6Al4V,硬度为 35HRC;刀具为 YG6 硬质合金刀具,刀具材料的性能参数如表 2-1 所示;进给量 f 为 0.1mm/r,切削深度 a_p 为 0.2mm,切削速度 v 为 120m/min。切削力通过 Kistler 压电晶体测力仪测量,上述切削参数下测量得到的切削力数值:F_z 为 105N,F_x 为 43N,F_y 为 125N。

表 2-1　YG6 硬质合金刀具的性能参数

成分(质量分数)	密度/(g/cm³)	硬度(HRA)	弹性模量/GPa	热膨胀系数/(10^{-6}℃$^{-1}$)	泊松比
WC+6% Co	14.6	91.0	640	4.4	0.25

3. 材料模型的建立

在 ANSYS 单元类型中,对于常见的脆性材料,通常用 Solid65 单元模拟。但是对于硬质合金材料,目前并没有针对性很强的单元类型供选择。由于采用线弹性有限元法,所以选择 Solid45 三维实体单元。Solid45 单元由 8 个节点结合而成,每个节点有 X、Y、Z 三个方向的自由度,该单元具有塑性、蠕变、膨胀、应力强化、大变形和大应变等特征,适于线弹性有限元的建模。

4. 网格划分

ANSYS 中网格划分的方法可分为自由网格划分和映射网格划分两种方式。自由网格划分的实体模型建立简单,无较多的限制,网格划分时系统可根据模型的形状自动选择不同的单元类型。映射网格划分后的单元全部为四边形,不易出现形状异常单元。在单元数目相同的情况下,对于同一面积的有限元分析,四边形的精度要比三角形高。在本节中,为了在保证分析精度的前提下减少划分单元数量,采用自由网格划分和映射网格划分相结合的方式,在微织构区域使用自由网格划分中的智能网格划分,精度为 3,在刀具的其他区域使用映射网格划分。这样,既能保证分析精度,也能减少单元数量,提高仿真效率,网格的划分如图 2-6 所示。

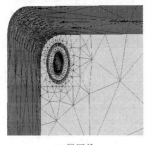  

(a) 椭圆状　　　　　　(b) 凹槽与切屑流动方向近似垂直　　(c) 凹槽与切屑流动方向近似平行

图 2-6　网格划分

2.1.4　微织构结构参数的确定

1. 微织构结构参数对刀具应力分布的影响

1) 微织构图案的影响

刀具表面微织构图案的形式对刀具应力的分布有显著影响。图 2-7 给出了传统刀具以及三种微织构图案的微织构刀具的 von Mises 应力分布云图。传统刀具的最大 von Mises 应力为 333MPa,椭圆状织构刀具、与切屑流动方向近似垂直的凹槽阵列织构刀具以及与切屑流动方向近似平行的凹槽阵列织构刀具的最大 von Mises 应力分别为 652MPa、822MPa 和 584MPa。

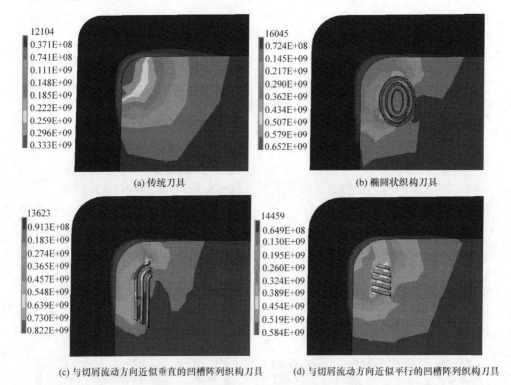

(a) 传统刀具　　　　　　　　　　　　(b) 椭圆状织构刀具

(c) 与切屑流动方向近似垂直的凹槽阵列织构刀具　　　(d) 与切屑流动方向近似平行的凹槽阵列织构刀具

图 2-7　传统刀具及三种微织构刀具的 von Mises 应力分布云图(单位:Pa)

表 2-2 对比列出了传统刀具和三种微织构刀具刀尖圆弧上 12 个节点的 von Mises 应力。结合图 2-7 和表 2-2 可以看出,微织构刀具的最大 von Mises 应力明显高于传统刀具,然而,微织构刀具的较大的 von Mises 应力只出现在微织构凹槽底部的很小区域;三种微织构刀具中以椭圆状织构刀具以及与切屑流动方向近似平行的凹槽阵列织构刀具的最大 von Mises 应力相对较小;微织构刀具刀尖圆弧

上节点的 von Mises 应力与传统刀具对应位置的 von Mises 应力无较大差异。也就是说,微织构的存在使刀具织构区域出现了应力集中,但对于刀尖圆弧的应力分布无显著影响。

表 2-2　刀尖圆弧上 12 个节点的 von Mises 应力

节点	von Mises 应力/MPa			
	传统刀具	椭圆状织构刀具	与切屑流动方向近似垂直的凹槽阵列织构刀具	与切屑流动方向近似平行的凹槽阵列织构刀具
1	297.34	326.11	322.54	306.96
2	263.16	285.94	278.66	288.07
3	197.73	262.37	238.29	213.32
4	320.49	346.81	330.43	325.63
5	310.77	351.43	337.78	330.62
6	311.52	347.35	342.63	325.97
7	309.93	344.54	342.05	336.14
8	313.41	338.63	338.72	327.59
9	310.60	316.96	316.14	317.70
10	295.58	333.31	344.70	320.61
11	264.34	314.37	305.71	290.72
12	307.77	303.60	300.88	290.41

考虑切削时切屑沿前刀面的流动方向,椭圆状织构以及与切屑流动方向近似垂直的凹槽阵列织构这两种刀具凹槽中的固体润滑剂更容易受切屑挤压析出,有利于固体润滑膜的形成;连续封闭的椭圆状织构有利于减小刀具的应力集中,椭圆状织构刀具的最大 von Mises 应力要明显低于与切屑流动方向近似垂直的凹槽阵列织构刀具的最大 von Mises 应力。综合上述分析,选择椭圆状织构作为微织构刀具的设计方案。

2) 微织构凹槽截面形状的影响

微织构凹槽的截面形状对刀具前刀面的应力分布是有影响的。图 2-8 为双椭圆微织构凹槽两种不同的截面形式,图 2-8(a)为矩形截面结构,图 2-8(b)为三角形截面结构,两种截面形式的凹槽的宽度均为 $50\mu m$,深度均为 $100\mu m$。由于微织构采用激光加工,实际的微织构截面形状近似为等腰三角形,如图 2-8(b)所示。在保证微织构的其他结构参数一致的前提下,对比分析微织构的截面形状对刀具 von Mises 应力分布的影响。

图 2-7(b)为微织构凹槽截面为三角形的椭圆状织构刀具的 von Mises 应力分布云图,图 2-9 给出了微织构凹槽截面为矩形的椭圆状织构刀具的 von Mises 应

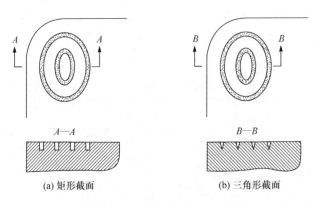

(a) 矩形截面　　　　　　　　(b) 三角形截面

图 2-8　微织构的两种凹槽截面形式

力分布云图。可见,两种刀具的前刀面及刀尖圆弧处的 von Mises 应力无明显差异;两种刀具的最大 von Mises 应力均出现在微织构凹槽底部,其中微织构凹槽截面为矩形的刀具的最大 von Mises 应力为 827MPa,微织构凹槽截面为三角形的刀具的最大 von Mises 应力为 652MPa。显然,微织构凹槽截面为矩形的刀具与微织构凹槽截面为三角形的刀具相比,其最大 von Mises 应力更大,凹槽底部的应力集中相对严重。把刀具前刀面的微织构凹槽加工成截面为三角形的形式有利于减小应力集中,对刀具的使用强度是有利的。在后面的分析中,把所有微织构刀具的凹槽截面设计为三角形进行建模。

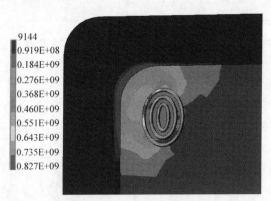

图 2-9　凹槽截面为矩形的椭圆状织构刀具的 von Mises 应力分布云图(单位:Pa)

3) 微织构至切削刃距离的影响

实际切削过程中,刀-屑实际接触长度较短,尽量使微织构靠近切削刃能够增大刀具的减摩润滑效果。然而,微织构至切削刃的距离过小,可能会使微织构处的应力集中现象较为明显。选择椭圆状织构的结构形式进行织构结构的进一步优化设计。椭圆状织构的主要结构尺寸包括:槽宽 B,槽中心间距 H,微织构至主、副切

削刃距离 L，其结构模型如图 2-10 所示。

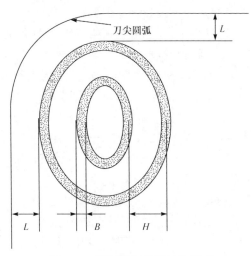

图 2-10　椭圆状织构的结构模型

在微织构槽宽为 $50\mu m$、槽中心间距为 $100\mu m$、槽深为 $100\mu m$ 的条件下，研究微织构至切削刃的距离对刀具应力分布的影响，进而选择合适的微织构至切削刃的距离 L。

图 2-7(b)为微织构至切削刃距离为 $300\mu m$ 时刀具的 von Mises 应力分布云图，图 2-11 给出了微织构至切削刃距离分别为 $200\mu m$ 和 $150\mu m$ 时刀具的 von Mises 应力分布云图。可见，微织构至切削刃距离为 $300\mu m$、$200\mu m$、$150\mu m$ 时刀具的最大 von Mises 应力分别为 $652MPa$、$693MPa$ 和 $910MPa$。随着微织构至切削刃距离的减小，刀具的最大 von Mises 应力呈增大趋势，当 $L=150\mu m$ 时刀具的最大 von Mises 应力达到 $910MPa$，已达到了材料的屈服强度，微织构至切削刃距离 L 不宜继续减小。综合考虑微织构至切削刃距离对刀具润滑功效和应力分布的影响，选定微织构至切削刃距离为 $150\mu m$。

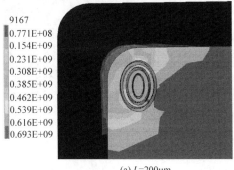

(a) $L=200\mu m$

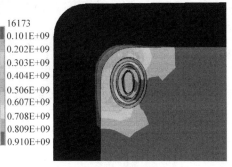

(b) $L=150\mu m$

图 2-11　微织构至切削刃距离不同时刀具的 von Mises 应力分布云图(单位:Pa)

4）微织构凹槽中心间距的影响

在上述分析中，为了使几种不同微织构图案的刀具具有可对比性，把椭圆状织构刀具的织构区域建模为具有 3 个同心椭圆的结构。然而，微织构凹槽数量较多势必会对刀具的强度产生不利影响，事实上，把微织构刀具的织构区域加工为 2 个同心椭圆的结构也能够满足刀具的润滑需求。后面的优化分析中均将椭圆状微织构刀具的织构区域建模为 2 个同心椭圆的结构形式。

图 2-12 给出了不同槽中心间距的椭圆状织构刀具的 von Mises 应力分布云图。可见，在槽中心间距分别为 $100\mu m$、$130\mu m$、$150\mu m$ 和 $200\mu m$ 时，其对应的刀具最大 von Mises 应力分别为 750MPa、882MPa、909MPa 和 1200MPa；随着槽中心间距 H 的增大，刀具最大 von Mises 应力呈增加趋势，当槽中心间距为 $200\mu m$ 时，刀具的最大 von Mises 应力已经远超过了材料的屈服强度。微织构刀具在切削时形成润滑膜是依靠填充在微织构凹槽中的润滑剂析出拖敷在前刀面而形成的，为了形成连续均匀的润滑膜，微织构凹槽的间距应尽量均匀一致，综合考虑微织构凹槽中心间距对刀具应力分布的影响，选定织构凹槽中心间距为 $150\mu m$。

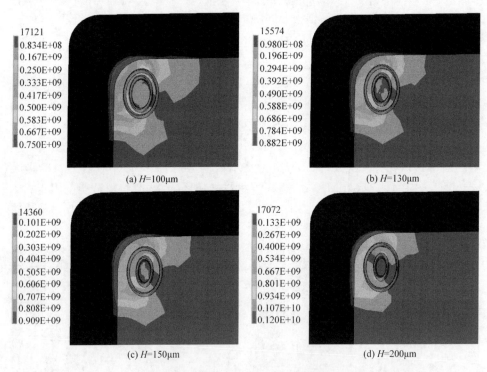

图 2-12　槽中心间距不同的椭圆状织构刀具的 von Mises 应力分布云图（单位：Pa）

5）微织构凹槽宽度的影响

微织构刀具上的微织构的主要作用是存储润滑剂，因此所加工的微织构凹槽的宽度和深度要满足能够填充足够使用的润滑剂的要求。根据加工要求，选择了纳秒激光加工机作为微织构的加工设备。在以上的分析中，微织构槽宽 B 均取为 $50\mu m$。如图 2-12(c)所示，微织构槽宽为 $50\mu m$ 时，刀具的最大 von Mises 应力为 909MPa。在保持微织构其他结构参数不变的条件下，进一步分析增大槽宽对刀具应力分布的影响。图 2-13 给出了槽宽 $B=80\mu m$ 时刀具的 von Mises 应力分布云图，可见，该刀具的最大 von Mises 应力为 1080MPa，远超过了材料的屈服强度。对比槽宽 $B=50\mu m$ 和 $B=80\mu m$ 时刀具的应力分布情况，显然，随着槽宽的增大，刀具的最大 von Mises 应力会增大。综合考虑微织构刀具的使用要求、微织构加工条件和微织构槽宽对刀具应力分布的影响，选取微织构槽宽 B 为 $50\mu m$。

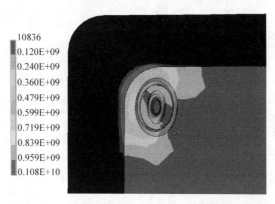

图 2-13　槽宽 $B=80\mu m$ 时刀具的 von Mises 应力分布云图（单位：Pa）

2. 优化的微织构刀具与传统刀具的对比

综合考虑微织构刀具润滑功效的要求和微织构结构对刀具应力分布的影响，优化确定了刀具的微织构的结构参数，如表 2-3 所示。

表 2-3　优化的微织构的结构参数

微织构图案	槽宽 $B/\mu m$	槽间距 $H/\mu m$	至主、副切削刃的距离 $L/\mu m$	槽深 $/\mu m$
双椭圆	50	150	150	100

无织构的传统刀具的 von Mises 应力分布情况如图 2-7(a)所示，优化织构结构参数的微织构刀具的 von Mises 应力分布情况如图 2-12(c)所示；无织构的传统刀具和优化织构结构参数的微织构刀具的 First Principal 应力分布情况对比如图 2-14 所示；图 2-15 给出了传统刀具和优化织构结构参数的微织构刀具的刀尖圆弧上 12 个节点的 von Mises 应力变化情况。

通过两种刀具的 von Mises 应力和 First Principal 应力分布的对比可以得出以下结论。

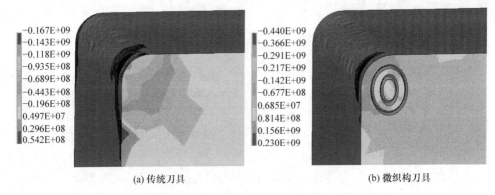

(a) 传统刀具　　　　　　　　　　　(b) 微织构刀具

图 2-14　刀具加入微织构的前后 First Principal 应力分布云图（单位：Pa）

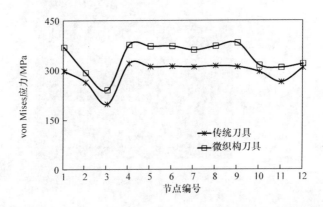

图 2-15　两种刀具刀尖圆弧上 12 个节点的 von Mises 应力

（1）传统刀具的最大 von Mises 应力大面积集中在刀尖圆弧半径及主切削刃附近；而微织构刀具的最大 von Mises 应力出现在微织构凹槽底部，刀尖处的应力集中现象不明显。

（2）传统刀具的最大 First Principal 应力为 54.2MPa，出现在位于后刀面的刀尖圆弧下方；微织构刀具的最大 First Principal 应力为 230MPa，同样出现在后刀面的刀尖圆弧下方。加工微织构虽然使刀具的最大 First Principal 应力增加了很多，但由于硬质合金刀具材料的抗拉强度 σ_b 为 1200MPa，以 First Principal 应力为评判标准的情况下，微织构刀具完全能够满足切削时的强度要求。

（3）微织构刀具刀尖圆弧上 12 个节点的 von Mises 应力相比于传统刀具对应的应力值仅有少量的增大，传统刀具刀尖圆弧上 12 个节点的 von Mises 应力平均值为 291.89MPa，而微织构刀具对应的应力平均值为 340.37MPa。也就是说，微织构使刀具的最大 von Mises 应力显著增大，但应力集中仅出现在微织构凹槽底部的很小的区域；微织构刀具与传统刀具相比，其刀尖圆弧上的 von Mises 应力差别不大。

2.2 硬质合金刀具表面微织构的激光加工

2.2.1 激光织构化技术原理

1. 激光束特性

激光是指通过受激辐射放大和必要的反馈,产生单色、准直和相干的光束。一般的激光束能量呈高斯分布,如图 2-16 所示,其特点是中心区域的强度分布较大,边缘处的强度分布较小。在激光能量密度高于材料表面烧蚀阈值的一定直径内,材料发生损伤破坏,烧蚀直径 D 与脉冲数 N、激光功率 P 等存在一定的关系,只有当累积的多脉冲能量达到材料表面烧蚀阈值时,才会使材料表面发生破坏;当能量密度低于材料表面烧蚀阈值的一定直径范围内时,材料不发生烧蚀损坏。因此,激光对材料的作用规律可以用光束的强度分布来确定。

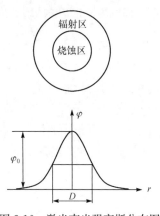

图 2-16 激光束光强高斯分布图

2. 激光与物质的相互作用机理

激光加工的物理基础是激光与物质的相互作用,它既包含复杂的微观量子过程,又包含激光作用于各种介质材料发生的宏观现象。激光与材料相互作用的物理过程本质上是电磁场(光场)与物质结构的相互作用,即共振相互作用及能量转换过程,是光学、热学和力学等学科的交叉耦合过程。其加工过程大体可分为激光束照射材料表面、材料表面吸收能量、光能转化为热能使材料加热以及通过汽化和熔融溅射出去。从作用过程中材料的不同粒子的运动和作用角度,可以将这些物理过程分为电子的光激发、电子热化、电子-声子能量耦合、声子-声子弛豫以及材料相变或去除等过程。根据加工的激光脉冲宽度的时间量级可分为连续激光加工、长脉冲激光加工、短脉冲激光加工和超短脉冲激光加工。由于脉冲宽度的不同,在加工材料方面,它们的作用机制完全不同。图 2-17 为在不同的时间尺度和强度范围内不同的激光与物质的相互作用示意图。

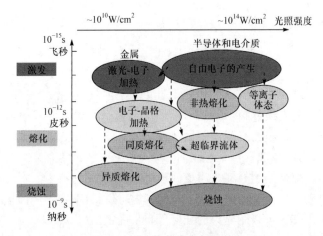

图 2-17　激光与物质的相互作用

纳秒激光加工是典型的长脉冲激光加工,其脉冲宽度为 10^{-9} s 量级。由于脉宽较大,当纳秒激光与材料作用时,表现为先吸收热量,将其转化为热能,再向周围介质扩散。纳秒激光加工原理如图 2-18 所示,当激光辐照时,材料表面通过入射光子-受激电子-声子转化方式吸收能量,光子的能量最终转化为热能,使材料表面温度升高,从而导致样品表面发生物理及化学变化,因此材料表面物质以熔化、汽化等方式去除。同时由于温度的升高,热扩散会影响激光辐照区附近的一片区域,形成热影响区。热影响区在冷却过程中存在热量和组织梯度的变化,很容易使被加工物质内部产生较大的应力、空洞、位错、裂纹等各种缺陷,形成的缺陷反过来会影响物质对激光的吸收作用。因此,物体表面在吸收能量引起的温度变化、物理及化学变化、内部结构变化等相互影响下,完成了对表面材料的去除。

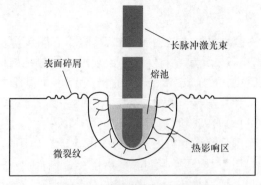

图 2-18　纳秒激光加工原理图

　　在加工过程中,如果表面温度升高过快,表面蒸气压力增加不够快,则液态熔融物表面温度超过气液平衡温度,液态物质进入亚稳态阶段。当激光脉冲能量很高时,超热液体会自发形成汽化核,成核液体内部压力过大,导致液相爆炸的发生。同时,研究发现,当长脉冲激光照射材料表面时,将产生线性吸收和非线性吸收,使从材料表面喷发出膨胀的高温、高密度等离子体,这些等离子体从固体表面向外喷发出去,从而产生烧蚀。通常这些等离子体会吸收激光,后续激光的能量必须通过等离子体的热传导才能到达材料表面。但当照射激光的脉宽和等离子体的形成时间相比足够长时,等离子体频率和照射激光频率达到平衡,即在临界密度领域被屏蔽,无法再继续进入材料内部,造成了等离子体屏蔽。

　　飞秒激光加工的脉冲宽度为 10^{-15} s 量级,其脉冲宽度远小于热扩散时间及材料中的电子-声子耦合时间。这表明在激光整个持续照射时间内,仅需要考虑电子吸收入射光子的激发和储能过程,而可以忽略电子温度通过辐射声子冷却以及热扩散过程,其加工原理如图 2-19 所示。激光与物质的实际作用主要表现为电子受激吸收和储存能量的过程,从根本上避免了能量的转移、转化及热能的存在和热扩散造成的影响。当飞秒激光辐照材料表面时,材料表面的自由电子首先吸收光子能量,处于高能状态发生跃迁,光子能量的吸收是以自由载流子吸收为主。电子激发过程可以是单光子共振吸收、双光子吸收和高阶多光子吸收。一般情况下,固体材料对飞秒激光的吸收以高阶多光子吸收为主,吸收过程依赖于材料的非线性特征,与辐照的激光强度密切相关。吸收光子所产生的能量将在几个纳米厚度吸收层迅速积聚,在瞬间生成的电子温度值急剧上升,并远远超过材料的熔化和汽化温度,使物质发生高度电离,形成一种高温、高压和高密度的等离子体状态。此时,材料内部原有的束缚力已不足以阻止高密度离子及电子的迅速膨胀,致使在激光照射区域的材料以等离子体的形式向外喷发,达到材料加工的目的。同时,当材料以等离子体的形式迅速喷发时,带走了大量的能量,使作用区域内的温度骤然下降,迅速恢复至激光加工前的初始温度状态。在激光加工过程中,材料完全处于固态

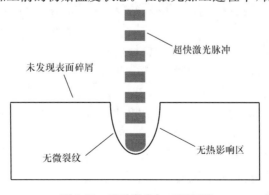

图 2-19　飞秒激光加工原理图

向气态的转化过程,避免了液态的出现,从而实现了激光的非热熔性加工。

飞秒激光加工的主要特点是可以实现材料表面的冷加工。同时,大量的研究结果表明,飞秒激光加工中存在非热烧蚀和热烧蚀两种机制,且两种机制可以依据烧蚀脉冲能量密度和脉冲宽度的组合不同而相互转化。当能量密度较低或脉冲宽度较小时依从非热烧蚀机制,而当能量密度较高或脉冲宽度较大时则可依从热烧蚀机制。

2.2.2　激光诱导刀具表面微织构的形成机制

1. 纳秒激光诱导微织构的形成机制

大量的试验研究结果表明,纳秒激光加工时,其主要是通过熔化和直接蒸发去除机理实现的。由激光与物质的相互作用可知,纳秒激光进行材料去除的主要机理是烧蚀机理,其实质是借助高能量密度的激光束直接作用在材料表面,在高于烧蚀阈值时,材料以化合键断裂形式去除,热效应是材料去除的主要原因。当激光沿着一定的轨迹进行扫描时,便可以加工出不同几何形貌的微织构。其中刀具材料的吸收性能、入射激光参数及加工工艺参数等决定了表面吸收的能量能否达到刀具材料表面的烧蚀阈值,进而决定了织构的几何尺寸等。

2. 飞秒激光诱导纳织构的形成机制

单束激光直接辐照固体材料表面自发形成有序的微织构是激光物理领域的一个重要现象。几乎所有的固体材料在一定强度的单束激光辐照下,表面均会出现周期化的结构,相关文献中称为周期性条纹、光栅、波纹、表面微纳织构等。目前,采用单束飞秒激光诱导表面纳织构形成的主要机制有:飞秒激光与表面散射波干涉作用理论、飞秒激光与表面等离子体激元干涉作用理论和自组织理论。这三种理论对于解释纳织构形成都有合理之处,但每一种理论都不能完整地解释纳织构的形成机制。因此,目前对于单束飞秒激光诱导表面纳织构的形成机制仍处在不断探究完善阶段。由于飞秒激光与表面散射波干涉理论不能解释飞秒激光垂直入射时形成的周期性条纹小于入射激光波长这一现象,所以不适用于解释刀具表面纳织构形成机理。自组织理论现象的产生是材料在飞秒激光辐照后,引起表面的不稳定性,使材料表面产生类似于液体膜。这种表面的不稳定性和表面的松弛作用导致表面结构出现了波纹交叉、分叉及网格结构等现象,因此不能很好地解释刀具表面的规则纳米条纹织构形成机制。飞秒激光与材料相互作用时,会激发高浓度的载流子,无论是金属材料、半导体或电介质,表面的光学性质均会显示出一定的金属性,飞秒激光会在表面激发出等离子体激元,使入射激光与激发出的表面等离子体波相互干涉,从而在材料表面形成周期性的纳米条纹织构,这一理论适用于解释刀具材料表面诱导纳米条纹织构形成机理。

2.2.3　硬质合金刀具表面微织构的制备

微织构刀具制备的关键是刀具表面微织构的加工。表面微织构的加工方法有多种，其中纳秒激光加工方法因具有能量密度高、加工可控性好、加工速度快和易实现精密加工的优点而在表面微织构的加工方面应用最为广泛。采用纳秒激光加工技术进行刀具前刀面微织构的加工，刀具基体材料为 YG6 硬质合金，其主要成分为碳化钨(WC)和质量分数为 6％的钴(Co)，晶粒尺寸大小为 $0.8\sim1.5\mu m$，材料的性能参数见表 2-1，刀具基体尺寸为 19mm×19mm×7mm，刀尖圆弧半径为 0.5mm。

纳秒激光加工设备如图 2-20(a)所示，激光器的激光产生介质为铷石榴石，激光波长为 1064nm，激光脉冲频率和脉冲宽度分别为 2kHz 和 20ns，激光加工在大气环境中进行，激光器工作电压为 12V，工作电流为 20A，加工速度为 10mm/s，实际加工状况如图 2-20(b)所示。

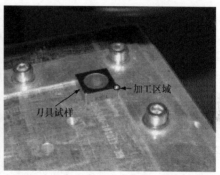

(a) 激光设备　　　　　　　　　　　　　(b) 加工状况

图 2-20　纳秒激光加工设备和加工状况

在刀具前刀面加工的微织构的形貌如图 2-21 所示，图 2-21(a)～(c)依次为椭圆状织构、与切屑流动方向近似垂直的凹槽阵列织构、与切屑流动方向近似平行的

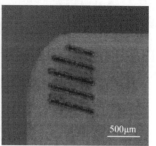

(a) 椭圆状　　　　　(b) 凹槽与切屑流向近似垂直　　　　(c) 凹槽与切屑流向近似平行

图 2-21　刀具前刀面微织构形貌

凹槽阵列织构。图 2-22(a)、(b)为单个织构凹槽的形貌,可以看出,凹槽的截面形状为倒三角形。图 2-22(c)为单个织构凹槽的三维形貌,可以看出,织构凹槽的宽度和深度分别约为 $50\mu m$ 和 $100\mu m$。

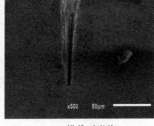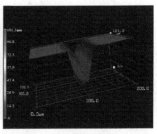

(a) SEM形貌　　　　　　　　(b) 横截面形貌　　　　　　　　(c) 三维形貌

图 2-22　单个织构凹槽的微观形貌

激光加工过程中,部分被蚀除溅射的材料会沿微织构凹槽两侧堆积,在刀具前刀面形成微小的突起。对加工完微织构的刀具前刀面进行研磨处理,并使用无水乙醇进行超声清洗,去除刀具前刀面的加工突起。在显微镜观测下向刀具前刀面微织构凹槽中填充 MoS_2 固体润滑剂,用细针将润滑剂向微织构凹槽内碾压,经过多次反复的填充和碾压,确保微织构凹槽中填满紧实的固体润滑剂。完成润滑剂的填充即完成了微织构刀具的制备,填充了固体润滑剂的三种微织构形貌分别如图 2-23(a)~(c)所示。

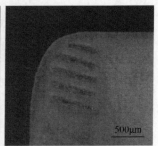

(a) 椭圆状　　　　　(b) 凹槽与切屑流向近似垂直　　　　(c) 凹槽与切屑流向近似平行

图 2-23　填充了固体润滑剂的微织构形貌

2.3　微织构对硬质合金刀具材料摩擦磨损特性的影响

2.3.1　试验方法

1. 试验设备

摩擦磨损试验在 UMT-2 型多功能摩擦磨损试验机上进行。采用球-盘接触方式,试验设备如图 2-24 所示。试验装置主要包括夹具、配副球、力传感器、硬质合金盘、工作台和旋转主轴。试验时,摩擦盘试样通过配套的高强双面胶带固定在工作台中心,配副球被夹持在夹具中,配副球与硬质合金盘接触并通过力传感器控制施加的载荷,硬质合金盘在工作台带动下高速旋转以实现与配副球的相对滑动。夹持配副球的夹具可以在伺服电机的带动下实现上下和左右方向的高精度运动,承载硬质合金盘的工作台的转速也由一个电机控制。加载载荷和摩擦力可以通过力传感器实时采集,控制系统的 Viewer 软件记录采集的力数据并自动计算摩擦系数,同时绘制摩擦力和摩擦系数的变化曲线。

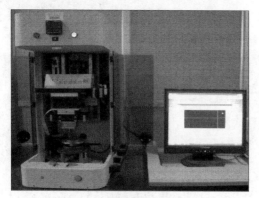

(a) UMT-2 型多功能摩擦磨损试验机　　　　　(b) 摩擦状态图

图 2-24　UMT-2 型多功能摩擦磨损试验设备

2. 试验材料和试样制备

摩擦盘材料为 YG6 硬质合金,其主要成分为碳化钨(WC)和质量分数为 6% 的钴(Co),晶粒尺寸大小为 0.8～1.5μm。摩擦盘的直径为 56mm,厚度为 4mm,中间有一个直径为 6mm 的定位孔。配副球材料为 Ti6Al4V,直径为 9.5mm,材料硬度为 25HRC。

硬质合金表面的微织构是通过纳秒激光加工形成的,首先将硬质合金盘采用金刚石抛光剂抛光至表面粗糙度 0.02μm 以下,然后超声清洗 30min。将抛光清洗后的硬质合金盘采用 Nd:YAG 激光器进行微织构的加工,激光产生介质为钕石榴石,激光波长为 1064nm,激光脉冲频率和脉冲宽度分别为 2kHz 和 20ns。激光器工作电压为 12V,工作电流为 20A,加工速度为 10mm/s。加工的织构区域为内径 16mm、外径 24mm 的圆环,由微织构沟槽阵列组成。加工织构后的硬质合金盘要再次抛光和超声清洗,以去除激光熔蚀造成的材料突起,然后在微织构凹槽中填充固体润滑剂二硫化钼(MoS_2)。图 2-25(a)为加工的织构的结构示意图,图 2-25(b)为加工织构后的硬质合金盘试样,图 2-25(c)和(d)分别为没有填充润滑剂和填充固体润滑剂之后的表面织构的形貌。

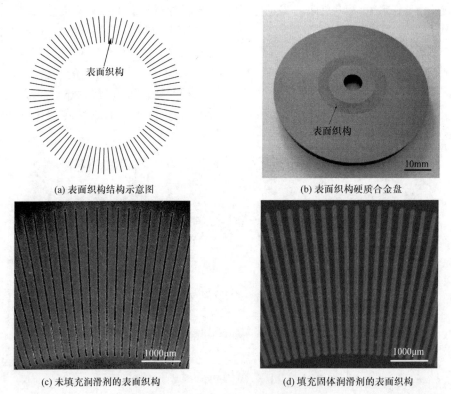

(a) 表面织构结构示意图　　　　　　(b) 表面织构硬质合金盘

(c) 未填充润滑剂的表面织构　　　　　(d) 填充固体润滑剂的表面织构

图 2-25　表面织构硬质合金试样的形貌

3. 试验条件和检测方法

试验为干摩擦,在室温、大气环境中进行。试验使用的摩擦盘试样包括四种:光滑表面试样,命名为 SS;光滑表面抹覆固体润滑剂的试样,命名为 SSL;表面织构试样,命名为 TS;填充固体润滑剂的表面织构试样,命名为 TSL。摩擦相对滑动速度为 60~180m/min,载荷为 10N,每组试验滑动时间为 5min。采用 TH5104R 型红外热像仪测量球-盘接触面的摩擦温度,红外发射率设定为 0.4。采用 Wyko NT9300 型白光干涉仪观测硬质合金盘的磨痕的三维形貌,使用扫描隧道显微镜观测硬质合金盘和钛合金对摩球的磨损形貌,并采用 X 射线能谱仪分析硬质合金盘磨损表面的元素分布。

2.3.2　微织构硬质合金试样的摩擦磨损特性

1. 摩擦系数

图 2-26(a)和(b)分别为在滑动速度 60m/min 和 180m/min 下四种试样与钛

合金球对摩时的摩擦系数变化曲线。可见,对于任一种试样,摩擦系数有一个先上升而后趋于相对稳定的波动过程。SSL 试样的摩擦系数在摩擦初始阶段要低于 SS 试样的摩擦系数,但随后两者趋于基本一致;TS 试样的摩擦系数明显高于 SS 试样的摩擦系数;TSL 试样的摩擦系数最小,同时,TSL 试样的摩擦系数波动幅度要小于 SS 试样。

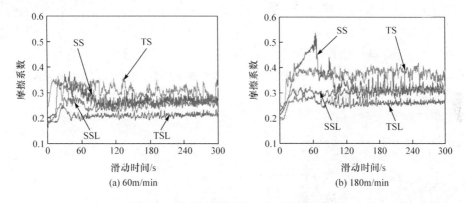

图 2-26　摩擦系数随滑动时间的变化曲线

　　图 2-27 为四种试样与钛合金球对摩时的平均摩擦系数随滑动速度的变化趋势。可见,四种试样的平均摩擦系数随着滑动速度的升高呈现先增加后减小的趋势,均在滑动速度为 150m/min 时达到最大值,此速度下 SS 试样、SSL 试样、TS 试样和 TSL 试样对应的平均摩擦系数分别为 0.352、0.339、0.375 和 0.267。SSL 试样的平均摩擦系数与 SS 试样的平均摩擦系数差别不大;TS 试样的平均摩擦系数高于 SS 试样的平均摩擦系数;只有 TSL 试样的平均摩擦系数明显低于 SS 试样的平均摩擦系数,与光滑表面相比,相同试验条件下填充固体润滑剂的表面织构试样能够降低平均摩擦系数达 20%～25%。

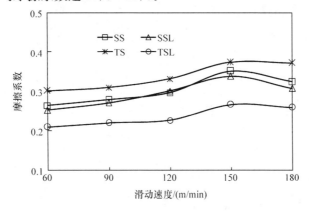

图 2-27　平均摩擦系数随滑动速度的变化曲线

2. 接触面摩擦温度

图 2-28 为 SS 试样在 180m/min 摩擦条件下摩擦 3min 时球-盘接触面的摩擦温度分布图。可见,此时球-盘接触面的最高摩擦温度为 429.4℃。球-盘接触面的摩擦温度的测量是采用实时测量方式,图 2-29 为在滑动速度 180m/min 下四种试样与钛合金球对磨的球-盘接触面最高摩擦温度随滑动时间的变化。可见,四种试样的摩擦温度在初始摩擦约 1.5min 内快速上升,而后趋于稳定;SSL 试样的最高摩擦温度与 SS 试样相比无明显差异;在整个摩擦时间内,TS 试样的最高摩擦温度最高,TSL 试样的最高摩擦温度最低。随着滑动摩擦的进行,摩擦温度的升高会造成对摩钛合金材料的软化,这正是图 2-26 所示的摩擦系数上升之后有一个短暂下降趋势的原因之一。

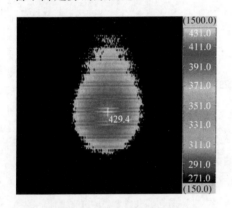

图 2-28　球-盘接触面摩擦
温度分布图(单位:℃)

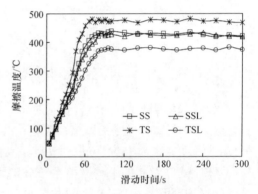

图 2-29　球-盘接触面最高摩擦温度
随滑动时间的变化曲线

将摩擦温度处于稳定期的最高摩擦温度取平均值并定义为试验的平均摩擦温度,图 2-30 为四种试样在不同滑动速度下的平均摩擦温度。每一种试样的平均摩

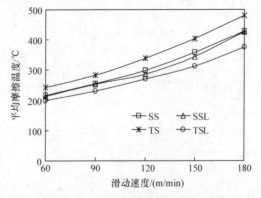

图 2-30　球-盘接触面最高摩擦温度随滑动速度的变化

擦温度都是随着滑动速度的升高而增大。SSL 试样与 SS 试样相比，平均摩擦温度无明显差异；相同速度下，TS 试样的平均摩擦温度最高，TSL 试样的平均摩擦温度最低。例如，在滑动速度 180m/min 时，SS 试样、SSL 试样、TS 试样和 TSL 试样的平均摩擦温度依次为 428℃、425.8℃、481.6℃和 376.3℃。计算结果显示，TSL 试样与 SS 试样相比降低切削温度达 8%～15%。

3. 对摩球的磨损

图 2-31 为在滑动速度 180m/min 下分别与四种试样摩擦 5min 后的钛合金球的磨痕形貌。可见，钛合金球的磨痕区域产生了严重的塑性变形，磨损体积损失严重。与 SS 试样、SSL 试样、TS 试样和 TSL 试样摩擦的钛合金球的磨痕的直径分别约为 2.71mm、2.4mm、3.02mm 和 1.89mm。

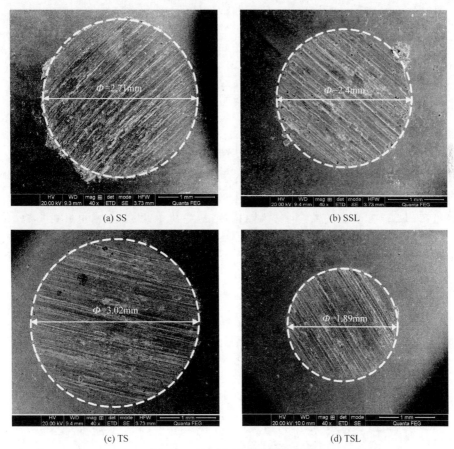

(a) SS　　　　　　　　　　　　　　(b) SSL

(c) TS　　　　　　　　　　　　　　(d) TSL

图 2-31　Ti6Al4V 球的磨损形貌

图 2-32(a)和(b)分别为钛合金球磨损量和磨损率随滑动速度的变化曲线。可见，与 SS 试样相比，TSL 试样能够有效降低对摩球的磨损量和磨损率；在相同

条件下,与 TS 试样对摩的钛合金球的磨损量和磨损率最大;与 SSL 试样和 SS 试样对摩的钛合金球的磨损情况无明显差别。与 SS 试样、SSL 试样和 TS 试样摩擦时,钛合金球的磨损量和磨损率均随着滑动速度的升高而增大;然而,与 TSL 试样摩擦时,钛合金球的磨损量随滑动速度的升高而缓慢增大,磨损率随着滑动速度的升高呈现下降的趋势。

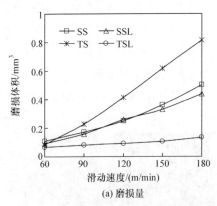
(a) 磨损量

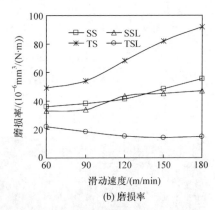
(b) 磨损率

图 2-32　钛合金球的磨损量和磨损率随滑动速度的变化

4. 硬质合金表面磨损形貌

图 2-33 为四种摩擦盘试样与钛合金球在滑动速度 180m/min 下对摩 5min 之后的磨痕形貌。四种摩擦盘试样表面的主要磨损形式均为对摩钛合金材料的黏结,这主要是因为两种对摩材料在硬度上的巨大差异。对比图 2-33(a)、(b)、(c) 和 (d) 可知,TS 试样表面的钛合金材料的黏结最为严重,磨损区域的织构凹槽均被钛合金材料填充覆盖;SSL 试样表面的钛合金材料的黏结情况与 SS 试样类似,SSL 试样的摩擦接触区域的固体润滑剂被摩擦挤压带走;相比之下,TSL 试样表面的钛合金材料的黏结最为轻微。

(a) SS

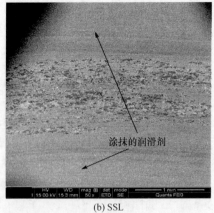
(b) SSL

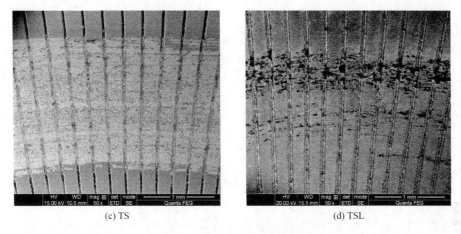

(c) TS　　　　　　　　　　　　　　(d) TSL

图 2-33　硬质合金盘的磨痕形貌

图 2-34 为白光干涉仪拍摄的四种试样与钛合金球在滑动速度 60m/min 下对摩 5min 之后的磨痕的三维形貌。可见,SS 试样的钛合金材料的黏结最大高度为 10.9μm;SSL 试样的钛合金材料的黏结最大高度为 9.6μm,与 SS 试样相比差别不大;TS 试样的钛合金材料黏结最为严重,黏结最大高度为 13.2μm;TSL 试样的钛合金材料的黏结最大高度为 5.7μm,与 SS 试样相比,其磨痕宽度和对摩材料的黏结高度都要显著降低。

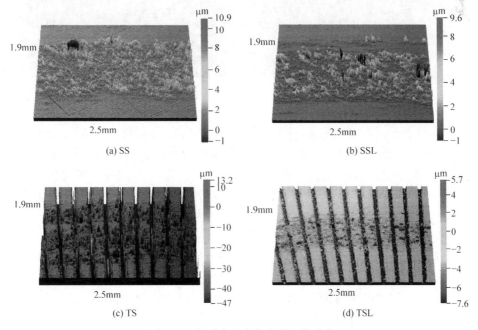

图 2-34　硬质合金盘磨痕的三维形貌

5. 讨论

在本试验条件下,对摩钛合金材料的黏结是硬质合金盘的主要磨损形式,这可以归因于钛合金材料和硬质合金材料在硬度上的巨大差异。随着相对滑动速度的增大,钛合金材料的磨损损失增加,硬质合金表面的钛合金材料黏结加剧,这将会引起摩擦系数的升高。然而,随着滑动速度的进一步增大,摩擦温度也会随之升高,摩擦高温又将会导致钛合金材料的软化,这将有助于摩擦系数的减小。与光滑表面试样相比,在光滑硬质合金表面抹覆二硫化钼固体润滑剂并不能改善试样的摩擦磨损性能;未填充润滑剂的表面织构硬质合金试样的摩擦系数最高,磨损最为严重;填充固体润滑剂的微织构硬质合金试样的摩擦磨损性能得到了显著改善。

图 2-35 为 SS 试样与钛合金球在滑动速度 150m/min 下对摩 5min 之后的磨痕的 SEM(扫描电子显微镜)图和元素分布的 EDS(能谱仪)分析图。可见,光滑表面试样的磨痕区域黏结大量的钛合金材料。

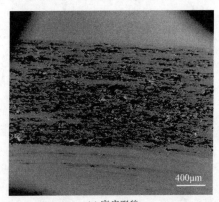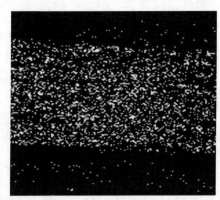

(a) 磨痕形貌　　　　　　　　　　　　　(b) Ti元素分布

图 2-35　SS 试样的磨痕形貌及 EDS 分析

图 2-36 为 SSL 试样与钛合金球在滑动速度 150m/min 下对摩 5min 之后的磨痕的 SEM 图和元素分布的 EDS 分析图。由图 2-36(a)和(b)可见,SSL 试样表面黏结有大量的钛合金材料,其情况与图 2-35 所示的 SS 试样的情况相似。图 2-36(c)和(d)显示,在 SSL 试样的磨痕区域,固体润滑剂二硫化钼几乎被摩擦挤压耗尽。光滑表面没有存储润滑剂的空间,抹覆的润滑剂很快被摩擦挤压带走,因此 SSL 试样并不能明显改善摩擦磨损性能。

图 2-37 为 TS 试样与钛合金球在滑动速度 150m/min 下对摩 5min 之后的磨痕的 SEM 图和元素分布的 EDS 分析图。TS 试样的磨损剧烈,磨痕区域钛合金黏结严重,微织构凹槽中沾满了钛合金材料。微织构凹槽阵列增加了硬质合金的表面粗糙度,微织构凹槽边缘对钛合金球具有微犁削的作用,这正是 TS 试样的摩擦磨损性能恶化的原因。

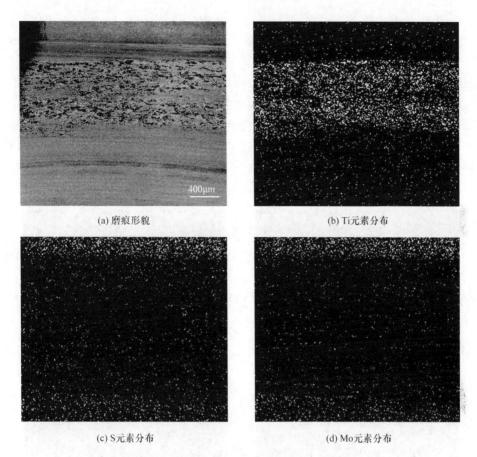

(a) 磨痕形貌　　　　　　　　　　　(b) Ti元素分布

(c) S元素分布　　　　　　　　　　　(d) Mo元素分布

图 2-36　SSL 试样的磨痕形貌及 EDS 分析

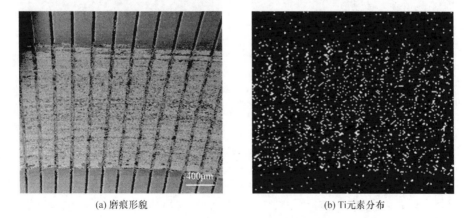

(a) 磨痕形貌　　　　　　　　　　　(b) Ti元素分布

图 2-37　TS 试样的磨痕形貌及 EDS 分析

　　图 2-38 为 TSL 试样与钛合金球在滑动速度 150m/min 下对摩 5min 之后的磨痕的 SEM 图和元素分布的 EDS 分析图。图 2-38(b)、(c)和(d)显示,磨痕区域除了分布少量的 Ti 元素,同时存在几乎均匀分布的 S 元素和 Mo 元素。可见,磨痕区域除了黏结少量的钛合金材料,同时有均匀分布的润滑剂二硫化钼。由图 2-38(c)和(d)可见,在磨痕以外的区域,二硫化钼基本上是分布在织构凹槽内。摩擦过程中,存储在织构凹槽中的固体润滑剂在摩擦挤压作用下析出,并拖敷在摩擦接触面形成润滑层,拖敷的润滑剂也会被摩擦带走,但微织构凹槽中润滑剂会不断析出补给,从而在摩擦接触面形成连续动态的固体润滑层。此外,织构凹槽具有捕捉和存储磨损颗粒的作用,降低摩擦和磨损。

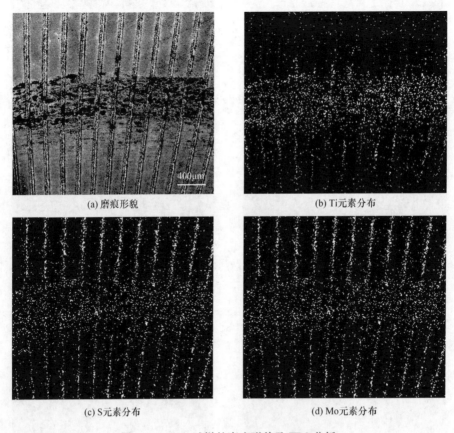

(a) 磨痕形貌　　　　　　　　　　　　　　(b) Ti元素分布

(c) S元素分布　　　　　　　　　　　　　　(d) Mo元素分布

图 2-38　TSL 试样的磨痕形貌及 EDS 分析

　　TSL 试样表面形成的固体润滑层将会降低试样的摩擦系数并减轻对摩钛合金材料的磨损和黏结,从而进一步减小摩擦温度。在摩擦过程中,摩擦系数的波动程度与接触面的粗糙度及规则程度有关,在本试验研究中主要指硬质合金盘表面的黏结情况。TSL 试样因为黏结钛合金材料轻微,所以摩擦系数波动幅度相对较小。

2.4　微织构刀具的切削性能研究

2.4.1　试验方法

车削试验在 CA6140 型普通车床上进行。试验使用了两种刀具：传统硬质合金刀具、前刀面加工椭圆状织构并填充润滑剂的微织构刀具，这两种刀具分别依次命名为 CT 和 SLT。

试验的切削参数：进给量 $f=0.3$mm/r，切削深度 $a_p=0.5$mm，切削速度 $v=60\sim180$m/min。刀具切削几何角度：前角 $\gamma_o=-5°$，后角 $\alpha_o=5°$，主偏角 $\kappa_r=45°$，刃倾角 $\lambda_s=0°$，刀尖圆弧半径 $r_\varepsilon=0.5$mm。工件材料：Ti6Al4V 棒料，硬度为 35HRC，长度为 500mm，直径为 80mm。

试验采用 Kistler 9265A 型测力仪进行三向切削力的测量，该仪器包括压电式测力仪、滤波放大器、A/D 转换器和数据采集系统等几个部分。采用 TH5104 型红外热像仪测量切削温度。TH5104 型红外热像仪是一种便携式、非接触式的高灵敏度的测温设备，它捕捉被测物体辐射的红外能量，分析和生成被测物体的温度场分布图。采用时代 TR200 型手持式粗糙度仪测量工件的已加工表面粗糙度。在切削试验过程中，采用 JCD-2 型便携式数码显微镜观测刀具的磨损情况。切削试验之后，采用扫描隧道显微镜观测刀具的磨损形貌，并采用 X 射线能谱仪分析刀具磨损区域的元素分布。

2.4.2　微织构刀具的切削性能

1. 切削力

图 2-39 为两种刀具切削 Ti6Al4V 过程中三向切削力随切削速度的变化曲线。在试验切削速度范围内，两种刀具的三向切削力均随着切削速度的增大呈现先增加后降低的趋势，在切削速度为 90m/min 时切削力最大。在同一个切削过程中，轴向力 F_x 和径向力 F_y 大小相当，主切削力 F_z 相对较大。在相同切削条件下，SLT 刀具的三向切削力明显要低于 CT 刀具的三向切削力，SLT 刀具的轴向力 F_x、径向力 F_y、主切削力 F_z 相比 CT 刀具分别降低了 $10\%\sim20\%$、$15\%\sim25\%$、$10\%\sim15\%$。

2. 前刀面平均摩擦系数

金属切削原理指出，在切削过程中刀具后刀面作用力可以忽略的情况下，刀具切削的几何角度和切削力之间近似满足 $F_y/F_z=\tan(\beta-\gamma_o)$，根据这个关系式可

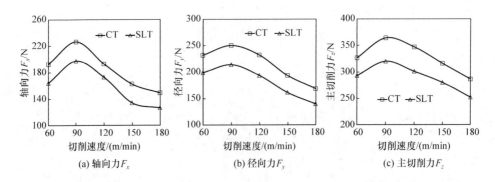

图 2-39　三向切削力随切削速度的变化

以得到刀具剪切摩擦角的计算式如下：

$$\beta = \gamma_o + \arctan(F_y/F_z) \tag{2-1}$$

式中，β 为切削摩擦角，γ_o 为切削前角。

由式(2-1)可得到刀-屑平均摩擦系数计算公式：

$$\mu = \tan[\gamma_o + \arctan(F_y/F_z)] \tag{2-2}$$

根据式(2-1)和式(2-2)，由图 2-39 所示的切削力数据，可以计算获得两种刀具在不同切削速度下的摩擦角和刀-屑平均摩擦系数，分别如图 2-40 和图 2-41 所示。摩擦角和刀-屑平均摩擦系数具有相同的变化趋势，由图 2-41 可见，随着切削速度的增加，两种刀具的刀-屑平均摩擦系数均缓慢下降；在相同切削条件下，SLT 刀具的刀-屑平均摩擦系数相比 CT 刀具显著降低，微织构自润滑刀具能够降低刀-屑平均摩擦系数达 5%～20%。

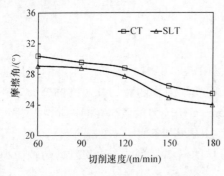

图 2-40　摩擦角随切削速度的变化

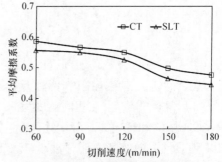

图 2-41　刀-屑平均摩擦系数
随切削速度的变化

3. 切削温度

切削过程中，采用 TH5104 型红外热像仪测量切削区温度分布，每隔 10s 测量一次，将每次测量的温度场中的最大温度取平均值作为刀具的切削温度。图 2-42

为分别使用两种刀具切削 Ti6Al4V 时切削温度随切削速度的变化趋势。可见,两种刀具的切削温度均随着切削速度的增大而增加;在相同切削条件下,SLT 刀具相比 CT 刀具能够降低切削温度;计算显示,SLT 刀具相比 CT 刀具降低切削温度达 5%～10%。

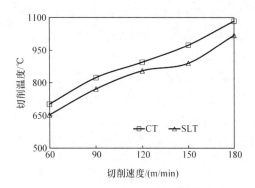

图 2-42　切削温度随切削速度的变化

4. 切屑变形

图 2-43 为在 $v=120\text{m/min}$、$f=0.3\text{mm/r}$、$a_p=0.5\text{mm}$ 切削条件下分别使用两种刀具获得的切屑宏观形貌。可见,使用 CT 刀具获得的切屑呈连续缠绕状,这种切屑在切削过程中不易折断,而且在不进行人为清理的情况下容易缠绕在高速旋转的工件上,对切削过程的进行造成阻碍;相比之下,使用 SLT 刀具获得的切屑呈螺旋状,且切削过程中这种切屑能够自行折断。显然,在这种试验条件下,前刀面加工微织构并填充固体润滑剂的自润滑刀具能够增加切屑的卷曲,并有利于切屑的折断。

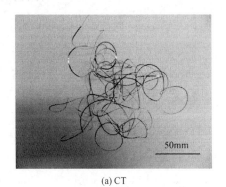

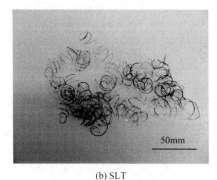

(a) CT　　　　　　　　　　　　　　　　(b) SLT

图 2-43　切屑的宏观形貌

金属切削之后,切屑一般在长度上产生收缩而在厚度上产生膨胀,据此可衡量切削时金属变形程度的大小,即切屑变形系数 ξ,其计算公式如下:

$$\xi = l/l_c \tag{2-3}$$

式中,l 为切削长度,l_c 为切屑长度。

根据式(2-3),通过测量切屑长度,可以计算出切屑变形系数。图 2-44 为两种刀具切削获得的切屑变形系数随切削速度的变化趋势。可见,随着切削速度的增加,两种刀具获得的切屑变形系数均不断减小;相比之下,SLT 刀具获得的切屑变形系数较小,比 CT 刀具降低切屑变形系数达 10%左右。

金属切削原理指出,在实际切削过程中,剪切角 ϕ、切屑变形系数 ξ 和刀具前角 γ_o 之间近似满足 $\tan\phi = \cos\gamma_o/(\xi - \sin\gamma_o)$,根据此式可计算出剪切角。图 2-45 为两种刀具切削的剪切角随切削速度的变化趋势。可见,两种刀具的切削剪切角均随着切削速度的增大而增加;在相同切削条件下,SLT 刀具的剪切角相比 CT 刀具有所增大。

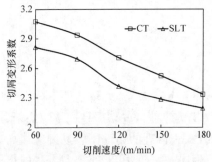
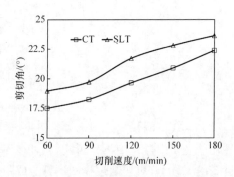

图 2-44　切屑变形系数随切削速度的变化　　　　图 2-45　剪切角随切削速度的变化

5. 刀具磨损

图 2-46 为在 $v = 90\text{m/min}$、$f = 0.3\text{mm/r}$、$a_p = 0.5\text{mm}$ 切削条件下两种刀具切削钛合金 3min 之后的前刀面磨损形貌。可见,刀具前刀面的主要磨损形式为工件材料的黏结,CT 刀具的前刀面磨损最为严重,相比之下,SLT 刀具的前刀面磨损明显轻微。观测显示,CT 和 SLT 刀具的刀-屑接触区域沿切屑流动方向的磨损长度分别为 493.6μm 和 436.1μm。显然,在刀具前刀面加工微织构并填充固体润滑剂能够有效减少刀-屑接触长度。

图 2-47 为在 $v = 90\text{m/min}$、$f = 0.3\text{mm/r}$、$a_p = 0.5\text{mm}$ 切削条件下两种刀具切削钛合金 3min 之后的后刀面磨损形貌。可见,两种刀具的后刀面均呈现磨粒磨损和边界磨损的形式;CT 和 SLT 刀具的后刀面最大磨损宽度分别为 321.3μm 和 288.1μm。显然,SLT 刀具相比于 CT 刀具体现出了一定的抗磨损性能。因此,可以认为 SLT 刀具后刀面磨损减轻的原因主要是切削时其具有相对较低的切削温度,这一点从图 2-42 所示的切削温度变化曲线可以看出。

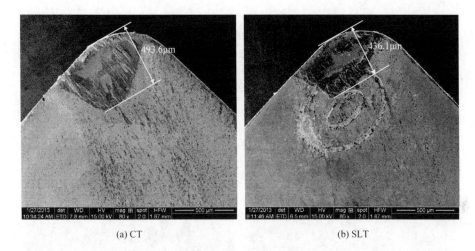

(a) CT　　　　　　　　　　　　　　　(b) SLT

图 2-46　前刀面磨损形貌

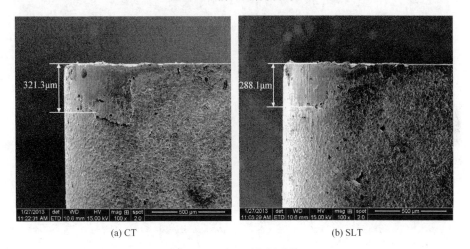

(a) CT　　　　　　　　　　　　　　　(b) SLT

图 2-47　后刀面磨损形貌

2.4.3　微织构刀具改善切削加工的作用机理

图 2-48 为在 $v=60\text{m/min}$、$f=0.3\text{mm/r}$、$a_p=0.5\text{mm}$ 切削条件下 SLT 刀具切削 3min 之后的前刀面磨损形貌及对应的 Ti、S 和 Mo 元素分布的 EDS 分析。可见,在刀尖区域存在钛合金材料的黏结;此外,固体润滑剂 MoS_2 受摩擦挤压作用拖敷于刀具前刀面。MoS_2 润滑剂拖敷在前刀面形成固体润滑层,一方面降低了切屑与刀具前刀面的摩擦剪切强度,同时可阻碍刀-屑紧密接触区的延伸,减小刀-屑接触长度;刀具前刀面微织构凹槽的存在同样可减小刀-屑实际接触长度。由式(1-4)、式(1-6)、式(1-7)可以看出,三向切削力与刀-屑摩擦界面的平均剪切强

度 τ_c 以及刀-屑接触长度 l_f 成正比。在刀具前刀面加工微织构并填充固体润滑剂,切削过程中,微织构凹槽中的润滑剂因摩擦挤压作用拖敷在刀-屑接触界面形成润滑膜,使摩擦剪切作用发生在润滑膜内,能够有效降低刀-屑摩擦界面的平均剪切强度,从而减小三向切削力。

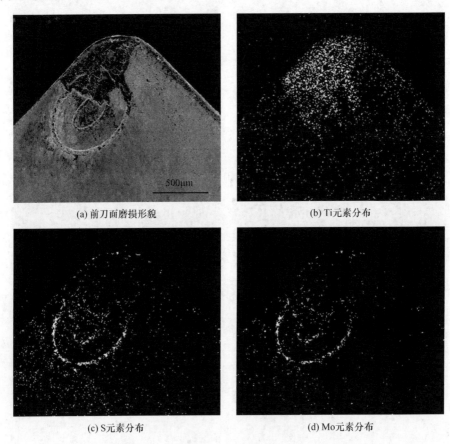

(a) 前刀面磨损形貌　　　　　　　　　(b) Ti元素分布

(c) S元素分布　　　　　　　　　(d) Mo元素分布

图 2-48　SLT 刀具前刀面磨损形貌及 EDS 分析

由式(1-16)可见,平均切削温度 θ_t 与刀-屑摩擦剪切强度 τ_c 和刀-屑接触长度 l_f 呈正向变化关系,与剪切角 ϕ 呈反向变化关系。在刀具前刀面加工微织构并填充固体润滑剂,切削时刀具前刀面能够形成固体润滑层,这将降低刀-屑摩擦剪切强度 τ_c 和刀-屑接触长度 l_f,因此减小刀-屑平均摩擦系数 μ 和摩擦角 β。根据式(1-16),刀-屑摩擦剪切强度和刀-屑接触长度的减小、剪切角的增大都将有利于减小切屑的温度,这正是微织构刀具能够降低切削温度的原因。

切削过程中,切屑的卷曲具有复杂的机理,切屑的卷曲是由于切削过程中存在弯矩的作用。如图 2-49 所示,前刀面上的切削合力 F_r 和切屑剪切面上的切削抗

力 F_w 大小相等、方向相反,但不共线,从而形成弯矩,引起切屑发生背离前刀面方向的卷曲。在刀具前刀面加工微织构并填充固体润滑剂能够减小切屑与前刀面的摩擦力 F_f,摩擦力 F_f 引起的弯矩的方向与导致切屑卷曲的弯矩方向相反,因此,刀-屑摩擦力的减小能够增大切屑的卷曲,这正是使用微织构刀具获得的切屑卷曲严重的原因。金属切削原理指出,在实际切削过程中,剪切角 ϕ、切屑变形系数 ξ 和刀具前角 γ_o 之间近似满足 $\tan\phi = \cos\gamma_o/(\xi-\sin\gamma_o)$ 的关系,即 $\xi = \cos\gamma_o/\tan\phi + \sin\gamma_o$。前述分析指出,在刀具前刀面加工微织构并填充固体润滑剂能够增大刀具的剪切角 ϕ,因此有利于减小切屑变形系数 ξ。显然,在前刀面加工微织构并填充固体润滑剂的刀具能够增大切屑卷曲并减小切屑变形,这将有利于切屑的折断,便于切削过程的进行;此外,切屑变形的减小也能够降低因切屑变形而引起的切削功率和切削热,从而有利于降低刀具的切削力和切削温度。

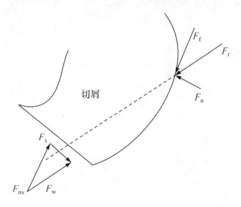

图 2-49 切屑受力弯矩模型

2.5 本 章 小 结

(1) 提出了微织构刀具的设计原则,建立了微织构刀具的设计模型,分析了微织构的形状和结构参数对刀具应力分布的影响及作用规律,优化确定了微织构的最佳结构参数。

(2) 分析了激光织构化技术原理和激光诱导刀具表面微织构的形成机制,采用纳秒激光加工技术在硬质合金刀具前刀面加工微织构,制备了椭圆状织构、与切屑流动方向近似垂直的凹槽阵列织构、与切屑流动方向近似平行的凹槽阵列织构三种微织构刀具。

(3) 将光滑表面试样和填充润滑剂的微织构试样(TSL)与钛合金球对摩进行了对比干摩擦试验,结果表明,TSL 试样能够有效改善硬质合金的摩擦磨损性能。TSL 试样的减摩润滑机理为:摩擦过程中,存储在微织构凹槽中的固体润滑剂在摩擦挤压作用下析出,并拖敷在摩擦接触面形成润滑层,拖敷的润滑剂也会被摩擦带走,但凹槽中润滑剂会不断析出补给,从而在摩擦接触面形成连续动态的固体润滑层;织构凹槽同时具有捕捉和存储磨损颗粒的作用,降低摩擦和磨损。

(4) 对传统刀具和微织构刀具(SLT)进行了车削 Ti6Al4V 的对比试验,结果表明,SLT 刀具的切削力、切削温度、刀-屑接触界面平均摩擦系数、刀具磨损等比传统刀具显著减小。微织构刀具改善切削加工的作用机理在于切削过程中微织构凹槽中的固体润滑剂拖敷在前刀面形成固体润滑层,降低了刀-屑摩擦剪切强度和刀-屑实际接触长度。

第3章 软涂层微织构刀具的研究

本章将软涂层和微织构两种效应有机结合,提出全新的软涂层微织构刀具的概念和设计思路,通过对刀具表面微织构的制备关键技术以及微织构刀具表面沉积固体润滑剂的涂层工艺和调控方法研究,研制开发出具有软涂层微织构双重功能的软涂层微织构刀具,系统研究软涂层微织构刀具的切削性能,阐明微织构和软涂层对切削力和切削温度的影响,揭示该刀具的润滑作用机理。

3.1 软涂层材料与刀具基体材料的匹配研究

3.1.1 软涂层材料与基体材料的化学相容性分析

化学相容性分析是指对涂层材料与基体材料在制备过程中可能发生的化学反应以及存在的物相进行分析。通过热力学的分析计算,改进材料的组分和工艺参数,保证在涂层的制备过程中,涂层与基体的界面性能不退化,物相在界面上不发生有害的化学反应,不产生弱化相,为减少乃至抑制界面反应提供理论依据。通过查阅热力学相关手册,可得到化学反应各物质的热力学数据,从而推断相应的化学反应能否自发进行。中频磁控溅射结合多弧离子镀外加等离子体辅助沉积技术在硬质合金基体上制备 WS_2 软涂层,沉积温度一般为 $400\sim550K$,考虑到在沉积过程中在基体表面会有少量的温升,故计算在 $600K$ 时的反应情况。软涂层材料成分为 WS_2、过渡层材料考虑 Zr 和 Ti、硬质合金基体的主要成分为 WC、TiC 和 Co。在室温($298K$)、制备过程($600K$)和预计最高切削温度($1000K$)下,分别计算标准反应吉布斯自由能,其计算结果见表 3-1。

表 3-1 吉布斯自由能计算结果

基体与涂层	可能发生的反应	ΔG^{θ}_{298}	ΔG^{θ}_{600}	ΔG^{θ}_{1000}	是否反应
	$WC+Ti=TiC+W$	-142222	-140213	-137250	反应
基体与过渡层	$WC+Zr=ZrC+W$	-155011	-153563	-151768	反应
	$TiC+Zr=ZrC+Ti$	-12789	-13350	-14518	反应
	$WS_2+Ti=TiS_2+W$	-152321	-157462	-163947	反应
涂层与过渡层	$WS_2+2Zr=2ZrS+W$	764305	651686	510916	不反应
	$WS_2+Zr=ZrS_2+W$	-320104	-322245	-323902	反应

基体与涂层	可能发生的反应	ΔG_{298}^{θ}	ΔG_{600}^{θ}	ΔG_{1000}^{θ}	是否反应
涂层与基体	$WS_2+2WC=2CS+3W$	683750	567610	418944	不反应
	$WS_2+WC=CS_2+2W$	353289	293814	216144	不反应
	$WS_2+TiC=TiS_2+WC$	-10099	-17249	-26697	反应
	$WS_2+Co=W+CoS_2$	104254	102155	100300	不反应

由表 3-1 可见,基体与过渡层之间存在化学反应,反应生成的 TiC 和 ZrC 不仅具有高硬度的特性,而且通过化学反应可在过渡层与基体之间形成化合物的界面,可以增大过渡层与基体之间的结合力;WS_2 涂层与过渡层也存在化学反应,由于过渡层非常薄,其与 WS_2 涂层反应的数量有限,只在界面处反应生成了 TiS_2 和 ZrS_2,TiS_2 和 ZrS_2 的晶体结构均类似于碘化镉,是六方密堆积排列,属于层状结构,层与层之间用较弱的范德瓦耳斯力来连接,剪切强度较低,所以不仅没有弱化 WS_2 涂层良好的润滑性,而且 TiS_2 和 ZrS_2 具有高强度、耐高压的特性,通过化学反应的化合物界面结合使过渡层与 WS_2 涂层结合得更紧密;WS_2 涂层与基体也存在化学反应,生成的少量 TiS_2 同样能起到增大膜-基结合力、提高软涂层刀具强度和抗压性的作用。

3.1.2 软涂层材料与基体材料的物理相容性分析

1. 界面结合形态和表面应力

两种不同的固体材料之间结合,有几种不同的界面结合形态。涂层与基体结合界面的形态对涂层的附着性能有着重要的影响。常见的涂层界面结合形态有机械界面、突变界面、化合物界面、扩散界面和伪扩散界面。软涂层材料与基体材料之间的界面结合形态主要是以化合物界面结合为主。作用在表面或表层的应力称为表面应力。它主要有两种类型:一是作用于表面的外应力;二是由表层畸变引起的内应力或残余应力。沉积于基材表面的涂层,由于它的热膨胀系数与基材不同,从高温冷却后,涂层中将存在残余热应力。有些涂层在形成过程中,发生了体积的变化,或者经历了一些组织结构的变化,都会导致应力的产生。

表面应力的产生原因是多方面的,特别是对沉积的涂层来说,其形成过程中发生了体积的变化,而一个面附着在基材上被固定,发生畸变的晶格在涂层中得不到修复,致使内应力产生。具体的应力状况与工艺过程有关,例如,同样成分的涂层,用真空蒸镀法制备会得到拉应力或压应力,而用溅射法制备往往得到压应力。涂层中存在内应力,即存在应变能,当其大于涂层与基材间的附着能时,涂层就会剥落下来,尤其在涂层太厚时更容易剥落。涂层中不同类型的应力会引起界面的破坏。例如,涂层与基材热膨胀系数不同造成的热应力对于高温下制备的涂层是非常重要的。这种应力可能是拉应力,也可能是压应力。如果涂层热膨胀系数大于基材的热膨胀系数,则涂层在从沉积温度冷却下来后,将受到拉应力。在研究涂层时应从热膨胀系数、弹性模量和泊松比等方面来考虑涂层与基材的最佳配合,尽可能减小涂层处产生的残余应力梯度。因此,在软涂层刀具的设计过程中,对软涂层刀具的残余热应力分析显得尤为重要。

2. 残余热应力分析

残余热应力是涂层中残余应力的主要部分,对涂层的性能有重要的影响。残余热应力主要是在涂层的制备完成之后,温度由涂层制备温度降回室温,产生的温差在具有不同弹性模量、热膨胀系数和泊松比等性能参数的涂层材料与基体材料之间产生了残余热应力。刀具材料和涂层材料常见的性能参数如表 3-2 所示。

表 3-2 刀具材料和涂层材料常见的性能参数

材料		弹性模量 /GPa	热膨胀系数 /(10^{-6}℃$^{-1}$)	泊松比
涂层	WS$_2$	353.97	9.8	0.28
过渡层	Ti	120.2	8.35	0.41
	Zr	98	5.78	0.33
	Ni	199	9.2	0.335
刀具基体	YS8	550	5.5	0.27
	YG6	635	4.5	0.26
	YG8	650	4.5	0.26
	YT14	525	6.21	0.25
	YT15	510	6.51	0.25
	YW1	500	5.3	0.25

1) ANSYS 有限元残余热应力分析建模

采用 ANSYS 有限元分析软件中的稳态分析方法,用直接分析法对 WS$_2$ 软涂层刀具中的残余热应力进行分析,为 WS$_2$ 软涂层刀具基体材料、过渡层材料的优选及结构设计提供理论依据。

(1)几何建模。建模时,因为旨在研究涂层与基体材料的物理相容性,所以忽略具体形状对涂层残余热应力的影响。选取圆柱形单元进行建模,采用轴对称有限元模型进行分析。基体的高度、半径均取为 $50\mu m$,涂层的厚度取为 $3\mu m$,如图 3-1 所示。

(2)网格划分。假设涂层和基体结合良好,由于在层-基结合区域出现较高的

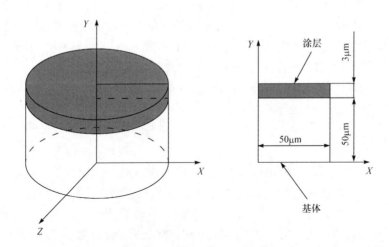

图 3-1　ANSYS 有限元分析涂层残余热应力轴对称实体模型示意图

应力梯度,为获得这一区域的准确应力分布,将涂层与基体的结合面附近进行有限元网格细化。根据涂层刀具的结构特征,模型单元类型采用 PLANE 42 单元,单元属性为轴对称。图 3-2 为涂层刀具有限元网格划分示意图。

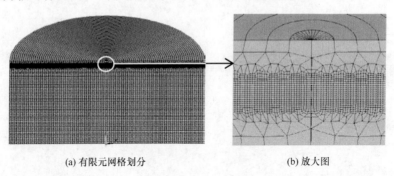

(a) 有限元网格划分　　　　　　　　　　　　(b) 放大图

图 3-2　涂层刀具有限元网格划分示意图

　　(3) 边界条件及材料性能。设定涂层的沉积温度为 T_1,沉积后自然缓慢冷却至室温 T_2,则温度变化为 $\Delta T = T_1 - T_2$。残余热应力有限元分析选取涂层沉积完成后从沉积温度 200℃降至室温 25℃这一过程为研究对象。仿真中所研究的热残余应力基于以下假设:与基体相比,涂层的厚度很薄,假定涂层内离子撞击、离子从金属靶到基体过程中的热损失均忽略;涂层和基体的温度分布均匀且在分析过程中始终保持温度相同;分析过程从涂层沉积完成之后开始;沉积温度相对较低,不考虑涂层和基体成分相变的问题,在冷却过程中,涂层与基体只存在弹性形变;涂层与基体的结合方式为黏结。

2）刀具基体材料的优选

在 YS8 硬质合金基体上沉积 $3\mu m$ 厚的 WS_2 涂层，由沉积温度 200℃降到室温 25℃时产生的 von Mises 应力分布云图如图 3-3 所示。可以看出，残余热应力值由中心轴向圆周处逐渐减小，但在外圆周的涂层与基体的界面结合处，出现了应力集中现象，残余热应力达到了最大值，为 520MPa。图 3-4 为 YG8 基体表面 WS_2 涂层的 von Mises 应力分布云图。可见，涂层的残余热应力遵循与 YS8 基体表面涂层相似的分布规律，最大残余热应力也发生在外圆周的涂层与基体的交界处，残余热应力最大值为 764MPa。与 YG8 基体表面 WS_2 涂层相比，YS8 表面涂层的残余热应力明显较小。

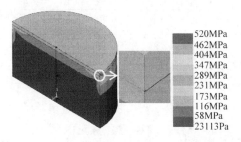

图 3-3　YS8 基体 WS_2 涂层 von Mises 应力　　　图 3-4　YG8 基体 WS_2 涂层 von Mises 应力

几种刀具基体表面沉积 WS_2 涂层时的最大残余热应力的有限元分析值如图 3-5 所示。可见，YT15 硬质合金为基体时表面 WS_2 涂层的最大残余热应力最小，为 364MPa。对照表 3-2 可知，基体与涂层间热膨胀系数的差异是影响涂层残余热应力的主要因素，涂层和基体之间的性能参数差别越小，涂层的最大残余热应力也越小。此外，当涂层热膨胀系数大于基体热膨胀系数时，涂层中为拉应力；当

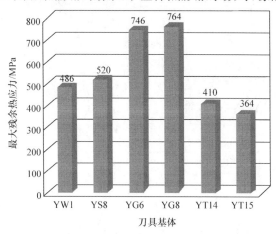

图 3-5　几种刀具基体表面沉积 WS_2 涂层时的最大残余热应力

涂层热膨胀系数小于基体热膨胀系数时,涂层中为压应力。根据表 3-2 可知,几种硬质合金刀具基体上 WS₂ 涂层的残余热应力均为拉应力。

表 3-3 列出了几种刀具材料的常见力学性能参数。可见,在几种刀具材料中,YS8 刀具材料具有最高的硬度(92.5HRA)和最高的抗弯强度(1720MPa),其主要成分为 WC＋Co＋TiC;而 YT15 刀具材料的硬度为 91HRA,抗弯强度仅为1150MPa。在切削加工过程中,刀具材料的硬度和抗弯强度对于刀具的切削性能和加工工件的表面质量有着重要的影响。综合考虑刀具材料的力学性能和刀具表面 WS₂ 涂层后的残余热应力这两方面因素,决定采用 YS8 作为刀具基体材料。

表 3-3　几种刀具材料的力学性能对比

刀具材料	YW1	YS8	YG6	YG8	YT14	YT15
硬度(HRA)	91.5	92.5	89.5	89	90.5	91
抗弯强度/MPa	1200	1720	1450	1500	1200	1150

3) 过渡层材料的优选

涂层与基体材料之间热膨胀系数等的差异,导致在涂层刀具材料内部形成分布不均的残余热应力,而通过在刀具基体材料与涂层材料之间添加性能参数合适的过渡层材料,形成材料的热膨胀系数梯度,从理论上说,能够降低涂层的残余热应力,增大膜-基结合力,改善界面结合情况;但是过渡层的增加也会改变涂层刀具的应力分布情况。通过残余热应力和力学性能的分析,选用 YS8 作为刀具基体材料,运用 ANSYS 有限元分析残余热应力,同样选取圆柱形单元进行建模,采用轴对称有限元模型进行分析。从沉积温度 200℃ 降到室温 25℃,过渡层分别选择Ti、Zr、Ni,厚度均为 0.5μm;涂层的总厚度为 3μm,基体的半径和高度均为 50μm,如图 3-6 所示。

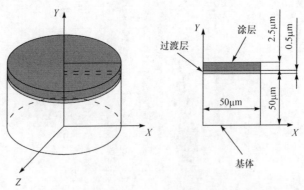

图 3-6　ANSYS 有限元分析涂层残余热应力(含过渡层)轴对称实体模型示意图

图 3-7 为 YS8 基体表面 WS$_2$/Zr 涂层的 von Mises 应力分布云图。可见,添加 Zr 过渡层的 WS$_2$ 涂层的残余热应力最大值为 495MPa,与纯 WS$_2$ 涂层的残余热应力(图 3-3,520MPa)相比有所降低。由放大图可见,残余热应力的最大值由位于纯 WS$_2$ 涂层与基体的结合面处,转移至 Zr 过渡层与基体的结合面处。由表 3-2 可知,热膨胀系数$_{YS8}$<热膨胀系数$_{Zr}$<热膨胀系数$_{WS_2}$,Zr 过渡层的添加在基体和涂层之间形成热膨胀系数的渐变,减缓了涂层刀具界面结合处的应力梯度,从而降低了纯 WS$_2$ 涂层与基体之间的应力差。

图 3-8 为 YS8 基体表面 WS$_2$/Ti 涂层的 von Mises 应力分布云图。可见,添加 Ti 过渡层的 WS$_2$ 涂层的残余热应力最大值为 656MPa,不仅高于 WS$_2$/Zr 涂层的残余热应力最大值(495MPa),也高于纯 WS$_2$ 涂层的残余热应力最大值(520MPa)。由放大图可见,虽然残余热应力的最大值同样转移至 Ti 过渡层与基体的结合面处,但是对比图 3-7 和图 3-8 可以发现,WS$_2$/Ti 的过渡层与涂层结合面处的残余热应力非常小,而 WS$_2$/Zr 的过渡层与涂层结合面处的残余热应力(大约 70MPa)明显要比 WS$_2$/Ti 的过渡层高很多。对于添加 Ti 过渡层的 WS$_2$/Ti 涂层的最大残余热应力反而比纯 WS$_2$ 涂层的最大残余热应力高出不少的原因,应该还是材料物理特性匹配得不恰当,导致了并没有形成物理特性梯度变化的效果,没有起到应有的减小残余热应力的作用。

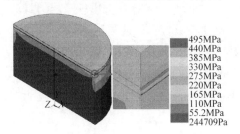

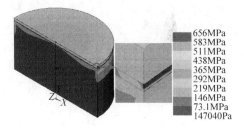

图 3-7　YS8 基体表面 WS$_2$/Zr
涂层 von Mises 应力

图 3-8　YS8 基体表面 WS$_2$/Ti
涂层 von Mises 应力

图 3-9 为几种不同过渡层(包括无过渡层)YS8 基体表面 WS$_2$ 涂层时的最大残余热应力的有限元分析值。可见,YS8 基体表面 WS$_2$/Zr 涂层时的最大残余热应力值最小(495MPa),在一定程度上减小了纯 WS$_2$ 涂层时的残余热应力值,改善了涂层刀具界面结合处的应力状态。此外,由于物理特性匹配得不恰当,Ti 和 Ni 两种过渡层的使用并不能缓和涂层与基体界面结合处的应力状态,反而增大了残余热应力,失去了过渡层的作用。通过上述对添加过渡层的 WS$_2$ 涂层刀具残余热应力的分析,综合考虑决定在制备 WS$_2$ 软涂层刀具时添加 Zr 过渡层来改善涂层与基体界面结合处的应力集中状态。

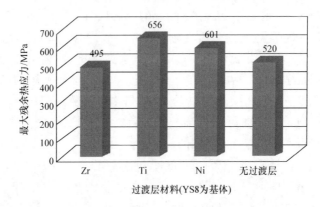

图 3-9　几种不同过渡层 YS8 基体表面 WS_2 软涂层时的最大残余热应力的有限元分析值

3.1.3　软涂层刀具的结构

采用 WS_2 作为刀具软涂层材料,经过吉布斯自由能函数法的计算,分析了涂层材料、过渡层材料与基体材料的化学相容性。运用 ANSYS 有限元分析软件对

图 3-10　软涂层刀具结构示意图

涂层后软涂层刀具内存在的残余热应力进行分析,对涂层材料、过渡层材料与基体材料的物理相容性进行匹配,综合考虑优选出软涂层刀具的基体材料和过渡层材料。通过以上的分析得出软涂层刀具的结构:WS_2 作为软涂层材料、Zr 作为中间过渡层材料、YS8 硬质合金作为刀具基体材料,以此来制备 WS_2 软涂层刀具,如图 3-10 所示。

3.2　刀具表面微织构的制备技术研究

3.2.1　刀具表面微织构的制备工艺

微织构刀具制备的关键是刀具表面微织构的加工。微织构的加工方法有多种,如激光加工、微细电火花加工、电子束加工、离子束加工、光刻技术等。其中飞秒激光微加工技术由于其具有热影响区非常小、损伤阈值精确且很低、加工精度高、可加工各种材料,尤其适合加工热传导较高的硬质合金刀具材料等诸多优点,所以在刀具表面微织构的加工领域应用最为广泛。因此,采用飞秒激光微加工技术来制备刀具表面的微织构。

试验采用的是钛宝石飞秒激光系统,如图 3-11(a)所示。飞秒激光系统的激光产生介质为钛宝石,飞秒激光的中心波长为 800nm,脉冲宽度为 120fs,飞秒激光的总功率为 1W,重复频率为 1000Hz。飞秒激光微加工相关的配套设备有 CCD (charge coupled device)彩色成像系统、H101-3D 三维移动平台等,如图 3-11(b)所示。试验中的飞秒激光均采用线偏振光,偏振方向和激光的能量分别由偏振片和衰减器来控制。飞秒激光微加工系统平台示意图如图 3-12 所示。

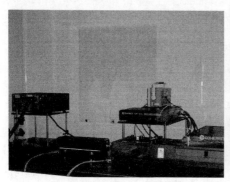

(a) 钛宝石飞秒激光系统　　　　　　　　　　(b) 相关的配套设备

图 3-11　飞秒激光微加工平台

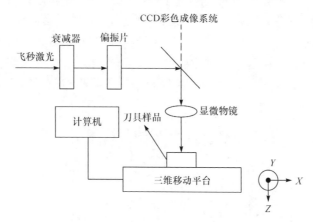

图 3-12　飞秒激光微加工系统平台示意图

刀具基体材料优选为 YS8 硬质合金,其主要成分为碳化钨(WC)、少量的钴(Co)和少量的碳化钛(TiC),YS8 刀具基体的几何尺寸为 16mm×16mm×5mm,刀尖圆弧半径为 0.5mm。

3.2.2　飞秒激光加工微织构的工艺参数优化

1. 不同材料对微织构的影响

研究表明,飞秒激光在不同的材料表面上能够诱导形成不同的周期性微织构。

为了研究材料对飞秒激光加工微织构的影响,选取了 YG6A、YG8、YS8、YT15 和 YW1 这五种常见的硬质合金刀具材料作为研究对象。五种硬质合金刀具材料的成分及性能参数如表 3-4 所示。

表 3-4　五种硬质合金刀具材料的成分及性能参数

刀具材料	主要成分	硬度 (HRA)	抗弯强度 /MPa	弹性模量 /GPa	热膨胀系数 /$(10^{-6}℃^{-1})$	晶粒度 /μm
YG6A	WC+TaC+Co	91.5	1370	630	5	1~2
YG8	WC+Co	89	1500	650	4.5	3~5
YS8	WC+TiC+Co	92.5	1720	550	5.5	<0.5
YT15	WC+TiC+Co	91	1150	510	6.51	3~5
YW1	WC+TiC+TaC+Co	91.5	1200	500	5.3	1.5~3

试验前首先对刀具材料的表面进行研磨和抛光,使硬质合金刀具材料表面的粗糙度小于 10nm;然后把抛光后的刀具先后放在丙酮和酒精内超声清洗各 15min,把刀具待加工表面朝上固定在三维移动平台上。试验设计在不同刀具表面上以相同的工艺参数分别用飞秒激光扫描加工一个直径为 0.4mm 的圆,其形貌和选定区域的成分分析如图 3-13 所示。激光加工参数定为:飞秒激光单脉冲能量为 $2\mu J$,扫描速度为 $1000\mu m/s$,扫描间距为 $5\mu m$,扫描遍数为 1。此外,飞秒激光的偏振方向与扫描方向垂直。试验后,用 SEM 来观察飞秒激光在刀具表面上加工的微织构形貌;采用扫描探针显微镜(SPM)来检测飞秒激光加工的微织构的周期、深度和表面粗糙度。

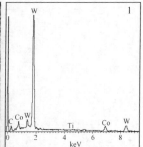

图 3-13　飞秒激光在 YS8 刀具表面加工的直径为 0.4mm 的圆

单脉冲能量 $2\mu J$,扫描速度 $1000\mu m/s$,扫描间距 $5\mu m$,扫描遍数 1

图 3-14 为飞秒激光在五种刀具材料表面加工的微织构形貌。在图 3-14(a)中,微织构较为均匀规整,但可以看到在激光诱导织构的同时产生了许多裂纹和孔洞,这必然会降低刀具的整体强度和切削性能。裂纹和孔洞产生的原因应该和刀

具材料有关,由于 YG6A 硬质合金中含有 WC＋TaC＋Co 三种材料,不同材料的弹性模量和热膨胀系数等性能参数不一致,虽然飞秒激光加工的热影响区较小,但激光加工对于材料始终是一个加热的过程,性能参数的不同必然会造成冷却后残余热应力的产生,进而导致不同材料连接处裂纹的生成和扩张,甚至产生孔洞。从图 3-14(b)中可以看到加工的微织构条纹,但相比于 YG6A,YG8 中的裂纹显得更多,由表 3-4 可知 YG8 硬质合金的晶粒度为 $3\sim5\mu m$,较大的晶粒和裂纹阻断了形成连续光栅状的微织构,这说明过大的晶粒尺寸会阻碍连续光栅状微织构的形成。YT15 硬质合金的晶粒度为 $3\sim5\mu m$,对比图 3-14(d)和图 3-14(a)、(b),发现YT15 中的裂纹比 YG6A 和 YG8 中的裂纹少很多,但出现了一些明显的黑色区域

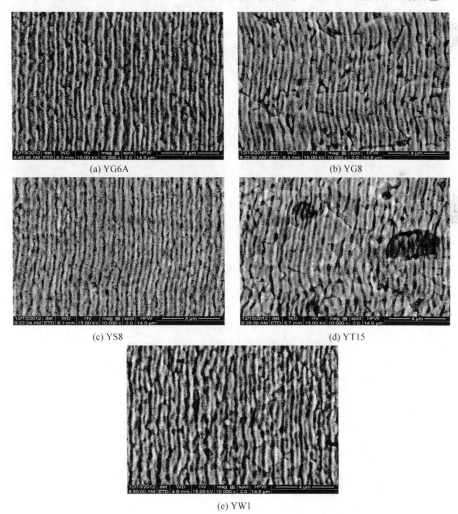

(a) YG6A　　　　　　　　　　　(b) YG8

(c) YS8　　　　　　　　　　　(d) YT15

(e) YW1

图 3-14　飞秒激光在五种刀具材料表面加工的微织构形貌

单脉冲能量 $2\mu J$,扫描速度 $1000\mu m/s$,扫描间距 $5\mu m$,扫描遍数 1

以及较多的孔洞。而图 3-14(e)中所形成的微织构较不连续，密密麻麻的孔洞和裂纹阻断了形成连续的光栅状微织构。相比于上述 4 种刀具，图 3-14(c)中的 YS8 硬质合金材料通过飞秒激光辐照，形成了非常均匀整齐的光栅状微织构条纹，条纹连续且大小一致，表面基本没有裂纹和孔洞。综合以上分析，YS8 硬质合金材料由于具有较小的晶粒度和较高的强度，通过飞秒激光加工的周期性微织构最均匀整齐，裂纹和孔洞最少。试验发现 YG 类硬质合金通过飞秒激光辐照在基体表面产生的裂纹较多，尤其是 YG8。

图 3-15 为飞秒激光在五种刀具材料表面加工的微织构形貌放大图。可见，只

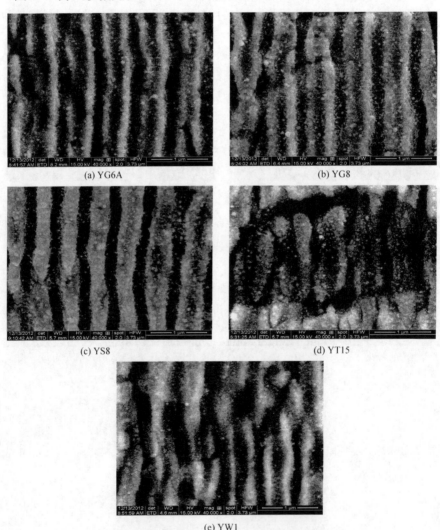

(a) YG6A　　　　　　　　　　　　　(b) YG8

(c) YS8　　　　　　　　　　　　　(d) YT15

(e) YW1

图 3-15　飞秒激光在五种刀具材料表面加工的微织构形貌放大图

单脉冲能量 $2\mu J$，扫描速度 $1000\mu m/s$，扫描间距 $5\mu m$，扫描遍数 1

有 YS8 硬质合金表面形成的微织构形貌最清晰、规则、连续,而其余四种材料表面形成的微织构不均匀、不连续,形状不规则。主要原因有两个:一是刀具材料主要成分的种类越少,形成的微织构形貌越容易均匀;二是与刀具材料的晶粒度和强度有关,晶粒度越小,刀具强度越大,形成的微织构形貌越规则。

图 3-16 为 YS8 硬质合金表面微织构 SPM 图和截面轮廓图。从图中可以清晰地看到,微织构的周期约为 670nm,微织构的槽深约为 170nm。图 3-17 为 YS8 硬质合金表面微织构的截面形貌图。

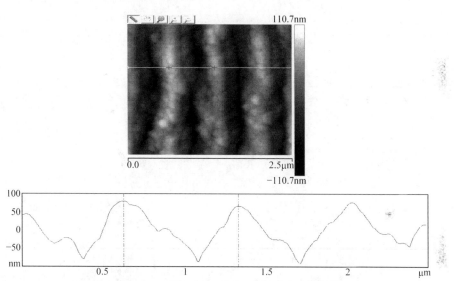

图 3-16　YS8 硬质合金表面微织构的 SPM 图和截面轮廓图

单脉冲能量 $2\mu J$,扫描速度 $1000\mu m/s$,扫描间距 $5\mu m$,扫描遍数 1

图 3-17　YS8 硬质合金表面微织构的截面形貌图

单脉冲能量 $2\mu J$,扫描速度 $1000\mu m/s$,扫描间距 $5\mu m$,扫描遍数 1

　　图 3-18 为五种硬质合金材料表面微织构的周期对比。从图中可以看到,在相同的加工参数下,飞秒激光在五种硬质合金材料表面形成的微织构的周期基本一致,约为 665nm。结果说明不同的硬质合金材料并不影响形成微织构周期的大小。

　　图 3-19 为五种硬质合金材料表面微织构的槽深对比。可见,飞秒激光在 YG8 硬质合金表面诱导形成的微织构槽深最大,均值为 226nm,且经过多组测量发现,它的标准差也最大;其余四组材料形成的微织构槽深均值差别不大,均在 150nm 上下,其中 YS8 和 YG6A 表面形成的微织构槽深值较为稳定,标准差较小。

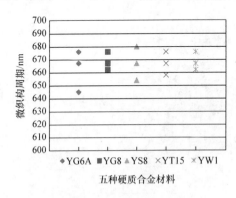

图 3-18　五种硬质合金材料表面
微织构的周期对比

单脉冲能量 2μJ,扫描速度 1000μm/s,
扫描间距 5μm,扫描遍数 1

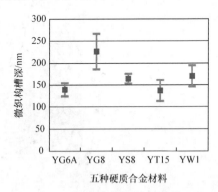

图 3-19　五种硬质合金材料表面
微织构的槽深对比

单脉冲能量 2μJ,扫描速度 1000μm/s,
扫描间距 5μm,扫描遍数 1

　　图 3-20 为飞秒激光加工后五种硬质合金材料的表面粗糙度对比。可见,飞秒激光加工后 YG8 的表面粗糙度最大,为 55.2nm;而 YT15 的表面粗糙度最小,只有 35.4nm。

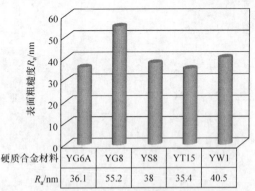

硬质合金材料	YG6A	YG8	YS8	YT15	YW1
R_a/nm	36.1	55.2	38	35.4	40.5

图 3-20　飞秒激光加工后五种硬质合金材料的表面粗糙度对比

单脉冲能量 2μJ,扫描速度 1000μm/s,扫描间距 5μm,扫描遍数 1

由上述分析可知,在五种硬质合金材料中,飞秒激光在 YS8 表面加工形成的微织构形貌最清晰、规则、连续,形成的微织构槽深值也较稳定,表面粗糙度值较小,这和之前软涂层残余热应力分析优选的刀具基体材料 YS8 一致。

2. 前处理工艺对微织构的影响

在飞秒激光加工周期性微织构的理论研究中,表面等离子体波与入射光波干涉的理论被大多数研究者接受。表面等离子体波的形成对于飞秒激光加工周期性微织构具有重要的影响,而加工材料的表面粗糙度对表面等离子体波的形成同样具有一定的影响。因此,为了研究不同表面粗糙度对飞秒激光加工周期性微织构的影响,通过对刀具材料表面进行四种不同的前处理工艺,包括未处理(毛坯)、手工研磨、机械研磨和抛光,得到具有不同表面粗糙度的刀具材料,并在这四种不同的表面上进行飞秒激光加工微织构的试验,通过试验来分析不同前处理工艺对飞秒激光加工微织构的影响。

试验中选择 YS8 硬质合金作为刀具基体材料,分别采用未处理(毛坯)、手工研磨、机械研磨和抛光四种前处理工艺对刀具基体材料进行预处理,然后把这四种刀具先后放在丙酮和酒精内超声清洗各 15min。采用 Veeco 白光干涉仪来测量四种不同前处理工艺后的刀具表面粗糙度如表 3-5 所示。激光加工参数定为:飞秒激光单脉冲能量为 $2\mu J$,扫描速度为 $1000\mu m/s$,扫描间距为 $5\mu m$,扫描遍数为 1。

表 3-5　四种不同前处理工艺后的刀具表面粗糙度对比

四种不同前处理工艺刀具表面	未处理表面(毛坯)	手工研磨表面	机械研磨表面	抛光表面
表面粗糙度 R_a/nm	757.41	34.21	18.65	8.64

图 3-21 为飞秒激光在四种不同前处理工艺的刀具表面上加工的微织构形貌。在图 3-21(a)中,飞秒激光加工后的未经过前处理工艺的 YS8 硬质合金刀具表面上依旧是凹凸不平,加工出的微织构也随着表面的凹凸起伏着,导致了微织构在起伏连接处并不连续,没能形成完整连续的光栅状微织构。在图 3-21(b)中,手工研磨的前处理工艺使刀具表面较为平整,但形成的表面微织构断断续续,宽窄不一,长短不匀。在图 3-21(c)中,经过机械研磨的表面非常平整,相比于手工研磨的表面(图 3-21(b)),机械研磨的表面飞秒激光加工后形成的表面微织构更连续,也更均匀。对比其他三种前处理工艺后的激光微织构表面,从图 3-21(d)中可以看到抛光后的表面经过飞秒激光加工后形成的微织构最均匀一致,具有明显的周期性,且微织构连续无断裂。综合以上分析,在这四种前处理工艺中,经过抛光后的刀具表面,在飞秒激光加工时能够获得最均匀齐整、周期性最好的光栅状微织构。

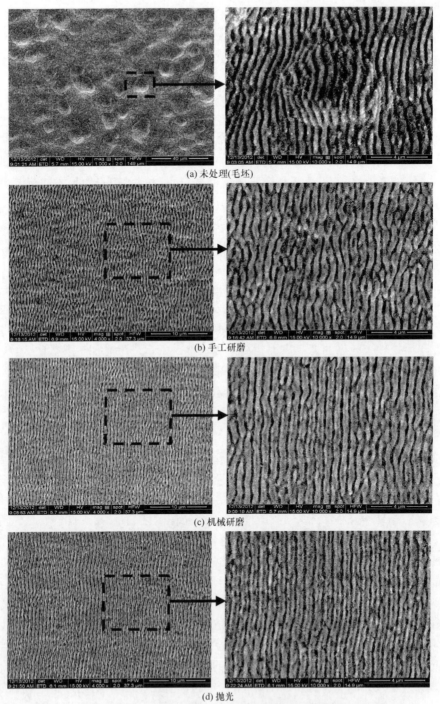

(a) 未处理(毛坯)

(b) 手工研磨

(c) 机械研磨

(d) 抛光

图 3-21　飞秒激光在四种不同前处理工艺的刀具表面上加工的微织构形貌
单脉冲能量 $2\mu J$，扫描速度 $1000\mu m/s$，扫描间距 $5\mu m$，扫描遍数 1

　　图 3-22 为四种不同前处理工艺下形成的表面微织构的周期对比。可见,四种不同前处理工艺后的表面微织构周期大小略有变化,在未处理(毛坯)状态下飞秒激光加工形成的微织构周期大小波动较大,范围为 530~670nm;而采用手工研磨和机械研磨工艺制造的表面形成的微织构周期较为稳定,大小相近,平均周期约为 610nm;抛光后的表面形成的微织构周期最为稳定,且平均周期最大,约为 667nm。

　　图 3-23 为四种不同前处理工艺下形成的表面微织构的槽深对比。可见,飞秒激光在未处理(毛坯)YS8 表面诱导形成的微织构槽深最大,均值为 182.2nm;经过多组测量发现,未处理(毛坯)表面、手工研磨表面和机械研磨表面形成的微织构槽深值较不稳定,它们的标准差较大;而抛光后的表面形成的微织构槽深值较为稳定,标准差较小,均值为 164nm。

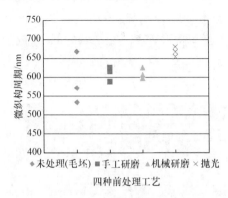

图 3-22　四种不同前处理工艺下形成的
表面微织构的周期对比
单脉冲能量 2μJ,扫描速度 1000μm/s,
扫描间距 5μm,扫描遍数 1

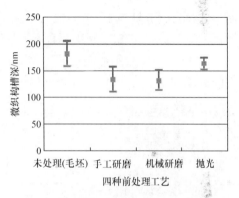

图 3-23　四种不同前处理工艺下形成的
表面微织构的槽深对比
单脉冲能量 2μJ,扫描速度 1000μm/s,
扫描间距 5μm,扫描遍数 1

　　飞秒激光加工前四种不同前处理工艺的表面粗糙度见表 3-5,其中表面粗糙度由大到小依次为未处理(毛坯)表面(757.41nm)、手工研磨表面(34.21nm)、机械研磨表面(18.65nm)和抛光表面(8.64nm)。图 3-24 为飞秒激光加工后四种不同前处理工艺表面的粗糙度对比。从图中可以看到,类似于激光加工前的现象,未处理(毛坯)表面经过飞秒激光加工后表面的粗糙度还是最大,为 464nm;而经过抛光的表面的粗糙度依然最小,只有 38nm。

　　由上述分析可知,在四种不同前处理工艺中,飞秒激光在抛光后的 YS8 表面上加工形成的微织构形貌最均匀、连续,且形成的微织构的周期和槽深值也较稳定,表面粗糙度值最小。

3. 单脉冲能量对微织构的影响

　　设定飞秒激光扫描速度为 500μm/s、扫描间距为 5μm 和扫描遍数为 1,调整单

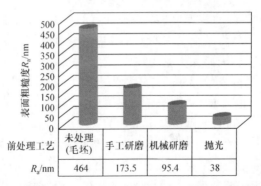

图 3-24　飞秒激光加工后四种不同前处理工艺的表面粗糙度对比

单脉冲能量 2μJ,扫描速度 1000μm/s,扫描间距 5μm,扫描遍数 1

前处理工艺	未处理 (毛坯)	手工研磨	机械研磨	抛光
R_a/nm	464	173.5	95.4	38

脉冲能量参数分别为 1.75μJ、2μJ、2.25μJ、2.5μJ、2.75μJ。图 3-25 为不同单脉冲能量的飞秒激光在 YS8 硬质合金表面加工的微织构形貌和选定区域的 EDX 成分分析。可见,五种单脉冲能量的飞秒激光都能在 YS8 硬质合金表面辐照产生周期性的微织构。但是,图 3-25(a)中单脉冲能量为 2.75μJ 的微织构表面被大量的材

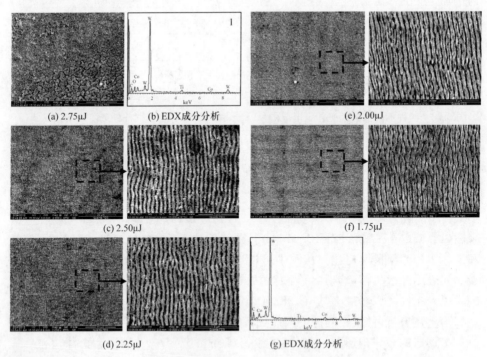

(a) 2.75μJ　　　(b) EDX成分分析　　　(e) 2.00μJ

(c) 2.50μJ　　　　　　　　　(f) 1.75μJ

(d) 2.25μJ　　　(g) EDX成分分析

图 3-25　不同单脉冲能量的飞秒激光在 YS8 硬质合金表面加工的

微织构形貌和选定区域 EDX 成分分析

扫描速度 500μm/s,扫描间距 5μm,扫描遍数 1

料覆盖,在图上只能隐隐约约地看到少部分没被覆盖的微织构。为了更清楚地了解覆盖材料的成分,对图 3-25(a)中的微织构上覆盖材料的 1 点处进行 EDX 成分分析,发现 1 点处含有 O、C、W、Ti 和 Co 元素,如图 3-25(b)所示。对比图 3-25(g),当单脉冲能量为 2μJ 的飞秒激光在 YS8 硬质合金表面加工微织构时,微织构表面并没有 O 元素的产生,发现过高的单脉冲能量会导致 YS8 硬质合金材料的氧化。图 3-25(a)可以解释为飞秒激光在 YS8 硬质合金表面辐照形成微织构的同时,过高的单脉冲能量导致表面材料烧蚀氧化并黏结在微织构表面上。当单脉冲能量为 2.5μJ 和 2.25μJ 时(图 3-25(c)和(d)),也能观察到有少量的烧蚀氧化物黏结在微织构表面上。从图 3-25(f)中可以看到,由较小单脉冲能量(1.75μJ)的飞秒激光加工形成的微织构长短不一、宽窄不匀,十分不规则,断断续续。然而,单脉冲能量为 2μJ 的飞秒激光在 YS8 硬质合金表面加工出的周期性微织构在本次所有不同单脉冲能量的试验样品中是最规则、连续且均匀的,如图 3-25(e)所示。

　　图 3-26 为微织构周期随飞秒激光单脉冲能量的变化趋势。可见,随着单脉冲能量从 1.75μJ 增长到 2.75μJ,微织构的周期呈现出一个近似于线性的降低趋势,从 1.75μJ 的周期平均值 681nm 到 2.75μJ 的周期平均值 431nm,然而相邻微织构间的间隙似乎越来越宽,如图 3-25 所示。

　　图 3-27 为微织构槽深随飞秒激光单脉冲能量的变化趋势。可见,飞秒激光在 YS8 硬质合金表面诱导形成的周期性微织构槽深随着激光单脉冲能量的增大而增大,微织构槽深的平均值从 154.8nm(单脉冲能量为 1.75μJ)增大到 207.8nm(单脉冲能量为 2.75μJ),且激光单脉冲能量的增大也使微织构的槽深值越不稳定,标准差越大。

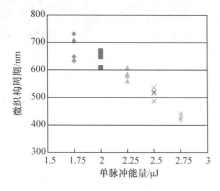

图 3-26　微织构周期随飞秒激光
单脉冲能量的变化趋势
扫描速度 500μm/s,扫描间距 5μm,
扫描遍数 1

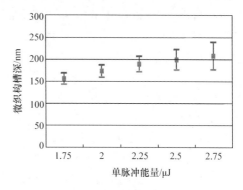

图 3-27　微织构槽深随飞秒激光
单脉冲能量的变化趋势
扫描速度 500μm/s,扫描间距 5μm,
扫描遍数 1

　　图 3-28 为微织构表面粗糙度随飞秒激光单脉冲能量变化的趋势。可见,飞秒激光在 YS8 硬质合金表面诱导形成的微织构表面粗糙度随着激光单脉冲能量的增大而增大,微织构的表面粗糙度从 36.3nm(单脉冲能量为 1.75μJ)增大到 153.7nm(单脉冲能量为 2.75μJ);且随着激光单脉冲能量的增加,表面粗糙度是以近似于指数函数的方式增长。

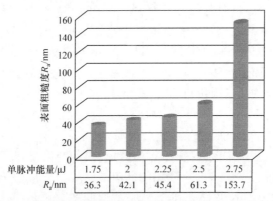

单脉冲能量/μJ	1.75	2	2.25	2.5	2.75
R_a/nm	36.3	42.1	45.4	61.3	153.7

图 3-28　微织构表面粗糙度随飞秒激光单脉冲能量变化的趋势
扫描速度 500μm/s,扫描间距 5μm,扫描遍数 1

　　由上述分析可知,在几种不同的样品中,单脉冲能量为 2μJ 的飞秒激光在抛光后的 YS8 表面上加工形成的微织构形貌最均匀、连续,且微织构表面未被氧化覆盖,形成的微织构的槽深值较稳定,表面粗糙度值较小。

4. 飞秒激光扫描速度对微织构的影响

　　扫描速度会影响飞秒激光在材料表面加工的微织构形貌。因此,对于飞秒激光扫描速度的研究也是十分必要的。设定飞秒激光单脉冲能量为 2μJ、扫描间距为 5μm、扫描遍数为 1,调整扫描速度分别为 2000μm/s、1000μm/s、500μm/s、250μm/s、125μm/s。图 3-29 为不同扫描速度的飞秒激光在 YS8 硬质合金表面加工的微织构形貌和选定区域的 EDX 成分分析。可见,五种扫描速度的飞秒激光都能在硬质合金表面产生周期性的微织构。扫描速度为 1000μm/s 所加工的微织构最均匀一致、连续、规则,如图 3-29(b)所示。扫描速度为 2000μm/s 的飞秒激光在硬质合金表面加工出的微织构并不连续。当扫描速度为 1000μm/s 或者 500μm/s 时,飞秒激光加工得到的微织构显得较为连续、规则、均匀,如图 3-29(b)和(c)所示。但是,当飞秒激光扫描速度为 125μm/s 时,所形成的部分微织构表面上黏结了一些黑色的材料,如图 3-29(e)所示。通过对黑色材料进行 EDX 成分分析可知,黑色材料中含有 O、C、W、Ti 和 Co 元素,如图 3-29(f)所示。当飞秒激光扫描速度较低时,有更多的飞秒激光脉冲辐照在材料表面的同一个位置,这样会导致表面材料的氧化。在图 3-29(d)和(e)中都能看到硬质合金材料表面被烧蚀氧化且黏结在形成的微织构表面上。同时,当扫描速度较低时,飞秒激光在硬质合金材料表面加工形成的微织构显得比较细短且不规则。

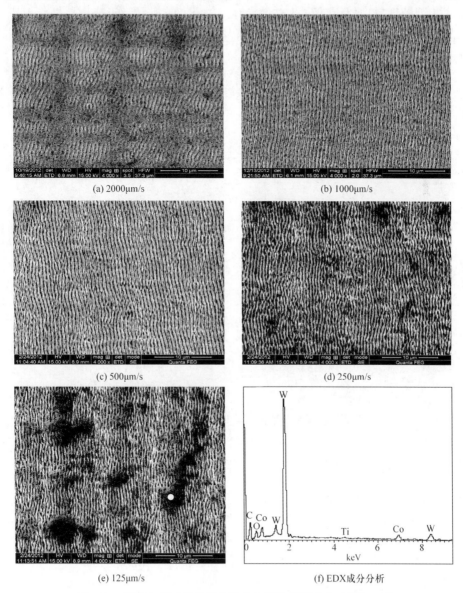

(a) 2000μm/s　　　　　　　　　　　　　　(b) 1000μm/s

(c) 500μm/s　　　　　　　　　　　　　　(d) 250μm/s

(e) 125μm/s　　　　　　　　　　　　　　(f) EDX 成分分析

图 3-29　不同扫描速度的飞秒激光在 YS8 硬质合金表面加工的
微织构形貌和选定区域的 EDX 成分分析
单脉冲能量 $2\mu J$,扫描间距 $5\mu m$,扫描遍数 1

图 3-30 为微织构周期随飞秒激光扫描速度的变化趋势。可见,随着飞秒激光扫描速度从 $125\mu m/s$ 增长到 $2000\mu m/s$,微织构的周期呈现了一个近似于对数函

数的上升趋势,从 $125\mu m/s$ 的周期平均值 490nm 到 $2000\mu m/s$ 的周期平均值 704nm,然而相邻微织构间的间隙似乎逐渐变窄,如图 3-29 所示。Ramirez 等也发现了相似的现象,他们研究了飞秒激光在熔融石英内部诱导形成周期性微织构的过程以及加工参数对微织构的影响,发现随着飞秒激光扫描速度的增加,微织构的平均周期近似于对数函数式增长。

图 3-31 为微织构槽深随飞秒激光扫描速度的变化趋势。可见,飞秒激光在 YS8 硬质合金表面诱导形成的周期性微织构槽深随着飞秒激光扫描速度的增大而减小,微织构槽深的平均值从 195.4nm(飞秒激光扫描速度为 $125\mu m/s$)减小到 144.8nm(飞秒激光扫描速度为 $2000\mu m/s$);且随着飞秒激光扫描速度的增大,微织构的槽深值越稳定,标准差越小。

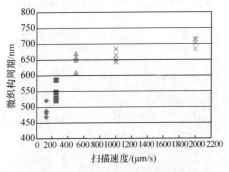

图 3-30   微织构周期随飞秒激光
扫描速度的变化趋势
单脉冲能量 $2\mu J$,扫描间距 $5\mu m$,
扫描遍数 1

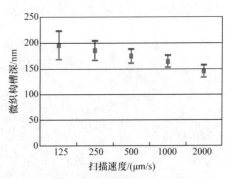

图 3-31   微织构槽深随飞秒激光
扫描速度的变化趋势
单脉冲能量 $2\mu J$,扫描间距 $5\mu m$,
扫描遍数 1

图 3-32 为微织构表面粗糙度随飞秒激光扫描速度变化的趋势。可见,飞秒激光在 YS8 硬质合金表面诱导形成的微织构表面粗糙度随着飞秒激光扫描速度的增大而减小,微织构表面粗糙度从 139.5nm(飞秒激光扫描速度为 $125\mu m/s$)减小到 32.3nm(飞秒激光扫描速度为 $2000\mu m/s$);且随着飞秒激光扫描速度的增加,表面粗糙度是以近似于指数函数的方式减小。

由上述分析可知,在几种不同的样品中,扫描速度为 $1000\mu m/s$ 的飞秒激光在抛光后的 YS8 表面上加工形成的微织构形貌最均匀、连续,且微织构表面未被氧化覆盖,形成的微织构周期和槽深值较稳定,表面粗糙度值较小。

5. 扫描间距对微织构的影响

设定飞秒激光扫描速度为 $1000\mu m/s$、单脉冲能量为 $2\mu J$、扫描遍数为 1,调整扫描间距参数分别为 $1\mu m$、$3\mu m$、$5\mu m$、$6.5\mu m$、$8\mu m$、$10\mu m$。图 3-33 为不同扫描间距的飞秒激光在 YS8 硬质合金表面加工的微织构形貌。可见,在这不同扫描间距的飞秒激光诱导下硬质合金表面均产生了微织构。当扫描间距等于飞秒激光光斑

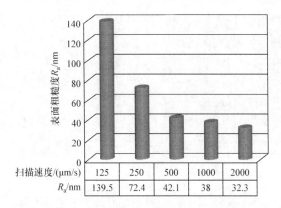

图 3-32　微织构表面粗糙度随飞秒激光扫描速度变化的趋势
单脉冲能量 2μJ,扫描间距 5μm,扫描遍数 1

直径时,如图 3-33(d)所示,硬质合金表面部分地方未形成微织构,导致微织构不连续。当扫描间距大于飞秒激光光斑直径时,如图 3-33(e)和(f)所示,可清晰地看到未辐照到的硬质合金表面把表面的微织构分隔开了,导致形成的微织构不规则且不连续。

　　当扫描间距小于飞秒激光光斑直径时,硬质合金表面的同一区域可能出现重复扫描,如图 3-33(a)～(c)所示,形成的周期性微织构基本覆盖了整个表面,但是当扫描间距为 1μm 时,扫描间距过小导致在同一片区域重复扫描过多,以至于微织构表面形成了许多黑色过度烧蚀痕迹,如图 3-33(a)图中 A 和 B 区域。当扫描间距为 3μm 时,形成的微织构相比于扫描间距为 1μm 时较均匀规整。当扫描间距为 5μm 时,形成的微织构在所有样品中最为均匀、规则、连续,且周期性最好;而当扫描间距等于飞秒激光光斑直径时,微织构并不能完全覆盖飞秒激光加工表面,如图 3-33(d)所示。由此可知,飞秒激光在硬质合金表面的有效辐照直径略小于飞秒激光的光斑直径,当扫描间距为 5μm 时,飞秒激光诱导硬质合金表面形成周期性微织构的形貌最为规整。

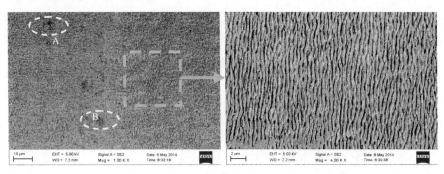

(a) 1μm

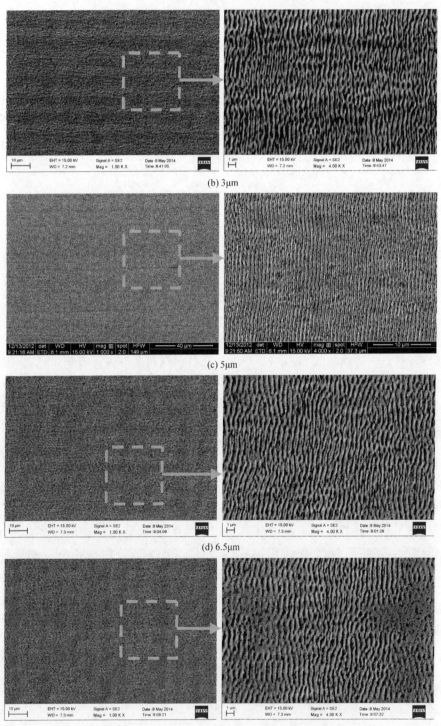

(b) 3μm

(c) 5μm

(d) 6.5μm

(e) 8μm

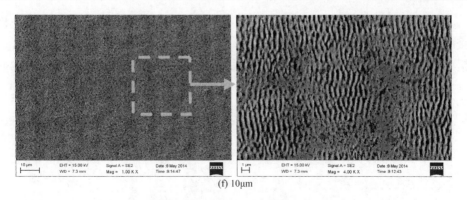

(f) 10μm

图 3-33　不同扫描间距的飞秒激光在 YS8 硬质合金表面加工的微织构形貌

扫描速度 1000μm/s，单脉冲能量 2μJ，扫描遍数 1

　　图 3-34 为微织构周期随飞秒激光扫描间距的变化趋势。可见，当扫描间距从 1μm 增大到 5μm 时，微织构的周期平均值从 518nm 增大到 667nm；此后，尽管扫描间距从 5μm 增大到 10μm，微织构的周期平均值却稳定在 660～670nm。当扫描间距较小（如 1μm 和 3μm）时，在同一加工区域出现了飞秒激光的重复扫描，而飞秒激光的重复扫描导致微织构的周期发生了变化，重复扫描次数越多，形成的微织构周期越小；当飞秒激光不发生重复扫描时，微织构的周期大小较为稳定。结合图 3-33 和图 3-34 可知，当扫描间距为 5μm 时，飞秒激光刚好能完全覆盖整个加工区域，得到的微织构的周期性、规则性和连续性在本次试验所有样品中均为最佳。

　　图 3-35 为微织构槽深随飞秒激光扫描间距的变化趋势。可见，当扫描间距从 1μm 增大到 6.5μm 时，微织构槽深的平均值从 193.8nm 逐渐降低到 129.2nm，且槽深值的稳定性越来越好；而当扫描间距从 6.5μm 增大到 10μm 时，微织构的槽深均值却保持在 125～130nm，且槽深值较为稳定，标准差较小。

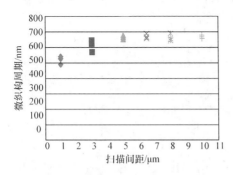

图 3-34　微织构周期随飞秒激光
扫描间距的变化趋势

扫描速度 1000μm/s，单脉冲能量 2μJ，
扫描遍数 1

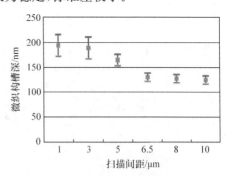

图 3-35　微织构槽深随飞秒激光
扫描间距的变化趋势

扫描速度 1000μm/s，单脉冲能量 2μJ，
扫描遍数 1

图 3-36 为微织构表面粗糙度随飞秒激光扫描间距变化的趋势。可见,当扫描间距从 $1\mu m$ 增大到 $6.5\mu m$ 时,微织构的表面粗糙度从 49.1nm 逐渐降低到 32.5nm;而当扫描间距从 $6.5\mu m$ 增大到 $10\mu m$ 时,微织构的表面粗糙度却维持在 $31\sim33nm$,较为稳定。

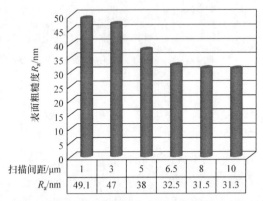

扫描间距/μm	1	3	5	6.5	8	10
R_a/nm	49.1	47	38	32.5	31.5	31.3

图 3-36　微织构表面粗糙度随飞秒激光扫描间距变化的趋势
扫描速度 $1000\mu m/s$,单脉冲能量 $2\mu J$,扫描遍数 1

由上述分析可知,在几种不同的样品中,扫描间距为 $5\mu m$ 的飞秒激光在抛光后的 YS8 表面上加工形成的微织构形貌最均匀、连续,形成的微织构周期和槽深值较稳定,表面粗糙度值较小。

6. 扫描遍数对微织构的影响

设定飞秒激光扫描速度为 $1000\mu m/s$、单脉冲能量为 $2\mu J$、扫描间距为 $5\mu m$,调整扫描遍数参数分别为 1、2、3、4、5、6。图 3-37 为不同扫描遍数的飞秒激光在 YS8 硬质合金表面加工的微织构形貌。可见,在这六种不同扫描遍数的飞秒激光诱导下,YS8 硬质合金表面均产生了周期性的微织构。对比图 3-37(a)~(f)发现,当扫

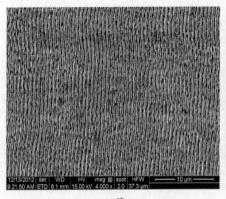

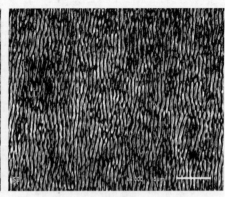

(a) 1遍　　　　　　　　　　　　　　　(b) 2遍

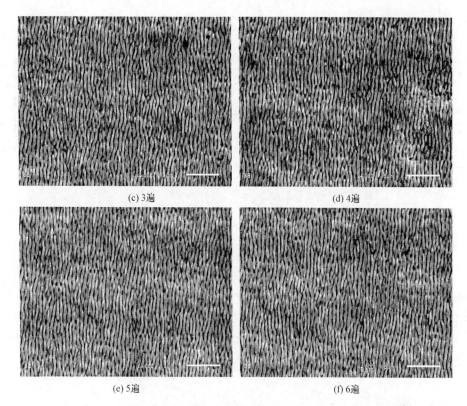

(c) 3遍　　　　　　　　　(d) 4遍

(e) 5遍　　　　　　　　　(f) 6遍

图 3-37　不同扫描遍数的飞秒激光在 YS8 硬质合金表面加工的微织构形貌

扫描速度 $1000\mu m/s$，单脉冲能量 $2\mu J$，扫描间距 $5\mu m$

描遍数为 1 时，形成的微织构较为规则、连续，但随着扫描遍数的增大，形成的微织构变细且不规则。由此说明，重复扫描对于形成的微织构的结构和形貌有一定的影响，扫描次数越多，形成的微织构越细、越不规则且不连续。

图 3-38 为微织构周期随飞秒激光扫描遍数的变化趋势。可见，当扫描遍数为 1 时，微织构的周期平均值最大，为 667nm；当扫描遍数增大到 2 时，微织构的周期平均值下降到 588nm；此后，尽管扫描遍数从 2 增大到 6，但微织构的周期基本维持在 600nm 上下。由此说明，飞秒激光扫描 2 遍会明显降低形成的微织构的周期大小，但随着扫描遍数的再增大，并不会显著改变形成的微织构的周期大小。图 3-39 为微织构槽深随飞秒激光扫描遍数的变化趋势。可见，当扫描遍数为 1 时，微织构槽深的平均值最小。随着扫描遍数的增加，微织构槽深的平均值从 164nm（扫描遍数为 1）缓慢增大到 200.4nm（扫描遍数为 6），但槽深值的稳定性越来越差，波动范围较大；且微织构槽深的增大范围随着扫描遍数的增大而减小，当扫描遍数较大时，槽深值趋于一致。

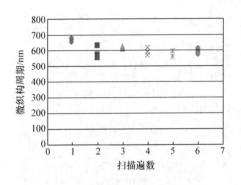

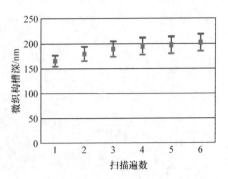

图 3-38　微织构周期随飞秒激光
扫描遍数的变化趋势
扫描速度 1000μm/s，单脉冲能量 2μJ，
扫描间距 5μm

图 3-39　微织构槽深随飞秒激光
扫描遍数的变化趋势
扫描速度 1000μm/s，单脉冲能量 2μJ，
扫描间距 5μm

图 3-40 为微织构表面粗糙度随飞秒激光扫描遍数变化的趋势。可见，当扫描遍数为 1 时，微织构表面粗糙度最小。随着飞秒激光扫描遍数的增大，形成的微织构表面粗糙度从 38nm（扫描遍数为 1）缓慢增大到 57.9nm（扫描遍数为 6）；且当扫描遍数由 1 增大到 2 时，微织构表面粗糙度变化最大，往后变化逐渐减小。

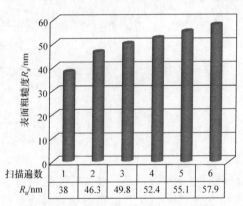

扫描遍数	1	2	3	4	5	6
R_a/nm	38	46.3	49.8	52.4	55.1	57.9

图 3-40　微织构表面粗糙度随飞秒激光扫描遍数变化的趋势
扫描速度 1000μm/s，单脉冲能量 2μJ，扫描间距 5μm

由上述分析可知，在几种不同的样品中，扫描遍数为 1 的飞秒激光在抛光后的 YS8 表面上加工形成的微织构形貌最均匀、连续，形成的微织构周期和槽深值较稳定，表面粗糙度值最小。

3.2.3　微织构刀具的制备

由上述分析可知,飞秒激光在硬质合金表面诱导加工周期性微织构的最佳工艺参数为:刀具基体材料为 YS8 硬质合金、前处理工艺为抛光、飞秒激光单脉冲能量为 $2\mu J$、扫描速度为 $1000\mu m/s$、扫描间距为 $5\mu m$、扫描遍数为 1。由此制备得到刀具表面周期性微织构的形貌最均匀连续,周期为 667nm,槽深为 164nm,表面粗糙度为 38nm。

由于织构方向平行于主切削刃的微织构刀具比织构方向垂直于主切削刃的微织构刀具更能降低摩擦力和切削力、改善润滑状况,所以选择制备织构方向平行于主切削刃的微织构刀具。根据切削加工过程中的刀-屑接触长度理论和刀具-工件接触理论,在 YS8 硬质合金刀具前刀面上设计了 E 型和 T 型两种微织构(图 3-41),在后刀面上设计了 R 型微织构(图 3-42)。根据设计的微织构结构和飞秒激光加工的最佳工艺参数,在 YS8 硬质合金刀具表面运用飞秒激光微加工技术制备出了微织构刀具,微织构刀具的前刀面形貌如图 3-43 所示。

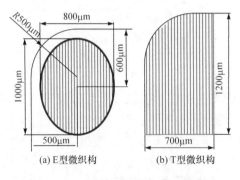

(a) E型微织构　　　　(b) T型微织构

图 3-41　刀具前刀面微织构示意图

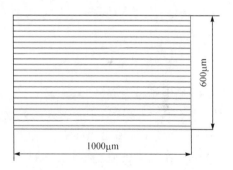

图 3-42　刀具后刀面 R 型微织构示意图

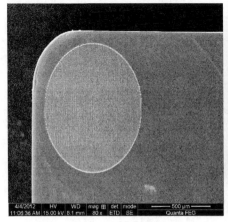

(a) 前刀面E型微织构

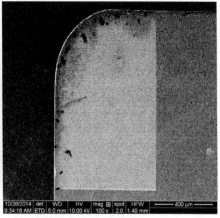

(b) 前刀面T型微织构

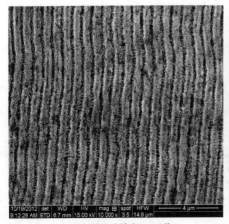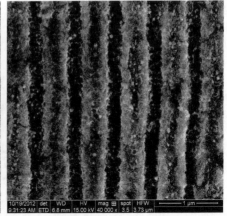

(c) 微织构形貌放大10000倍　　　　　　　(d) 微织构形貌放大40000倍

图 3-43　微织构刀具前刀面形貌

3.3　微织构表面软涂层的制备及性能研究

3.3.1　软涂层的制备工艺

采用中频磁控溅射、多弧离子镀结合等离子体辅助沉积技术在微织构刀具表面沉积 WS_2 软涂层。中频磁控溅射采用纯度为 99.9% 的 WS_2 靶材来沉积 WS_2 软涂层,多弧离子镀采用纯度为 99.9% 的 Zr 靶材来沉积 Zr 过渡层,沉积过程中所用的工作气体是纯度为 99.999% 的氩气。涂层制备所使用的设备是多功能离子镀膜机,如图 3-44 所示,最左边的是靶材、偏压源和离子源控制柜,中间的是真空室,最右边的是气体、压强和电源主控制柜。样品放在真空室内的样品载物台上

图 3-44　多功能离子镀膜机

进行涂层,样品载物台除了具有自身的公转运动外,其上的转轴还可进行自转运动
(变频调速),以增加镀膜过程中靶材对样品的覆盖范围,提高涂层的均匀度。排列
于真空室内壁的加热管构成设备的加热系统,通过智能温控仪对真空室内的温度
进行测量和控制,控制精度为±5℃。负偏压采用脉冲偏压方式施加在基体上。

　　WS_2 软涂层制备工艺步骤为:把经过飞秒激光微加工制备得到的微织构刀具
放入玻璃器皿中,分别用酒精和丙酮各超声清洗 15min,充分干燥后放置到真空室
样品台,先对扩散泵进行预热 60min。依次采用 2X-30A 型旋片式机械泵和 KT-
300 型五级油扩散泵将真空室抽空至 $1.0×10^{-2}$ Pa 以下。同时,在精抽过程中将
真空室逐渐加热到工艺参数所设定的沉积温度 T,然后保温 60min,使真空室内的
压强低于 $1.0×10^{-2}$ Pa 即可开始涂层。在涂层之前,先在刀具基体上施加 800V
的负偏压,设置占空比为 0.2,在氩气氛围中进行基体的辉光清洗,氩气压强为
1.5Pa,持续 20min,清除基体表面吸附的气体及其他杂质。然后开启多弧 Zr 靶,
Zr 靶电流设置为 60A,氩气压强调整为 0.5Pa,负偏压调成 200V,占空比为 0.2,
进行溅射清洗,去除刀具基体表面的残留气体和杂质,持续 2min。紧接着开始涂
层,在沉积过程中氩气压强均为 0.5Pa,负偏压为 150V,占空比为 0.2,首先在刀具
基体上采用多弧离子镀技术沉积 3min 的 Zr 过渡层(Zr 靶电流 70A),以提高涂层
和基体之间的结合力。然后关闭 Zr 靶,开启离子源和中频磁控溅射 WS_2 靶,开始
沉积 WS_2 软涂层。沉积过程中,刀具基体在载物台上做匀速的自转与公转。沉积
结束后,保温 30min,然后关闭加热自然冷却至室温。WS_2 软涂层的制备工艺流程
如图 3-45 所示。

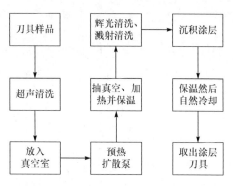

图 3-45　WS_2 软涂层的制备工艺流程图

3.3.2　WS_2 软涂层的性能测试方法

1) 微观形貌

　　采用扫描电子显微镜(SEM,型号为 JEOL JSM-6510LV)对涂层表面和横截
面的形貌进行观察分析。

2）涂层成分

采用与 SEM 设备配套的 X 射线能谱仪（EDX，型号为 Oxford INCA Penta FETX3）来分析涂层的元素组成、分布和各元素的原子百分比。

3）晶体结构

采用 X 射线衍射仪（X-ray diffraction，XRD，型号为 D8 ADVANCE，Bruker AXS）获得涂层的 X 射线衍射图谱，并对涂层的晶体结构进行分析。

4）膜-基结合力

涂层和基体之间的界面结合力采用 MFT-4000 型多功能材料表面性能测试仪进行测量。根据《气相沉积薄膜与基体附着力的划痕试验法》（JB/T 8554—1997），用顶锥角为 120°、尖端圆弧半径 R 为 0.2mm 的金刚石压头垂直于涂层的表面滑动，在此过程中连续线性增加载荷 P，得到涂层的摩擦力 F 随载荷 P 变化的 F-P 曲线。当载荷增大到失效临界载荷值 P' 时，声信号出现明显的变化，涂层开始出现大片剥离，此时涂层的摩擦力曲线斜率发生急剧变化，之后趋于平稳。以临界载荷值 P' 作为判定涂层与基体之间结合力的参考值。

5）涂层厚度

采用 Veeco 白光干涉仪对涂层的厚度进行测量。涂层沉积过程前，在基体表面靠近边缘处选取一小块区域制备掩膜，涂层结束后，清除该区域的掩膜，这样原先的掩膜区域实为未涂层区域，而未涂层区域与涂层区域的高度差即涂层的厚度，通过 Veeco 白光干涉仪对未涂层区域与涂层区域结合处的轮廓进行测量，最终得到涂层的厚度值。

6）显微硬度

清洗干燥后的试样其硬度在显微硬度计（型号为 MH-6）上进行测量。试样用维氏金刚石压头在一加载力 F 作用下，产生一个倒正四棱压痕 S，维氏硬度 H_v 定义为

$$H_v = \frac{F}{S} \tag{3-1}$$

式中，F 为压头在试样上的加载力，S 为压痕表面积。

经计算：

$$H_v = \frac{F}{S} = 2\sin\frac{\alpha}{2} \cdot \frac{F}{d^2} \tag{3-2}$$

式中，α 为正四棱锥金刚石压头的夹角（136°）；d 为正四边形的对角线长，$d = \frac{d_1 + d_2}{2}$，d_1 和 d_2 为两对角线长度。

当 F 单位为牛顿（N），d 单位为毫米（mm）时，有

$$H_v = 0.1891 \cdot \frac{F}{d^2} \qquad\qquad (3\text{-}3)$$

由于涂层的厚度很薄,若加载载荷过大,则压痕深度太大,测量结果受基体的影响比较严重;载荷过小,压痕不明显,对角线测量以及硬度计算的误差较大。综合考虑涂层的硬度和厚度,加载力选择 0.098N,测量所得的硬度实为涂层-基体综合体的硬度。每个试样的硬度均取 5 个不同测量点硬度的平均值。

3.3.3　软涂层制备工艺参数的优化

涂层的制备工艺对涂层的性能有重要的影响。当涂层的制备工艺参数发生改变时,涂层性能随之发生改变。通过研究 WS_2 靶电流、沉积温度、基体负偏压及沉积时间等工艺参数的变化对 WS_2 软涂层的微观形貌、涂层成分、晶体结构、膜-基结合力、显微硬度和涂层厚度等性能参数的影响,优化 WS_2 软涂层的制备工艺,以期获得综合性能良好的 WS_2 软涂层。

1. WS_2 靶电流对软涂层性能的影响

在 WS_2 软涂层的制备工艺中,一对中频磁控 WS_2 靶是主要的沉积来源,而 WS_2 靶的主要参数即靶电流。通过调节 WS_2 靶电流的大小(从 1A 到 3A),来分析对软涂层性能的影响。WS_2 软涂层的沉积工艺参数如表 3-6 所示。

表 3-6 　 WS₂ 软涂层的沉积工艺参数

基体	沉积温度/℃	基体负偏压/V	WS₂ 靶电流/A	沉积时间/min
			1	
			1.5	
微织构刀具	200	100	2	120
			2.5	
			3	

1) 微观形貌

图 3-46 为在五种不同 WS_2 靶电流下制备的 WS_2 软涂层微织构刀具表面形貌。可见,随着 WS_2 靶电流从 1A 增大到 3A,刀具表面软涂层微织构的形貌各不相同。在图 3-46(a)中,微织构形貌清晰可见,且微织构之间的间隙也较为明显;在图 3-46(b)中,微织构之间的间隙已经很不明显,微织构表面裹着 WS_2 软涂层形成了一个大小、形状不一的微结构;在图 3-46(c)和(d)中,WS_2 软涂层已基本覆盖了微织构表面,微织构间的间隙已基本被填充满了;在图 3-46(e)中,微织构表面类似于图 3-46(b)中的表面,只是微织构间的间隙显得更小。图 3-47 为微织构刀具表面软涂层的截面形貌图。

图 3-46　在五种不同 WS_2 靶电流下制备的 WS_2 软涂层微织构刀具表面形貌

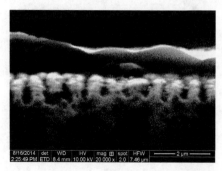

图 3-47　微织构刀具表面软涂层的截面形貌图

WS₂ 靶电流 1A

2）涂层成分

五种不同 WS₂ 靶电流下制备的微织构表面 WS₂ 软涂层的 EDX 成分分析如表 3-7 所示。通过对涂层表面的 EDX 成分分析发现，随着 WS₂ 靶电流的增大，S/W 值逐渐减小，从 1.65（1A）降低到 1.40（3A）。但是五种样品的 S/W 值均小于 2（WS₂ 化合物中 S/W 的理论比例），这是因为一方面 WS₂ 靶材中 S 元素和 W 元素的溅射效率不同；另一方面在较高的 WS₂ 靶电流下，S 元素会和真空室内的残余气体反应从而降低了 S/W 值。

表 3-7　五种不同 WS₂ 靶电流下制备的微织构表面 WS₂ 软涂层的 EDX 成分分析

靶电流	S/%（原子分数）	W/%（原子分数）	Zr/%（原子分数）	S/W
1A	53.81	32.61	13.58	1.65
1.5A	54.61	34.57	10.82	1.58
2A	54.85	36.33	8.82	1.51
2.5A	55.46	37.98	6.56	1.46
3A	56.31	40.22	3.47	1.40

3）晶体结构

WS₂ 软涂层作为一种良好的固体润滑剂是因为它具有六方层状晶体结构。其中，WS₂ 的 II 型晶体结构在润滑中起到了很重要的作用，II 型晶体结构的强度越强，WS₂ 软涂层的润滑性越好。微织构刀具表面的 WS₂ 软涂层的晶体结构采用 X 射线衍射技术来测量分析，五种不同 WS₂ 靶电流制备出的软涂层微织构刀具表面晶体结构的衍射图谱如图 3-48 所示。可见，当 WS₂ 靶电流为 1A 时，在衍射角为 13°附近有一个明显的衍射凸包，这个衍射凸包即 WS₂ 软涂层 II 型晶体结构的（002）晶面；而在其余四种 WS₂ 靶电流的 XRD 衍射图谱上看不到明显的 WS₂ 衍射峰或衍射凸包。由此可以看出，相比于其他几种情况，当 WS₂ 靶电流为 1A 时，WS₂ 软涂层的 II 型晶体结构的（002）晶面结晶效果较好且该晶体结构具有较好的润滑性能。

4）膜-基结合力

图 3-49 为微织构表面软涂层和平面软涂层的划痕形貌。可见，划痕试验刚开

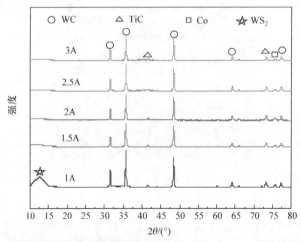

图 3-48　五种不同 WS₂ 靶电流制备出的软涂层微织构刀具表面晶体结构的衍射图谱

(a) 微织构表面软涂层划痕(起点)

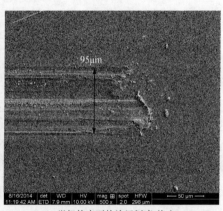

(b) 微织构表面软涂层划痕(终点)

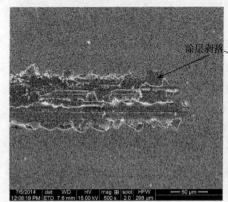

(c) 平面软涂层划痕(起点)

(d) 平面软涂层划痕(终点)

图 3-49　微织构表面软涂层和平面软涂层的划痕形貌

WS₂ 靶电流 1A

始时,微织构软涂层表面就形成了一层润滑膜,划痕较轻微;而平面软涂层表面刚开始在划痕边缘涂层就有些许剥落,划痕较宽。在划痕终点处,微织构软涂层表面润滑膜还存在,涂层未完全破裂,划痕较窄;而平面软涂层表面的划痕较宽,涂层剥落很严重,形成了三层界面,基体材料裸露,软涂层早已破裂。

图 3-50 为多次测量微织构表面软涂层和平面软涂层的膜-基结合力的平均值。从图中可以看到,微织构表面软涂层膜-基结合力为 43.52N,而平面软涂层膜-基结合力为 26.74N;相比于平面软涂层,微织构表面软涂层的膜-基结合力提高了 63%。结果表明,在微织构表面进行软涂层能有效提高软涂层与基体之间的结合力,因为软涂层在微织构表面形成了一层润滑膜,有效减轻了涂层的剥落和脆性破裂。五种不同 WS_2 靶电流在刀具微织构表面制备出的 WS_2 软涂层的膜-基结合力如图 3-51 所示。从图中可以看到,当 WS_2 靶电流为 1A 时,膜-基结合力最大,均值为 43.52N;随着 WS_2 靶电流的增大,膜-基结合力逐渐减小,且标准差逐渐增大。

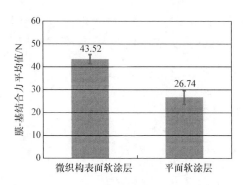

图 3-50 微织构表面软涂层和
平面软涂层的膜-基结合力平均值

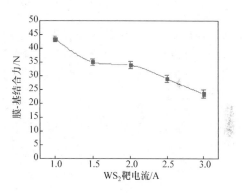

图 3-51 五种不同 WS_2 靶电流制备
出的 WS_2 软涂层的膜-基结合力

5) 涂层厚度和硬度

图 3-52 为未涂层区域和软涂层区域的截面轮廓(WS_2 靶电流为 1A),可以测量得到软涂层厚度为 0.32μm。五种不同 WS_2 靶电流制备出的 WS_2 软涂层的厚度如图 3-53 所示,可见,随着 WS_2 靶电流的增大,WS_2 软涂层的厚度不断增大。由此说明 WS_2 靶电流的大小直接影响了 WS_2 软涂层的沉积速率,WS_2 靶电流越大,沉积速率越快,WS_2 软涂层的厚度就越大。

五种不同 WS_2 靶电流制备出的 WS_2 软涂层的显微硬度如图 3-54 所示。可见,随着 WS_2 靶电流的增大,WS_2 软涂层的显微硬度逐渐降低,从均值为 660.02HV(1A)降低到 377.83HV(3A)。WS_2 靶电流越大,形成的 WS_2 软涂层越厚。由显微硬度的测试方法可知,测量所得的显微硬度实为涂层-基体综合体的硬度,而涂

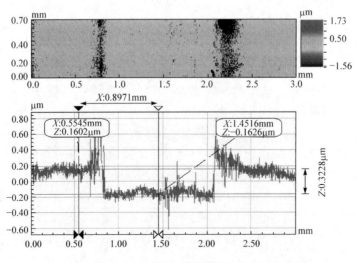

图 3-52　未涂层区域和软涂层区域的截面轮廓

层越薄,测量得出的显微硬度值受到基体硬度的影响越大。基体材料为 YS8 硬质合金,其硬度远高于 WS_2 软涂层的硬度。因此,WS_2 靶电流越小,WS_2 软涂层越薄,受基体的影响越大,其显微硬度值越高。

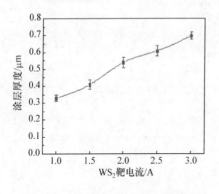

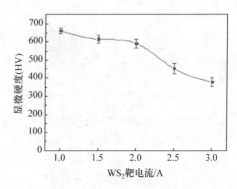

图 3-53　五种不同 WS_2 靶电流制备
　　　出的 WS_2 软涂层的厚度

图 3-54　五种不同 WS_2 靶电流制备
　　　出的 WS_2 软涂层的显微硬度

由上述分析可知,在几种不同的样品中,WS_2 靶电流为 1A 沉积得到的微织构表面软涂层的形貌最清晰规则,WS_2 软涂层 II 型晶体结构的(002)晶面结晶性最好,膜-基结合力和显微硬度值最大。

2. 沉积温度对软涂层性能的影响

根据 WS_2 靶电流对软涂层性能影响的研究,确定了综合性能最佳的 WS_2 靶电流参数为 1A。通过改变沉积温度(从 100℃到 250℃)来研究沉积温度对软涂层性能的影响。WS_2 软涂层的沉积工艺参数如表 3-8 所示。

表 3-8 WS_2 软涂层的沉积工艺参数

基体	沉积温度/℃	基体负偏压/V	WS_2 靶电流/A	沉积时间/min
微织构刀具	100	100	1	120
	150			
	200			
	250			

1) 微观形貌

图 3-55 为在四种不同沉积温度下制备的 WS_2 软涂层微织构刀具表面形貌。可见,随着沉积温度从 100℃增大到 250℃,刀具表面软涂层微织构的形貌大体相似,但有些许变化,织构的形貌由较不清晰(100℃)变得较为清晰(250℃)。在图 3-55(a)中,较多的 WS_2 软涂层覆盖在微织构的表面上使织构的形貌较不清晰,

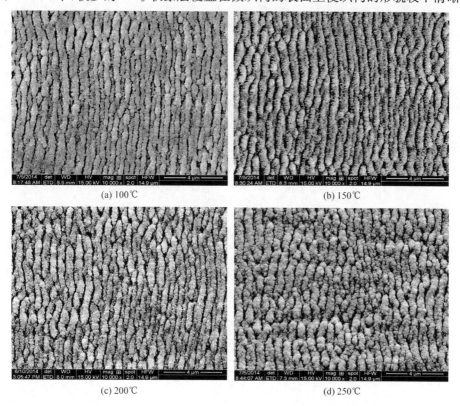

(a) 100℃

(b) 150℃

(c) 200℃

(d) 250℃

图 3-55 在四种不同沉积温度下制备的 WS_2 软涂层微织构刀具表面形貌

织构的边界模糊；在图 3-55(b)中，微织构的形貌比图 3-55(a)清晰，但织构间的边界仍较模糊；在图 3-55(c)中，微织构由于覆盖 WS₂ 软涂层较为粗壮，但微织构的形貌较清晰，微织构也较为连续、均匀；而在图 3-55(d)中，微织构表面由于颗粒状 WS₂ 软涂层的覆盖较为粗糙，且织构形貌较为粗壮，微织构间的间隙较为清晰，但表面的微织构显得不连续且不均匀。

2) 涂层成分

四种不同沉积温度下制备的微织构表面 WS₂ 软涂层的 EDX 成分分析如表 3-9 所示。可见，随着沉积温度的升高，S/W 值逐渐减小，从 1.86(100℃)降低到 1.57 (250℃)。四种样品的 S/W 值均小于 2(WS₂ 化合物中 S/W 的理论比例)，这是因为一方面 WS₂ 靶材中 S 和 W 元素的溅射效率不同；另一方面在较高的沉积温度下，S 元素会和真空室内的残余气体反应从而降低了 S/W 值。

表 3-9　四种不同沉积温度下制备的微织构表面 WS₂ 软涂层的 EDX 成分分析

沉积温度	S/%(原子分数)	W/%(原子分数)	Zr/%(原子分数)	S/W
100℃	59.19	31.82	8.99	1.86
150℃	56.19	32.30	11.51	1.74
200℃	53.81	32.61	13.58	1.65
250℃	50.99	32.48	16.53	1.57

3) 晶体结构

四种不同沉积温度制备出的软涂层微织构刀具表面晶体结构的衍射图谱如图 3-56 所示。可见，当沉积温度为 200℃时，在衍射角为 13°附近有一个明显的衍射凸包，这个衍射凸包即 WS₂ 软涂层 Ⅱ 型晶体结构的(002)晶面；而在其余三种沉

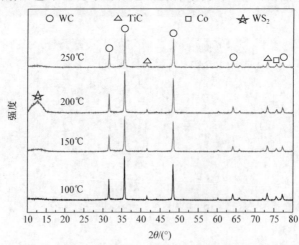

图 3-56　四种不同沉积温度制备出的软涂层微织构刀具表面晶体结构的衍射图谱

积温度的 XRD 衍射图谱上看不到明显的 WS_2 衍射峰或衍射凸包。由此可以看出,相比于其他几种情况,当沉积温度为 200℃时,WS_2 软涂层的 Ⅱ 型晶体结构的(002)晶面结晶效果较好且该晶体结构具有较好的润滑性能。

4）膜-基结合力

四种不同沉积温度在刀具微织构表面制备出的 WS_2 软涂层的膜-基结合力如图 3-57 所示。从图中可以看到,当沉积温度为 250℃时,膜-基结合力最大,均值为44.13N;随着沉积温度的升高,膜-基结合力不断增大,且趋势逐渐趋于平缓。

5）涂层厚度和硬度

四种不同沉积温度制备出的 WS_2 软涂层的厚度如图 3-58 所示。可见,随着沉积温度的升高,WS_2 软涂层厚度不断减小,从均值为 $0.47\mu m$(100℃)减小到$0.24\mu m$(250℃)。由此说明沉积温度的高低直接影响了 WS_2 软涂层沉积速率,沉积温度越高,沉积速率越慢,WS_2 软涂层的厚度就越薄。

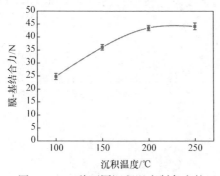

图 3-57　四种不同沉积温度制备出的
WS_2 软涂层的膜-基结合力

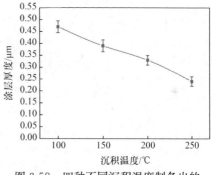

图 3-58　四种不同沉积温度制备出的
WS_2 软涂层厚度

四种不同沉积温度制备出的 WS_2 软涂层的显微硬度如图 3-59 所示。随着沉

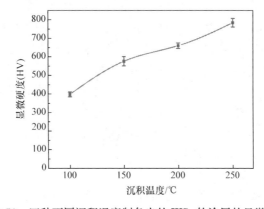

图 3-59　四种不同沉积温度制备出的 WS_2 软涂层的显微硬度

积温度的升高,WS_2 软涂层的显微硬度逐渐增大,从均值为 398.24HV(100℃)增大到 784.35HV(250℃)。根据上述分析,沉积温度越高,涂层厚度越薄。由于测量的显微硬度实为涂层-基体综合体的硬度,而涂层越薄,测量得出的显微硬度值受到基体硬度的影响越大。基体材料为 YS8 硬质合金,其硬度远高于 WS_2 软涂层的硬度。所以,沉积温度越高,WS_2 软涂层越薄,受基体的影响越大,其显微硬度值越高。

由上述分析可知,在几种不同的样品中,沉积温度为 200℃ 制备得到的微织构表面软涂层的形貌最清晰规则,WS_2 软涂层Ⅱ型晶体结构的(002)晶面结晶性最好,膜-基结合力和显微硬度值较大。

3. 基体负偏压对软涂层性能的影响

根据前面对 WS_2 靶电流和沉积温度的研究,确定了综合性能最佳的参数:WS_2 靶电流为 1A、沉积温度为 200℃。通过改变基体负偏压(从 100V 到 500V)来研究基体负偏压对软涂层性能的影响。WS_2 软涂层的沉积工艺参数如表 3-10 所示。

表 3-10　WS_2 软涂层的沉积工艺参数

基体	沉积温度/℃	基体负偏压/V	WS_2 靶电流/A	沉积时间/min
微织构刀具	200	100	1	120
		200		
		300		
		400		
		500		

1) 微观形貌

图 3-60 为在五种不同基体负偏压下制备的 WS_2 软涂层微织构刀具表面形貌。可见,随着基体负偏压从 100V 增大到 500V,覆盖 WS_2 软涂层的微织构表面形貌越发不清晰、不规则。在图 3-60(a)中,微织构较为规则、连续,微织构形貌较为清晰,间隙较为明显;在图 3-60(b)中,微织构间隙变小,形貌变模糊,织构长短、粗细不均匀;在图 3-60(c)和(d)中,微织构的形貌较为模糊,织构间的间隙不明显;在图 3-60(e)中,微织构长短粗细不均匀,且不连续,形貌模糊。在五种基体负偏压下制备的 WS_2 软涂层微织构刀具中,基体负偏压为 100V 的 WS_2 软涂层微织构形貌最为规则均匀,形貌清晰且织构连续、规则。

2) 涂层成分

五种不同基体负偏压下制备的微织构表面 WS_2 软涂层的 EDX 成分分析如表 3-11 所示。通过对涂层表面的 EDX 成分分析发现,随着基体负偏压的增大,

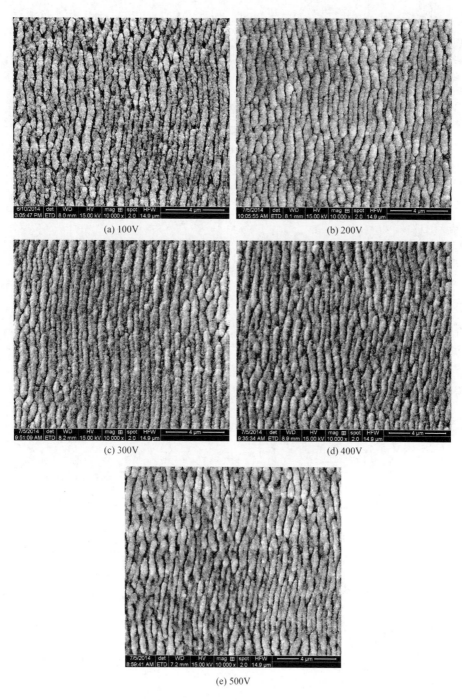

(a) 100V

(b) 200V

(c) 300V

(d) 400V

(e) 500V

图 3-60　在五种不同基体负偏压下制备的 WS$_2$ 软涂层微织构刀具表面形貌

S/W值逐渐减小，从1.65(100V)降低到1.21(500V)。但是五种样品的S/W值均小于2(WS₂化合物中S/W的理论比例)，这是因为一方面WS₂靶材中S元素和W元素的溅射效率不同；另一方面在较高的基体负偏压下，S元素会和真空室内的残余气体反应从而降低了S/W值。

表 3-11   五种不同基体负偏压下制备的微织构表面 WS₂ 软涂层的 EDX 成分分析

基体负偏压	S/%(原子分数)	W/%(原子分数)	Zr/%(原子分数)	S/W
100V	53.81	32.61	13.58	1.65
200V	49.87	32.81	17.32	1.52
300V	46.40	32.44	21.16	1.43
400V	42.65	31.59	25.76	1.35
500V	38.01	31.42	30.57	1.21

3) 晶体结构

五种不同基体负偏压制备出的软涂层微织构刀具表面晶体结构的衍射图谱如图 3-61 所示。可见，当基体负偏压为 100V 时，在衍射角为 13°附近有一个明显的衍射凸包，这个衍射凸包即 WS₂ 软涂层Ⅱ型晶体结构的(002)晶面；而在其余四种基体负偏压的 XRD 衍射图谱上看不到明显的 WS₂ 衍射峰或衍射凸包。由此可以看出，相比于其他几种情况，当基体负偏压为 100V 时，WS₂ 软涂层Ⅱ型晶体结构的(002)晶面结晶效果较好且该晶体结构具有较好的润滑性能。

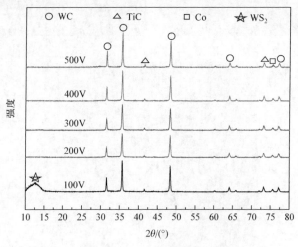

图 3-61   五种不同基体负偏压制备出的软涂层微织构刀具表面晶体结构的衍射图谱

4) 膜-基结合力

五种不同基体负偏压在刀具微织构表面制备出的 WS₂ 软涂层的膜-基结合力如图 3-62 所示。可见，当基体负偏压为 100V 时，膜-基结合力最大，均值为

43.52N;随着基体负偏压的增大,膜-基结合力不断减小,当基体负偏压达到 500V 时,膜-基结合力最小,均值为 20.25N。

5) 涂层厚度和硬度

五种不同基体负偏压制备出的 WS$_2$ 软涂层的厚度如图 3-63 所示。可见,随着基体负偏压的增大,WS$_2$ 软涂层厚度不断减小,从均值为 0.33μm(100V)减小到 0.15μm(500V)。由此说明基体负偏压的大小直接影响了 WS$_2$ 软涂层沉积速率,基体负偏压越大,沉积速率越慢,WS$_2$ 软涂层厚度就越薄。

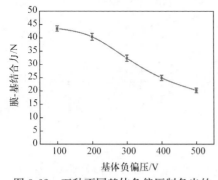 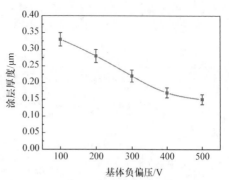

图 3-62　五种不同基体负偏压制备出的
WS$_2$ 软涂层的膜-基结合力

图 3-63　五种不同基体负偏压制备出的
WS$_2$ 软涂层的厚度

五种不同基体负偏压制备出的 WS$_2$ 软涂层的显微硬度如图 3-64 所示。可见,随着基体负偏压的增大,WS$_2$ 软涂层的显微硬度逐渐增大,从均值为 660.02HV(100V)增大到 823.35HV(500V)。基体负偏压越大,涂层厚度越薄。由于测量的显微硬度实为涂层-基体综合体的硬度,而涂层越薄,测量得出的显微硬度值受到基体硬度的影响越大。基体材料为 YS8 硬质合金,其硬度远高于 WS$_2$ 软涂层的硬度。因此,基体负偏压越大,WS$_2$ 软涂层越薄,受基体的影响越大,其显微硬度值越高。

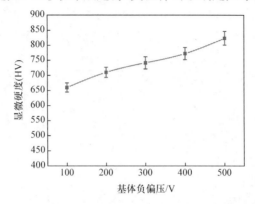

图 3-64　五种不同基体负偏压制备出的 WS$_2$ 软涂层的显微硬度

由上述分析可知,在几种不同的样品中,基体负偏压为 100V 时沉积得到的微织构表面软涂层的形貌最清晰规则,WS$_2$ 软涂层 II 型晶体结构的(002)晶面结晶性最好,膜-基结合力和涂层厚度最大。

4. 沉积时间对软涂层性能的影响

根据对 WS$_2$ 靶电流、沉积温度和基体负偏压的研究,确定了综合性能最佳的参数:WS$_2$ 靶电流为 1A、沉积温度为 200℃、基体负偏压为 100V。通过改变沉积时间(从 60min 到 300min)来研究沉积时间对软涂层性能的影响。WS$_2$ 软涂层的沉积工艺参数如表 3-12 所示。

表 3-12　WS$_2$ 软涂层的沉积工艺参数

基体	沉积温度/℃	基体负偏压/V	WS$_2$ 靶电流/A	沉积时间/min
				60
				90
				120
微织构刀具	200	100	1	150
				180
				300

1) 微观形貌

图 3-65 为在六种不同沉积时间下制备的 WS$_2$ 软涂层微织构刀具表面形貌。可见,随着沉积时间的增加,刀具表面微织构间的间隙越来越小,微织构并没有被 WS$_2$ 软涂层完全覆盖,形貌还是较为清晰可见,但当沉积时间为 300min 时,微织构表面完全被软涂层覆盖了。在图 3-65(a)和(b)中,微织构的表面显得较为光滑,微织构表面覆盖的 WS$_2$ 软涂层较少;在图 3-65(d)中,微织构的表面上覆盖了厚厚的 WS$_2$ 软涂层,微织构变宽,且间隙减小;在图 3-65(e)中,微织构间的间隙由于 WS$_2$ 软涂层的填充变得很小,但微织构的形貌还是比较清晰和规则。

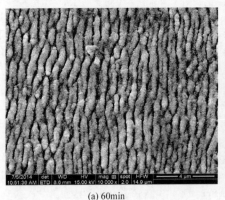

(a) 60min　　　　　　　　　　　　　　　(b) 90min

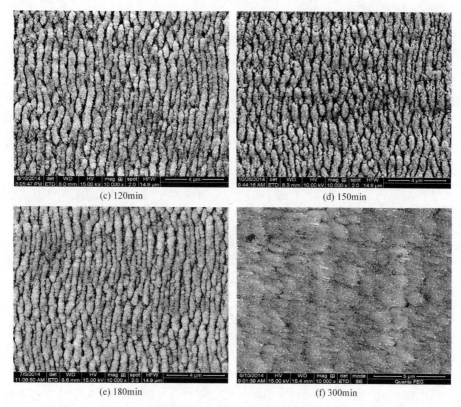

图 3-65　在六种不同沉积时间下制备的 WS₂ 软涂层微织构刀具表面形貌

2）涂层成分

　　五种不同沉积时间下制备的微织构表面 WS₂ 软涂层的 EDX 成分分析如表 3-13 所示。可见，随着沉积时间的增大，S/W 值逐渐增大，从 1.35（60min）增大到 1.79（180min）。但是五种样品的 S/W 值均小于 2（WS₂ 化合物中 S/W 的理论比例），这是因为一方面 WS₂ 靶材中 S 元素和 W 元素的溅射效率不同；另一方面随着沉积时间的增大，会与 S 元素反应的真空室内残余气体越来越少，从而增大了S/W 值。

表 3-13　五种不同沉积时间下制备的微织构表面 WS₂ 软涂层的 EDX 成分分析

沉积时间	S/%（原子分数）	W/%（原子分数）	Zr/%（原子分数）	S/W
60min	43.73	32.40	23.87	1.35
90min	48.40	32.93	18.67	1.47
120min	53.81	32.61	13.58	1.65
150min	56.71	33.16	10.13	1.71
180min	60.21	33.64	6.15	1.79

3）晶体结构

五种不同沉积时间制备出的软涂层微织构刀具表面晶体结构的衍射图谱如图 3-66 所示。可见,当沉积时间为 120min、150min 和 180min 时,在衍射角为 13°附近有一个明显的衍射凸包,这个衍射凸包即 WS$_2$ 软涂层 II 型晶体结构的（002）晶面;而当沉积时间为 90min 时,在衍射角为 13°附近仅有个小小的突起,说明 WS$_2$ 软涂层结晶效果较差;当沉积时间为 60min 时,在衍射角为 13°附近基本观察不到有衍射峰或衍射凸包。由此可以看出,当沉积时间大于等于 120min 时,WS$_2$ 软涂层 II 型晶体结构的（002）晶面结晶效果较好且该晶体结构具有较好的润滑性能。

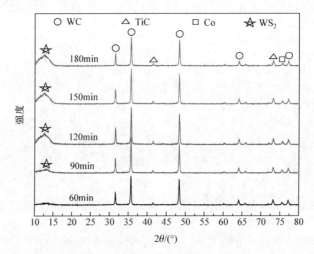

图 3-66　　五种不同沉积时间制备出的软涂层微织构刀具表面晶体结构的衍射图谱

4）膜-基结合力

五种不同沉积时间在刀具微织构表面制备出的 WS$_2$ 软涂层的膜-基结合力如图 3-67 所示。从图中可以看到,当沉积时间为 60min 时,膜-基结合力最小,均值为 28.84N;随着沉积时间的增大,膜-基结合力不断增大,当沉积时间达到 180min 时,膜-基结合力最大,均值为 58.47N。

5）涂层厚度和硬度

五种不同沉积时间制备出的 WS$_2$ 软涂层的厚度如图 3-68 所示。从图中可以看到,随着沉积时间的增大,WS$_2$ 软涂层的厚度不断增大,从均值为 0.18μm（60min）增大到 0.48μm（180min）。由此说明沉积时间的长短直接影响了 WS$_2$ 软涂层的厚度,且两者基本呈线性关系,表明虽然沉积时间不同,但是沉积速率相同,沉积时间越长,WS$_2$ 软涂层就越厚。

五种不同沉积时间制备出的 WS$_2$ 软涂层的显微硬度如图 3-69 所示。可见,随着沉积时间的增大,WS$_2$ 软涂层的显微硬度逐渐减小。根据上述分析,沉积时间

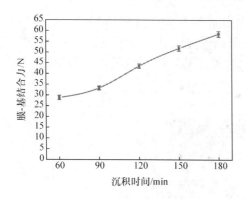

图 3-67　五种不同沉积时间制备出的
　　　　WS$_2$ 软涂层的膜-基结合力

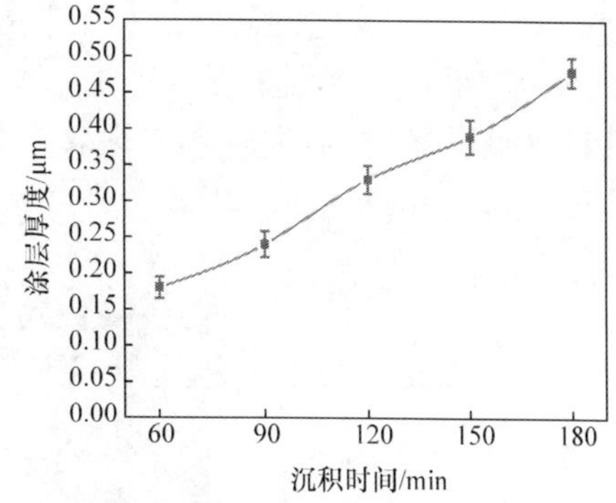

图 3-68　五种不同沉积时间制备出的
　　　　WS$_2$ 软涂层的厚度

基本和涂层厚度呈线性关系,沉积时间越长,涂层厚度越厚。由于测量的显微硬度实为涂层-基体综合体的硬度,而涂层越厚,测量得出的显微硬度值受到基体硬度的影响越小。基体材料为 YS8 硬质合金,其硬度远高于 WS$_2$ 软涂层的硬度。所以,沉积时间越长,WS$_2$ 软涂层越厚,受基体的影响越小,其显微硬度值越低。

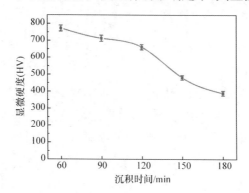

图 3-69　五种不同沉积时间制备出的 WS$_2$ 软涂层的显微硬度

　　由上述分析可知,在几种不同的样品中,沉积时间为 180min 制备得到的微织构表面软涂层的形貌较清晰规则,WS$_2$ 软涂层 II 型晶体结构的(002)晶面结晶性较好,膜-基结合力和涂层厚度最大。

3.3.4　软涂层微织构刀具的制备

　　由上述分析可知,在微织构刀具表面进行 WS$_2$ 软涂层的最佳工艺参数如下:WS$_2$ 靶电流为 1A、沉积温度为 200℃、基体负偏压为 100V、沉积时间为 180min。由此制备得到微织构表面软涂层的性能参数如下:WS$_2$ 软涂层 II 型晶体结构(002)晶面结晶效果较好、膜-基结合力为 58.47N、涂层厚度为 0.48μm、显微硬度为 388.85HV。通过最佳的沉积工艺参数制备得到的刀具表面软涂层微织构的 SPM 图和截面轮廓图如图 3-70 所示,从截面轮廓中可以观测到软涂层微织构的周期、槽深和槽宽,通过多次测量取平均值,得出的软涂层微织构周期为 673nm、槽深为 121nm、槽宽为 334nm。

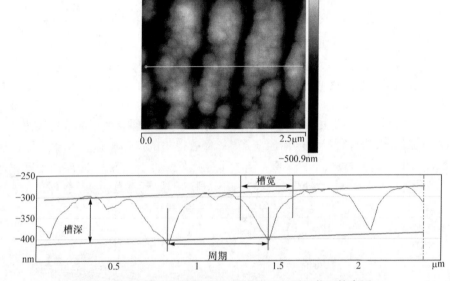

图 3-70　刀具表面软涂层微织构的 SPM 图和截面轮廓图

　　根据制备得到的不同结构的微织构刀具,结合 WS₂ 软涂层的最佳工艺参数,通过中频磁控溅射、多弧离子镀结合等离子体辅助沉积技术在刀具微织构表面沉积 WS₂ 软涂层,由此制备出软涂层微织构刀具。软涂层微织构刀具的前刀面形貌如图 3-71 所示。

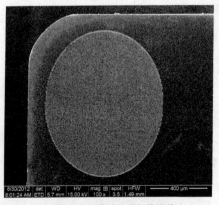

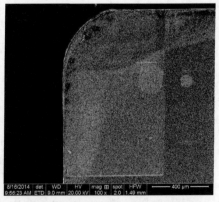

(a) 前刀面E型软涂层微织构形貌　　　　　(b) 前刀面T型软涂层微织构形貌

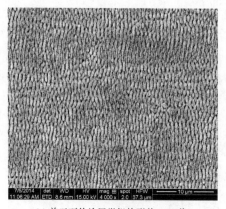 

(c) 前刀面软涂层微织构形貌(4000倍)　　　(d) 前刀面软涂层微织构形貌(40000倍)

图 3-71　软涂层微织构刀具的前刀面形貌

3.4　软涂层微织构刀具的切削性能研究

3.4.1　试验方法

车削试验在 CA6140 型普通车床上进行。试验采用干式切削,使用的刀具共 4 种:传统 YS8 硬质合金刀具、WS₂ 软涂层刀具、微织构刀具、WS₂ 软涂层微织构刀具,这 4 种刀具分别依次命名为 CT、WCT、TT、WTT,如表 3-14 所示。

表 3-14　车削试验所用四种刀具

刀具	前刀面 T 型微织构	后刀面 R 型微织构	软涂层	普通刀具	示意图
CT				√	▭
WCT			√		▭
TT	√	√			▭
WTT	√	√	√		▭

试验的切削参数:进给量 $f=0.1\text{mm/r}$,切削深度 $a_p=0.3\text{mm}$,切削速度 $v=50\sim250\text{m/min}$。刀具切削几何角度:前角 $\gamma_o=-5°$,后角 $\alpha_o=5°$,主偏角 $\kappa_r=45°$,刃倾角 $\lambda_s=0°$,刀尖圆弧半径 $r_\varepsilon=0.5\text{mm}$。工件材料:45 号调质钢,硬度为 20HRC,直径为 100mm。试验采用 Kistler 9275A 型测力仪进行三向切削力的测量,该仪器包括压电式测力仪、电荷放大器和数据采集系统等几个部分,如图 3-72 所示。采用 TH5104R 型红外热像仪测量刀具前刀面上的平均切削温度。

TH5104R 型红外热像仪是一种便携式、非接触式的高灵敏度的测温设备,它捕捉被测物体辐射的红外能量,分析和生成被测物体的温度场分布图。采用时代 TR200 型手持式粗糙度仪测量工件的已加工表面粗糙度。切削试验过程中,采用 JCD-2 型便携式数码显微镜观测刀具的磨损情况。切削试验之后,采用扫描电子显微镜观测刀具的磨损形貌,并采用 X 射线能谱仪分析刀具磨损区域的元素分布。

图 3-72　Kistler 9275A 测力仪

3.4.2　软涂层微织构刀具的切削性能

1. 切削力

图 3-73 为四种刀具干切削 45 号调质钢过程中三向切削力随切削速度的变化曲线。从图中可以看出,在试验的切削速度范围内,随着切削速度的增大,四种刀具的三向切削力都呈现先增大后减小的趋势,且主切削力 F_z 明显大于轴向力 F_x 和径向力 F_y;相比于传统硬质合金刀具 CT,其余三种刀具 WCT、TT、WTT 的三向切削力都有显著的下降,分别降低 9%～31%、8%～18%、10%～44%;在试验的四种刀具中,WS$_2$ 软涂层微织构刀具 WTT 在相同切削条件下的三向切削力最小,且当切削速度相对较高时这种降低切削力的效果尤其突出。

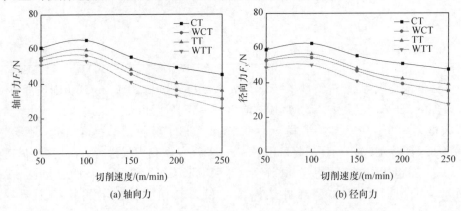

(a) 轴向力　　　　　　　　　　　　　　　(b) 径向力

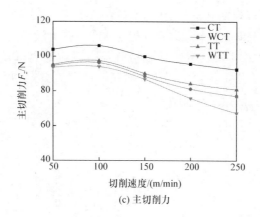

(c) 主切削力

图 3-73　四种刀具在不同切削速度下的三向切削力变化

2. 切削温度

在切削过程中,采用 TH5104R 型红外热像仪测量刀具切削时的温度分布,每隔 5s 测量一次,取切削区温度场的最高温度的平均值作为刀具的切削温度。图 3-74 为 WTT 刀具在切削速度为 200m/min 时刀尖切削区域的切削温度分布。从图中可以看到,切削区域的最高温度出现在刀尖的位置,为 371.6℃。

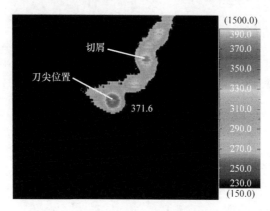

图 3-74　WTT 刀具在切削速度为 200m/min 时刀尖切削区域的切削温度分布(单位:℃)

图 3-75 为四种刀具在不同切削速度下的切削温度变化。随着切削速度的增大,四种刀具的切削温度都随之升高。从图中可以看到,在相同切削速度下,其他三种刀具的切削温度均小于 CT 刀具的切削温度;相比于 CT 刀具,WCT、TT 和 WTT 刀具的切削温度分别降低了 10%~12%、8%~9% 和 12%~16%;在试验的四种刀具中,WS$_2$ 软涂层微织构刀具 WTT 在相同条件下的切削温度最低,且当切削速度相对较高时,切削温度的降低尤其明显。WTT 刀具在相对较高切削

速度时仍能展现出较好的切削性能,这是因为 WS₂ 软涂层具有极低的摩擦系数、耐高温性和较强的抗氧化性,所以能明显地改善在相对较高切削速度时恶劣的干切削环境;而 WCT 刀具因为具有 WS₂ 软涂层同样也显著降低了切削温度,但由于其在高速切削时涂层损耗较大,所以切削后期温度上升较快,总体上没有 WTT 刀具稳定。

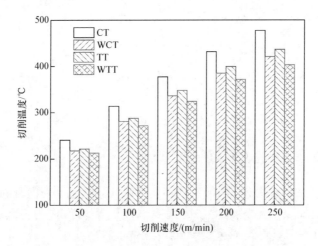

图 3-75　四种刀具在不同切削速度下的切削温度变化

3. 前刀面平均摩擦系数

图 3-76 为四种刀具在不同切削速度下前刀面刀-屑接触区域平均摩擦系数的变化。从图中可以看到,四种刀具的平均摩擦系数随切削速度不断增大的变化趋势和三向切削力的变化趋势一致,都是先增大后减小;WCT、TT 和 WTT 刀具的平均摩擦系数在相同切削条件下均比 CT 刀具小,相比于 CT 刀具,其余三种刀具的平均摩擦系数分别减小 2%～13%、2%～7%、10%～25%;在试验的四种刀具中,WS₂ 软涂层微织构刀具 WTT 在相同切削条件下前刀面刀-屑接触区域的平均摩擦系数最小。

4. 切屑变形

图 3-77 为四种刀具在不同切削速度下的切屑变形系数变化。从图中可以看出,四种刀具的切屑变形系数都随着切削速度的增大而减小;切屑变形系数越小,切屑变形程度越轻,产生的切削力越小,切削温度越低;在相同的切削速度下,WTT 刀具的切屑变形系数最小,说明 WTT 刀具切削时切屑变形最轻微,TT 刀具次之,CT 刀具的切屑变形系数最大;相比于 CT 刀具,WCT、TT 和 WTT 刀具的切屑变形系数分别减小了 6%～11%、9%～16% 和 14%～19%。

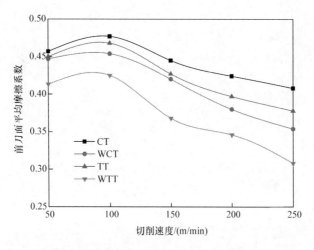

图 3-76　四种刀具在不同切削速度下前刀面刀-屑接触区域平均摩擦系数的变化

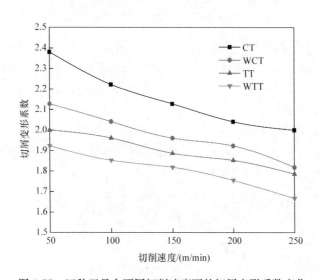

图 3-77　四种刀具在不同切削速度下的切屑变形系数变化

图 3-78 为四种刀具在不同切削速度下的剪切角变化。从图中可以看出,随着切削速度的增大,四种刀具的剪切角也不断增大;在相同的切削速度下,WTT 刀具的剪切角最大,TT 刀具次之,CT 刀具最小;相比于 CT 刀具,WCT、TT 和 WTT 刀具的剪切角分别增大了 5%～10%、8%～16% 和 13%～20%。

5. 刀具磨损

图 3-79～图 3-82 为在 $v=150\text{m/min}$、$f=0.1\text{mm/r}$、$a_p=0.3\text{mm}$ 切削条件下四种刀具切削 45 号调质钢 4min 后前刀面磨损形貌及选定区域的 EDX 成分分析。

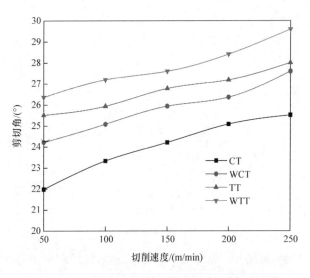

图 3-78　四种刀具在不同切削速度下的剪切角变化

通过观察刀具前刀面的切屑流出方向以及名义刀-屑接触长度发现,CT、WCT、TT 和 WTT 刀具的名义刀-屑接触长度分别为 $565\mu m$、$534\mu m$、$544\mu m$ 和 $497\mu m$。WCT、TT 和 WTT 刀具前刀面的名义刀-屑接触长度相比于 CT 刀具均有所降低,其中 WTT 刀具最小。

图 3-79 所示 CT 刀具的前刀面黏结磨损较为严重,且刀尖处大片区域剥落,分析其原因应该是刀尖处形成了积屑瘤,后来切削过程中积屑瘤剥落。通过 EDX 成分分析发现,前刀面刀-屑接触区域覆盖了大量的铁屑。

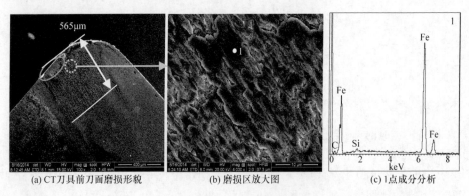

(a) CT刀具前刀面磨损形貌　　　　(b) 磨损区放大图　　　　(c) 1点成分分析

图 3-79　CT 刀具切削 45 号调质钢 4min 后前刀面磨损形貌及选定区域 EDX 成分分析

图 3-80 所示 WCT 刀具前刀面的磨损仍主要是黏结磨损,但和 CT 刀具相比较为轻微,通过 EDX 成分分析发现,刀-屑接触的大部分区域覆盖了大量铁屑,且 WS_2 软涂层均已磨损完(由 2 点处成分分析可知,Ti 元素是基体材料),但发现刀

尖处一片区域没有铁屑黏结,且有过渡层 Zr 元素的存在,说明此区域涂层未完全磨损完。

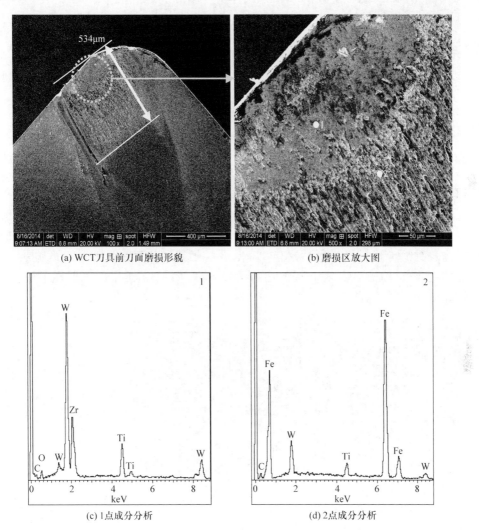

(a) WCT刀具前刀面磨损形貌　　　　　　　(b) 磨损区放大图

(c) 1点成分分析　　　　　　　　(d) 2点成分分析

图 3-80　WCT 刀具切削 45 号调质钢 4min 后前刀面磨损形貌及选定区域 EDX 成分分析

图 3-81 所示 TT 刀具前刀面的磨损和 CT、WCT 刀具相比较为轻微,但表面仍然黏结部分铁屑。从图 3-81(b)中可以观察到摩擦表面上依稀存在部分微织构,但并未覆盖整个表面,通过 EDX 成分分析,认为一方面是切削时对微织构的磨损导致部分微织构消失,另一方面是铁屑黏结导致部分微织构表面被覆盖。此外,刀尖处有部分区域剥落(图 3-81(a)中椭圆处),分析其原因应该是切削时形成了积屑瘤,后来积屑瘤剥落。

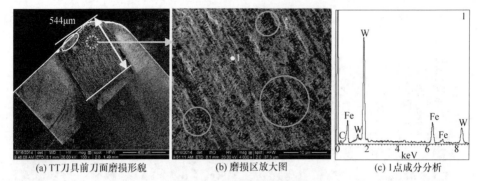

(a) TT刀具前刀面磨损形貌　　　(b) 磨损区放大图　　　(c) 1点成分分析

图 3-81　TT 刀具切削 45 号调质钢 4min 后前刀面磨损形貌及选定区域 EDX 成分分析

图 3-82 为 WTT 刀具的前刀面磨损形貌,由图 3-82(b)可以观察到表面上的微织构依然清晰可见,而且微织构表面似乎覆盖着一层薄膜,通过对选定区域进行 EDX 成分分析发现,微织构表面覆盖的一层薄膜主要为 WS$_2$ 软涂层,其中掺杂了少量铁屑。由于微织构表面沉积有 WS$_2$ 软涂层,在切削时 WS$_2$ 软涂层拖敷在微织构表面形成了一层润滑膜,这有效降低了刀-屑接触长度并明显改善了刀具前刀面的黏结和磨损状况。在相同的切削条件下,WTT 刀具的前刀面展现了最佳的抗黏结、抗磨损性能。

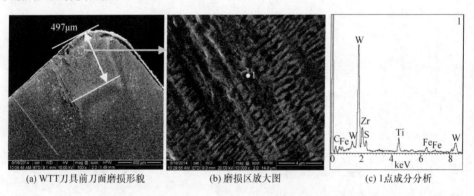

(a) WTT刀具前刀面磨损形貌　　　(b) 磨损区放大图　　　(c) 1点成分分析

图 3-82　WTT 刀具切削 45 号调质钢 4min 后前刀面磨损形貌及选定区域 EDX 成分分析

图 3-83～图 3-86 为在 $v=150\text{m/min}$、$f=0.1\text{mm/r}$、$a_p=0.3\text{mm}$ 切削条件下四种刀具切削 45 号调质钢 4min 后刀尖及后刀面磨损形貌及选定区域的 EDX 成分分析。通过对四个图中刀具的刀尖磨损情况进行测量和分析发现,CT、WCT、TT 和 WTT 刀具的刀尖磨损宽度近似,但磨损深度不同,分别为 $211\mu m$、$206\mu m$、$201\mu m$ 和 $176\mu m$。相比于 CT 刀具,WCT、TT 和 WTT 刀具的刀尖磨损均有所改善,其中 WTT 刀具刀尖磨损深度最小,比 CT 刀具降低了 17%。

刀具后刀面的磨损量常用磨损宽度 VB 来表示,如图 3-83(b)、图 3-84(b)、图 3-85(b)、图 3-86(b)所示,CT、WCT、TT 和 WTT 刀具的后刀面磨损宽度 VB

分别为 87μm、73μm、72μm 和 64μm。相比于 CT 刀具，WCT、TT 和 WTT 刀具的后刀面磨损宽度 VB 均有所降低，分别减小 16%、17% 和 26%，其中 WTT 刀具的后刀面磨损宽度 VB 最小。

通过测量四种刀具的后刀面磨损长度可知(图 3-83(a)、图 3-84(a)、图 3-85(a)、图 3-86(a))，CT、WCT、TT 和 WTT 刀具分别为 707μm、658μm、649μm 和 638μm。相比于 CT 刀具，WCT、TT 和 WTT 刀具的后刀面磨损长度均有一定的减小，分别降低 7%、8% 和 10%。

图 3-83(a) 和(b) 为 CT 刀具的后刀面磨损形貌，发现后刀面磨损较为严重，主要为磨粒磨损、刀尖磨损、边界磨损和黏结磨损，通过对磨损区域进行 EDX 成分分析发现，后刀面靠近主切削刃附近的磨损区同样黏结了部分铁元素。

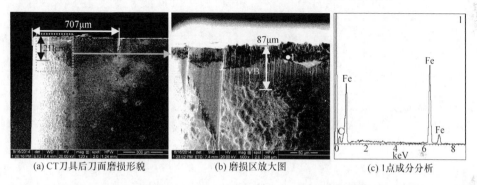

(a) CT刀具后刀面磨损形貌　　　(b) 磨损区放大图　　　(c) 1点成分分析

图 3-83　CT 刀具切削 45 号调质钢 4min 后刀尖及后刀面磨损形貌及选定区域 EDX 成分分析

图 3-84(a) 和(b) 为 WCT 刀具的后刀面磨损形貌，发现磨损状况和 CT 刀具相比较为轻微，主要的磨损形式仍然是磨粒磨损、刀尖磨损、边界磨损和黏结磨损，

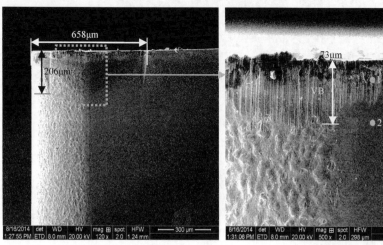

(a) WCT刀具后刀面磨损形貌　　　　　　(b) 磨损区放大图

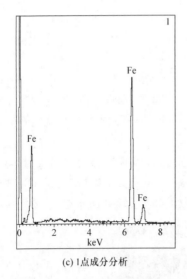 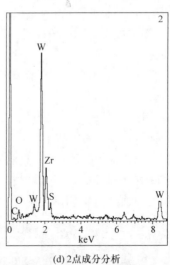

(c) 1点成分分析　　　　　　　　　　　(d) 2点成分分析

图 3-84　WCT 刀具切削 45 号调质钢 4min 后刀尖及后刀面磨损形貌及选定区域 EDX 成分分析

通过 EDX 成分分析发现,在磨损区域存在铁屑黏结,同时发现该区域的 WS_2 软涂层已损耗完。图 3-85(a) 和 (b) 为 TT 刀具的后刀面磨损形貌,主要的磨损形式和 CT、WCT 刀具基本一致。不同的是,TT 刀具后刀面的磨粒磨损主要发生在刀尖部位,相比前两者较为轻微,而 CT 和 WCT 刀具的磨粒磨损状况贯穿整个后刀面磨损区。同样,在 TT 刀具的后刀面磨损区也能观察到铁屑的存在,但是同时还能检测出基体材料的主要成分(WC),说明铁屑黏结相比前两者也较少。

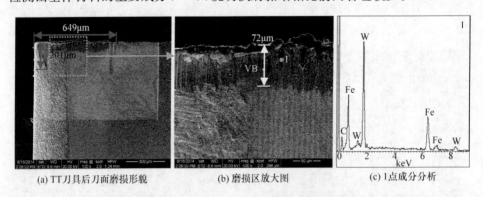

(a) TT刀具后刀面磨损形貌　　　(b) 磨损区放大图　　　(c) 1点成分分析

图 3-85　TT 刀具切削 45 号调质钢 4min 后刀尖及后刀面磨损形貌及选定区域 EDX 成分分析

图 3-86(a) 和 (b) 为 WTT 刀具的后刀面磨损形貌,和前三者相同之处是主要的磨损形式都是磨粒磨损、刀尖磨损、边界磨损和黏结磨损。但不同的是,WTT 刀具的后刀面磨损明显较为轻微,磨粒磨损产生的磨痕并不明显,且通过 EDX 成分分析发现,虽然存在少量铁元素,但在磨损区由于微织构和 WS_2 软涂层的双重

作用,涂层并未损耗完,使后刀面与工件的摩擦发生在涂层的转移膜之间,这大大降低了后刀面的磨损,同时减少了工件的黏结。显然,在四种刀具中,在相同的切削条件下,无论是刀具的前刀面还是后刀面,WTT 刀具都展现了最佳的抗黏结和抗磨损性能。

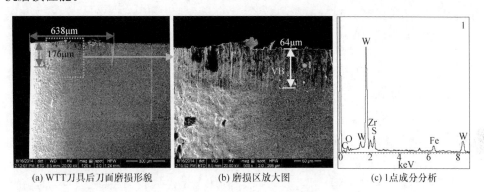

(a) WTT刀具后刀面磨损形貌　　　(b) 磨损区放大图　　　(c) 1点成分分析

图 3-86　WTT 刀具切削 45 号调质钢 4min 后刀尖及后刀面磨损形貌及选定区域 EDX 成分分析

根据上述对四种刀具抗磨损性能的研究,发现在相同的切削条件下,WTT 刀具的抗黏结、抗磨损性能最好。因此,选择 WTT 和 CT 刀具进行切削磨损过程的对比试验研究。图 3-87 为在 $v=150\text{m/min}$、$f=0.1\text{mm/r}$、$a_p=0.3\text{mm}$ 切削条件下 CT 和 WTT 刀具切削 45 号调质钢时后刀面磨损宽度 VB 随切削距离的变化。可见,随着切削距离的增大,CT 和 WTT 刀具的后刀面磨损宽度 VB 也在不断增大,且在相同切削距离时,WTT 刀具的 VB 值均小于 CT 刀具。磨损初期,两种刀具的 VB 值相差不大,随着切削距离的增大,WTT 刀具由于微织构和 WS_2 软涂层的双重作用,一方面微织构使工件已加工表面和刀具后刀面的直接接触面积减小,

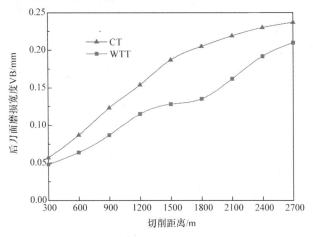

图 3-87　CT 和 WTT 刀具切削 45 号调质钢时后刀面磨损宽度 VB 随切削距离的变化

另一方面 WS$_2$ 软涂层由于具有极低的剪切强度大大降低了后刀面的平均剪切应力,进而降低摩擦力,减少了后刀面和工件已加工表面的摩擦,WTT 刀具逐渐展现出它的优势,VB 值缓慢上升,当切削距离为 1800m 时,相比于 CT 刀具,WTT刀具的 VB 值降低了 34%;但当切削距离超过 1800m(VB 值达到 0.135mm)时,WTT 刀具的 VB 值急剧增大,这是由于 WS$_2$ 软涂层和微织构的磨损加剧导致WTT 刀具的减摩抗磨作用逐渐失效。

6. 已加工表面粗糙度

图 3-88 为四种刀具在不同切削速度下加工的工件表面粗糙度 R_a 的变化。可见,随着切削速度的增大,四种刀具的已加工表面粗糙度 R_a 大体上呈现先增大后减小的趋势。这是因为积屑瘤是影响已加工表面粗糙度的一个主要因素,在相对高速(>150m/min)或者相对低速(<50m/min)的切削条件下加工 45 号调质钢,刀尖处不容易产生积屑瘤,切削刃轮廓较好,加工工件的表面粗糙度较小;而在中速切削条件下(50~150m/min),刀尖处则较容易产生积屑瘤,积屑瘤的轮廓与刀具本身的轮廓有很大不同,是一个不规则的形状,而且往往随时间一起发生变动,因而已加工表面粗糙度会较大。

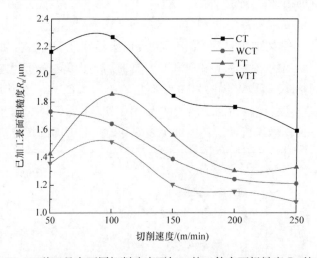

图 3-88　四种刀具在不同切削速度下加工的工件表面粗糙度 R_a 的变化

此外,在相同的切削速度下,相比于 CT 刀具,WCT、TT 和 WTT 刀具加工的工件表面粗糙度均较小,分别减小 20%~30%、15%~34% 和 32%~37%,其中WTT 刀具加工的工件表面粗糙度 R_a 最小。这是因为影响已加工工件表面粗糙度的另一个重要的因素是已加工工件表面与刀具后刀面的摩擦运动,而在相同切削条件下,WTT 刀具拥有最佳的后刀面抗磨损性能,同时 WTT 刀具还具备 WS$_2$

软涂层的润滑性能,这将大大降低刀具后刀面与工件已加工表面的摩擦,最终减小了已加工工件的表面粗糙度。

3.4.3　软涂层微织构刀具的作用机理

1. 微织构和软涂层对切削力和切削温度的影响

图 1-16 为软涂层微织构刀具的切削示意图。在整个刀-屑接触区域均加工了微织构并沉积了软涂层,通过分析可以得到实际的刀-屑接触长度 l_f':

$$l_f' = l_f - n l_o = l_f - \frac{l_f}{l} l_o = \left(1 - \frac{l_o}{l}\right) l_f \tag{3-4}$$

式中,l_f' 为实际刀-屑接触长度,l_f 为名义刀-屑接触长度,n 为刀-屑接触区软涂层微织构的数量,l_o 为软涂层微织构的槽宽,l 为软涂层微织构的周期。由试验数据可得,软涂层微织构的周期 l 为 673nm,软涂层微织构的槽宽 l_o 为 334nm。因此,式(3-4)可简化为

$$l_f' = \frac{339}{673} l_f \tag{3-5}$$

根据 CT 和 WTT 刀具在 $v=150\text{m/min}$、$f=0.1\text{mm/r}$、$a_p=0.3\text{mm}$ 的切削条件下切削 45 号调质钢 4min 后的前刀面磨损形貌,测量得到 CT 和 WTT 刀具的名义刀-屑接触长度 l_f 分别为 $565\mu\text{m}$ 和 $497\mu\text{m}$。根据式(3-5)得到 WTT 刀具的实际刀-屑接触长度 l_f' 为 $250\mu\text{m}$,比 CT 刀具测量的名义刀-屑接触长度减小了 56%。根据三向切削力公式(1-4)、(1-6)和(1-7)可以得到,三向切削力的大小和刀-屑接触长度呈正比关系,相比于 CT 刀具,WTT 刀具能显著减小切削力。此外,由式(1-16)可知,在其他参数保持不变的条件下,刀具前刀面刀-屑接触区的平均温度 $\bar{\theta}_t$ 与刀-屑接触长度 l_f 的平方根 $\sqrt{l_f}$ 呈正向关系,即随着 $\sqrt{l_f}$ 减小,$\bar{\theta}_t$ 也减小,相比于 CT 刀具,WTT 刀具同样能够显著降低切削温度。

此外,试验采用的刀具基体为 YS8 硬质合金,其主要成分为 WC+Co+TiC。YS8 刀具材料的剪切强度 σ_{YS8} 为 $700 \sim 800\text{MPa}$,而 WS$_2$ 软涂层的剪切强度 σ_{WS_2} 只有 20MPa 左右。因此,在 YS8 刀具表面进行 WS$_2$ 软涂层,所得到的刀具前刀面上的平均剪切应力 $\bar{\tau}_c$ 将会大大降低。根据三向切削力公式(1-4)、(1-6)和(1-7)可知,三向切削力的大小和刀具前刀面上的平均剪切应力呈正比关系,WTT 刀具的三向切削力肯定小于 CT 刀具。此外,由式(1-16)可知,在其他参数保持不变的条件下,刀具前刀面刀-屑接触区的平均温度 $\bar{\theta}_t$ 与刀具前刀面上的平均剪切应力 $\bar{\tau}_c$ 呈正向关系,即随着 $\bar{\tau}_c$ 减小,$\bar{\theta}_t$ 也减小,相比于 CT 刀具,WTT 刀具同样能够降低切削温度。

　　根据上述分析,WTT 刀具融合了微织构和软涂层两种润滑技术,其中微织构具有减小刀-屑接触长度的作用,软涂层具有降低刀具前刀面上平均剪切应力的作用,这两种作用均能够有效降低三向切削力和切削温度,而这也验证了切削试验所测得的结果。

　　除了微织构和软涂层外,后刀面的磨损对切削力也有显著的影响。由于刀具后刀面发生磨损后改变了刀具与工件之间的接触方式,由理论上的线接触变为面接触,这样就使刀具后刀面与工件之间的摩擦力加大,导致主切削力和径向切削力增大;并且,随着刀具后刀面磨损宽度 VB 的不断增大,摩擦将继续加剧,切削力也将不断增大。根据 CT 和 WTT 刀具在 $v=150\text{m/min}$、$f=0.1\text{mm/r}$、$a_p=0.3\text{mm}$ 切削条件下切削 45 号调质钢 4min 后的后刀面磨损形貌,测量得到 CT 和 WTT 刀具的后刀面磨损宽度 VB 分别为 $87\mu\text{m}$ 和 $64\mu\text{m}$。由分析可知,后刀面磨损宽度 VB 减小,主切削力和径向切削力都将减小,而这也验证了切削试验所测得的切削力结果。

2. 软涂层微织构刀具的润滑作用机理

　　图 3-89 为在 $v=150\text{m/min}$、$f=0.1\text{mm/r}$、$a_p=0.3\text{mm}$ 切削条件下 WTT 刀具切削 2min 之后前刀面磨损形貌及对应的 Fe、S 和 Zr 元素分布的 EDS 分析。由图中可以看到,刀尖处及切屑流动方向黏结了部分铁屑,而 S 和 Zr 元素仍基本覆盖了整个前刀面(除了铁屑黏结的区域外)。

　　图 3-89 表明 WTT 刀具在切削 2min 后,WS_2 软涂层仍基本覆盖了整个刀-屑接触区域,分析原因得到软涂层微织构刀具的润滑作用机理:WTT 刀具中的微织构起到了存储 WS_2 软涂层的作用,当 WTT 刀具切削时,WS_2 软涂层在表面拖敷形成了一层极薄的润滑膜,润滑膜的形成能有效减小刀具的黏结和磨损,微织构的

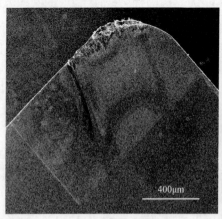

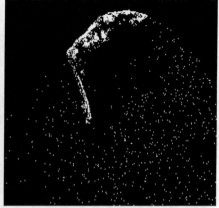

(a) 前刀面磨损形貌　　　　　　　　　　　　　　(b) Fe元素分布

(c) S元素分布　　　　　　　　　　　　　(d) Zr元素分布

图 3-89　WTT 刀具切削 2min 之后的前刀面磨损形貌及 EDS 分析

存在使刀-屑接触区域减小,在切削时刀具表面的 WS_2 软涂层会被挤压进微织构沟槽中,不容易被切屑带走,且当表面的润滑膜损耗或者破裂时,沟槽中的软涂层由于受热挤压会从沟槽中溢出到刀具表面,再次形成润滑膜,如此往复直至 WS_2 软涂层完全损耗完。对比 WCT 刀具,在切削时 WCT 刀具刀-屑接触面积较大, WS_2 软涂层容易被切屑带走,损耗较严重,并会产生大量铁屑黏结。因此,WTT 刀具能有效改善刀具的抗黏结、抗磨损性能,延长刀具寿命。

3.5　本章小结

(1) 通过分析不同软涂层材料的性能特点,优选出最适宜的刀具软涂层 WS_2。对软涂层材料与基体材料进行了物理和化学相容性分析,综合考虑优选出最佳的基体材料 YS8 和过渡层材料 Zr,发现添加 Zr 作为过渡层可以改善涂层刀具界面结合处的应力状态。

(2) 采用飞秒激光微加工技术制备微织构刀具,研究各个参数对微织构的影响,优化得到最佳的工艺参数,结合飞秒激光微加工的最优工艺参数,制备出了微织构刀具。

(3) 采用中频磁控溅射、多弧离子镀结合等离子体辅助沉积技术在微织构刀具表面沉积 WS_2 软涂层。研究 WS_2 软涂层的制备工艺参数对 WS_2 软涂层性能的影响,优化得到最佳的沉积工艺参数。结合 WS_2 软涂层刀具的结构和 WS_2 软涂层最佳的制备工艺参数,制备出了软涂层微织构刀具。

(4) 将传统 YS8 硬质合金刀具(CT)、WS_2 软涂层刀具(WCT)、微织构刀具(TT)和 WS_2 软涂层微织构刀具(WTT)进行车削对比试验,结果表明,相比于 CT

刀具，其余三种刀具均能够有效降低切削力、切削温度和刀具前刀面平均摩擦系数，其中 WTT 刀具作用最明显；在相同的切削条件下，WTT 刀具的抗黏结和抗磨损性能最好。

（5）揭示了 WTT 刀具的润滑作用机理，微织构能够减小刀-屑接触长度，软涂层能够降低前刀面上的平均剪切应力，两者均能显著降低切削力和切削温度。WTT 刀具中的微织构能起到存储 WS_2 软涂层的作用，当 WTT 刀具进行切削时，WS_2 软涂层在表面拖敷形成了一层极薄的润滑膜，当表面的润滑膜损耗或者破裂时，沟槽中的软涂层由于受热挤压会从沟槽中溢出到刀具表面，再次形成润滑膜，这样能明显改善刀具的抗黏结、抗磨损性能，延长刀具寿命。

第4章　基体表面织构化 TiAlN 涂层刀具的研究

本章将涂层技术与微织构技术相结合,提出基体表面织构化 TiAlN 涂层刀具的新概念。通过基体表面织构化,可改变基体表面微观结构,有效增加基体表面的比表面积,为涂层的涂覆提供良好的附着表面;另外,基体表面织构化能够改变刀-屑接触界面的接触特征,最终导致涂层刀具在切削过程中的摩擦状态发生显著改善。通过研究 TiAlN 涂层刀具基体材料表面微纳织构的制备工艺,结合物理气相沉积方法,成功制备出基体表面织构化 TiAlN 涂层刀具,系统研究基体表面织构化 TiAlN 涂层刀具微观结构、力学性能、摩擦磨损性能以及切削性能等,并深入分析其减摩作用机理。

4.1　基体表面织构化 TiAlN 涂层刀具的概念

在金属材料的加工过程中,涂层刀具由于具有较高的耐磨性能以及逐渐性磨损特性,切削性能往往有较大幅度的提高。然而,在难加工材料的高速切削加工中,涂层刀具的刀-屑接触区的摩擦系数往往较大,导致刀具切削力较大、切削温度较高;另外,涂层在黏着磨损的作用下,易发生涂层崩碎、剥落等现象,最终导致涂层快速失效。涂层是在另一种不同材料的基体表面沉积生长形成的,由于材料性能之间的差异,涂层与基体之间存在附着力和黏结性的问题,刀-屑接触界面间高机械应力以及高摩擦温度导致的黏着磨损往往会引起裂纹在涂层与基体结合界面处萌生,甚至导致涂层脱落等问题,造成涂层刀具过早失效。

TiAlN 涂层刀具材料主要存在三种断裂形式:发生在涂层材料内部的断裂、发生在涂层/基体结合界面上的界面断裂,以及同时发生在涂层材料内部以及涂层/基体结合界面上的断裂,如图 4-1 所示。涂层材料内部的断裂:金属切削加工过程中,刀具与工件材料之间存在剧烈的相互挤压与摩擦,形成了前刀面/切屑和后刀面/工件已加工表面的两方面摩擦,其中刀-屑摩擦往往会导致高达数吉帕的压力。在高接触载荷的作用下,最大有效应力或剪应力存在于接触载荷的作用点平面上,当有效应力或剪切应力数值超过某一临界值时,涂层内部高应力区将出现微孔,在机械和热载荷作用下这些孔洞、裂纹快速扩展并连接在一起形成垂直于涂层表面的裂纹,最终到达涂层与基体的结合界面处,从而引起涂层的断裂和脱落,如图 4-1(a)所示。涂层/基体结合界面上的界面断裂:根据不同的膜-基作用及结合形态,涂层与基体结合状态主要呈现四种形式:机械啮合界面、物理结合界面、元素扩展界面以及化学键合界面。无论在哪种结合状态,当切削过程引起的机械载荷和热载荷施加在涂层刀具表面时,在结合界面处均将产生较大的应力;另外,在涂层制备过程中,涂层与基体材料不同的弹性模量、热膨胀系数以及塑性行为等将会造成膜-基结合界面处残余应力的存在。这两种不同类型的应力均会导致涂层与基体之间附着性的降低,当应力值超过涂层与基体界面的结合强度临界值时,大量的微孔洞将出现在界面边界处,并可逐渐生长连接在一起,最终引起涂层大面积的剥落,如图 4-1(b)所示。因此,TiAlN 涂层刀具除应具有较好的耐磨性外,尤为重要的是应具有良好的膜-基结合强度,以及抵抗裂纹和剥落产生的能力,防止发生由黏着磨损引起的涂层脱落现象,以提高涂层刀具的切削加工性能。

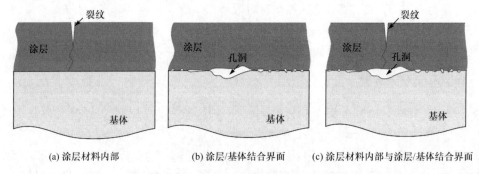

(a) 涂层材料内部　　　　(b) 涂层/基体结合界面　　　(c) 涂层材料内部与涂层/基体结合界面

图 4-1　发生在不同位置的涂层断裂形式

　　基于以上分析,提出基体表面织构化 TiAlN 涂层刀具的新概念和新思路:基体表面加工纳米级织构,能够有效增加比表面积,为 TiAlN 涂层的涂覆提供良好的附着表面,增强 TiAlN 涂层与基体之间的结合强度,提高涂层在切削加工过程中的抗剥落能力;在基体表面加工出尺寸较大的微米级织构,一方面可增加 TiAlN 涂层与基体的实际接触面积从而改善涂层的结合性能,另一方面可促进切削液渗入刀-屑接触区域,增强切削液的润滑作用能力,改善 TiAlN 涂层刀具在切削过程中刀-屑接触区域的摩擦状态,提高涂层刀具的减摩抗磨特性;基体表面微纳复合织构化可以将表面分离出两种或多种不同的功能成分,分别承载不同的作用。

　　根据刀具切削时切屑流动特点以及相关研究结果可知,织构方向平行于主切削刃的织构刀具优于织构方向垂直于主切削刃的织构刀具,因此所制备刀具织构方向均平行于主切削刃;另外,为避免所加工织构对刀尖强度的影响,织构位置与主切削刃之间应存在一定的距离。综合考虑切削加工时织构对刀具应力的影响以及刀-屑接触长度,所设计的 TiAlN 涂层刀具基体表面微织构、纳织构以及微纳复合织构图案分布及尺寸示意图如图 4-2 所示。

　　图 4-3 为基体表面织构化 TiAlN 涂层刀具截面示意图。其中,图 4-3(a)为基

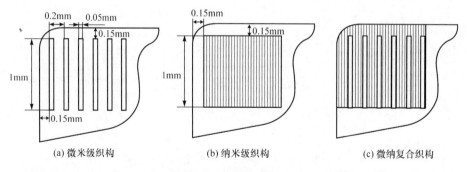

图 4-2　基体表面织构图案分布及尺寸示意图

体表面微织构化 TiAlN 涂层刀具的示意图,将其命名为 MCT;图 4-3(b)为基体表面纳织构化 TiAlN 涂层刀具的示意图,将其命名为 NCT;图 4-3(c)为基体表面微纳复合织构化 TiAlN 涂层刀具的示意图,将其命名为 MNCT。

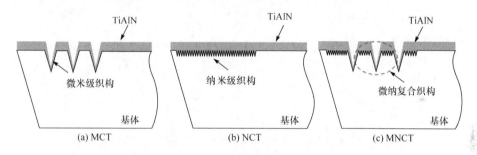

图 4-3　基体表面织构化 TiAlN 涂层刀具截面示意图

利用激光微加工技术进行基体表面织构化,其中,对于尺寸较小且加工精度要求较高的纳米级织构的制备,选用脉冲宽度短的飞秒激光加工技术;而当加工尺寸较大的微米级织构时,选用脉冲宽度较大,且成本相对较低、工作效率较高的纳秒激光加工技术。基体表面织构化 TiAlN 涂层刀具的制备工艺路线如图 4-4 所示。图 4-4(a)为 MCT 刀具:首先利用纳秒激光在刀具基体表面加工出微米级织构,然后采用真空阴极电弧离子镀技术在微织构化基体表面沉积 TiAlN 涂层。图 4-4(b)为 NCT 刀具:首先利用飞秒激光在刀具基体表面加工出纳米级织构,然后采用真空阴极电弧离子镀技术在纳织构化基体表面沉积 TiAlN 涂层。图 4-4(c)为 MNCT 刀具:首先利用纳秒激光在刀具基体表面制备出微米级织构,然后利用飞秒激光在微织构化基体表面制备出纳米级织构,最后采用真空阴极电弧离子镀技术在微纳复合织构化基体表面沉积 TiAlN 涂层。另外,为与基体表面传统处理方法进行对比试验,同时制备了基体表面无织构的 TiAlN 涂层刀具,将其命名为 CCT 刀具。

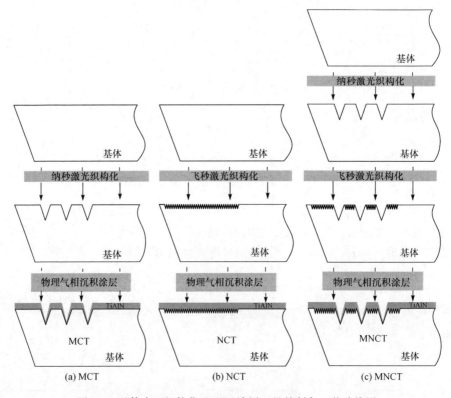

图 4-4　基体表面织构化 TiAlN 涂层刀具的制备工艺路线图

4.2　TiAlN 涂层刀具基体表面微纳织构的制备

4.2.1　TiAlN 涂层刀具基体材料的确定

　　TiAlN 涂层刀具的基体材料通常需具有以下性能：较高的硬度、良好的韧性以及较高的强度；与 TiAlN 涂层材料相匹配的化学成分；与 TiAlN 涂层材料相近的热膨胀系数、弹性模量等性能参数。高速钢材料具有最好的韧性，然而其硬度与 TiAlN 涂层材料相比过低，并且还会随着温度的升高而大幅度降低，因此无法给予 TiAlN 涂层足够的支撑；陶瓷材料虽具有足够的硬度，但其脆性过高，抗弯强度太低，在切削过程中容易发生由冲击载荷引起的刀刃崩裂现象，从而造成涂层刀具过早失效。而硬质合金材料由硬度较高的硬质相和韧性较好的黏结相组成，因此其硬度、韧性等综合性能较好。所以，选用硬质合金材料作为 TiAlN 涂层刀具的基体材料。WC/Co 硬质合金的热膨胀系数和弹性模量与 TiAlN 涂层虽存在一定程度的差异，但仍在合理范围之内。基于此，选用 YG6 硬质合金作为 TiAlN 涂层刀具基体材料,其主要成分为 WC 和 Co,材料性能如表 4-1 所示。

表 4-1　硬质合金基体材料性能

成分(质量分数)	密度 /(g/cm³)	硬度 /GPa	断裂韧性 /(MPa·m^{1/2})	热导率 /(W/(m·K))	热膨胀系数 /(10^{-6}K^{-1})
WC+6% Co	14.6	16.0	14.8	75.4	4.4

4.2.2　基体表面微纳织构的制备工艺

1. 试验设备

采用波长为 808nm 的半导体激光二极管 Nd:YAG 泵浦固体激光器系统在基体表面加工微米级织构。Nd:YAG 泵浦固体激光器主要技术参数如表 4-2 所示。该设备在工作中,工作介质会产生大量的反转粒子,导致激光束的形成,从而将激光的高能量作用于工件表面,瞬间使工件表面汽化。在纳秒激光加工过程中,采用"工件不动,激光束动"的方式来实现光斑对工件的加工,将高重复频率和高能量密度的脉冲激光作用于被加工材料表面并使之熔化,并按设定的图案等间距地逐点辐射在试样表面,从而加工出具有一定深度的均匀沟槽结构。

表 4-2　Nd:YAG 泵浦固体激光器主要技术参数

工作介质	最大功率	波长	最大重复频率	脉冲宽度
钇铝石榴石	50W	1064nm	20kHz	10ns

采用钛宝石飞秒激光系统加工纳米级织构。试验所用飞秒激光器为美国相干公司生产的钛宝石飞秒固体激光器,其主要技术参数如表 4-3 所示。在飞秒激光加工试验过程中,从激光器射出的激光束首先经过光阑调整光斑大小,然后经过最小分辨率为 1ms 的光闸控制激光通断的时间,最后利用衰减片控制激光功率。飞秒激光经过全反镜调整路径之后透过焦距为 20cm 的凸透镜得到光斑直径为 5μm 的激光束,并最终辐照在待加工表面,而在加工试验前,把待加工表面朝上固定在可实现 X、Y、Z 三个方向运动的位移平台上,将脉冲激光等间距作用于材料表面,并按一定运动速度及设定图案辐射在试样表面,从而形成均匀的周期性纳米级织构。

表 4-3　钛宝石飞秒固体激光器主要技术参数

工作介质	波长	脉冲宽度	重复频率	最大功率
钛宝石	800nm	120fs	500Hz	1W

试验后,利用超声清洗将试样清洗 20min,干燥后使用扫描电子显微镜(SEM,型号为 JEOL JSM-6510LV)观测纳秒激光及飞秒激光在刀具基体表面加工的微纳米织构形貌,并采用与 SEM 设备配套的 X 射线能谱仪(EDS,型号为 Oxford INCA Penta FETX3)进行化学成分、分布分析;采用 Wyko NT9300 型白光干涉仪观测纳秒激光加工的微米级织构三维形貌及几何尺寸;利用原子力显微镜(AFM)观测飞秒激光加工的纳米级织构几何尺寸及表面粗糙度。

2. 基体表面微织构的制备

当纳秒激光加工硬质合金基体材料时,表面微沟槽的形成主要利用熔化、直接蒸发去除机理实现。其中,入射激光加工工艺参数决定加工织构的表面质量、几何尺寸等,以至于影响后续在其表面沉积的 TiAlN 涂层性能。

图 4-5 为扫描速度 15mm/s、泵浦电压 8V、重复频率 5kHz、扫描 1 遍条件下,纳秒激光加工的微织构表面形貌及相应的 O 元素面扫描 EDS 成分分析。可见,材料表面形成了熔池状微结构,表明此时激光入射能量大于硬质合金材料烧蚀阈值,材料表面得以迅速液化、汽化。图 4-5(a)中右上角微织构剖面形貌显示,织构截面呈三角形状,这是由入射激光光束能量呈现高斯分布状态导致的。另外,激光加工形成的热影响区由三个不同区域组成,如图 4-5(a)所示。微织构内部的微观形貌呈现为液滴状结构和鱼鳞状结构,其为深度烧蚀区域(A 区,见图 4-5(c))。其中,鱼鳞状结构是由激光冲击引起的液相爆炸、汽化所产生的等离子体、高速气流而形成的;液滴状结构是由未及时溅射出沟槽内部的熔化液滴凝结而形成的。当激光束造成的压力值高于硬质合金表面张力时,熔融物会被溅射出,并在极短的时间内冷凝,从而在织构边缘形成材料重铸区域(B 区)。紧邻材料重铸区域的为改性区(C 区),该区域虽无明显的宏观形貌变化,但由于强大的库伦斥力,材料团簇爆炸发生后喷发出的各个正离子间无法凝聚形成大的颗粒,导致其微观形态表现为紧凑的纳米颗粒状形貌,如图 4-5(b)所示。另外,由热影响区 O 元素面扫描 EDS 成分分析(图 4-5(d))可知,在材料烧蚀及熔融物冷凝过程中发生了氧化反应,织构边缘 O 元素含量非常高,尤其是改性区(C 区)。

试验利用单因素法,即控制其他激光加工参数不变(泵浦电压 7.5V,重复频率 5kHz,扫描 1 遍),调整激光器的扫描速度(1～200mm/s),首先研究分析不同扫描速度对所加工微织构表面形貌的影响规律。不同的激光速度导致单位面积上不同的激光脉冲数目,往往造成单位面积上不同的累积能量。

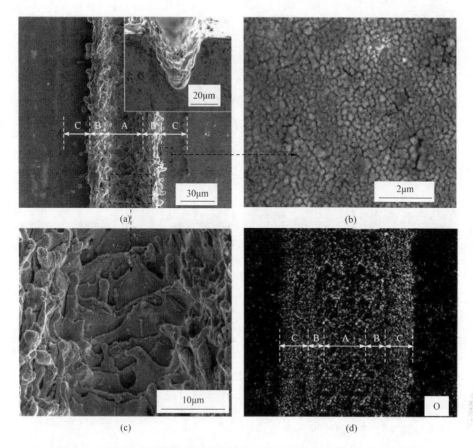

图 4-5　微织构表面热影响区形貌及相应的 O 元素面扫描 EDS 成分分析

图 4-6 为不同扫描速度下基体表面加工的微织构表面 SEM 图及相应的三维形貌图。可见,当激光扫描速度为 1mm/s 时,基体表面并未形成连续的微沟槽结构,且沟槽内部存在重铸层沉积,造成沟槽内部的堵塞(图 4-6(a))。当扫描速度增加至 10mm/s 时,加工的微沟槽底部以及侧壁相对平整,此时沟槽形貌较为规则清晰(图 4-6(b))。随着扫描速度继续增加至 60mm/s 时,可见微沟槽深度明显变小,熔融材料被溅射重铸在底部呈鱼鳞状分布(图 4-6(c))。当扫描速度继续增加至 200mm/s 时,过高的扫描速度导致激光脉冲的重合度很低,单位面积上的累积能量不足以形成连续且沟槽深度明显的微织构形貌(图 4-6(d))。

当扫描速度过低时,沉积在单位面积上的能量过大,导致熔池内液相不能及时溅射出,从而沉积在沟槽内部,造成沟槽内部的堵塞,如图 4-6(a)所示。而当扫描速度增加到一定程度时,光斑的重合率较低,沉积在单位面积上的脉冲数目较少,能量较低,导致加工的微沟槽深度很浅,如图 4-6(c)和(d)所示。综合考虑加工质量与加工效率,经过重复试验得出当激光扫描速度为 10～20mm/s 时加工的微沟

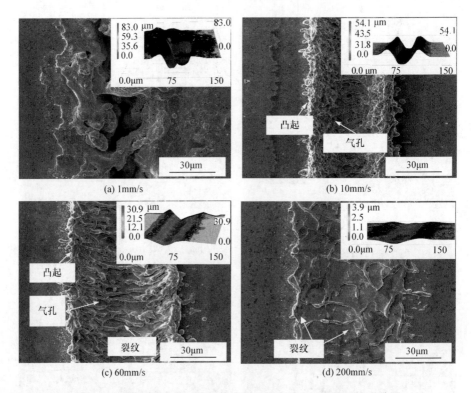

图 4-6　不同扫描速度下微织构表面 SEM 图及相应的三维形貌图

槽表面质量较好,能满足实际加工要求。

　　Nd:YAG 泵浦固体激光器中的泵浦电压影响激光功率,从而对加工的微织构表面形貌产生显著影响。因此,研究了不同泵浦电压下基体表面形成的微织构形貌的演变规律,其中保持扫描速度为 15mm/s,重复频率为 5kHz,扫描 1 遍,调整泵浦电压为 5～14V。

　　图 4-7 为不同泵浦电压下加工的微织构表面形貌 SEM 图及相应的三维形貌图。由图 4-7(a)可知,当泵浦电压为 5V 时,硬质合金表面形成了宽度、深度值较小且不规则的微沟槽结构,这说明当泵浦电压为 5V 时,激光功率密度虽高于材料的表面烧蚀阈值,材料表面发生了激光烧蚀痕迹,但能量密度不足以使表面发生有效的液化和汽化现象,从而导致加工表面未形成清晰、规则的微沟槽结构。当泵浦电压增加时,激光功率相应增加,基体材料表面单位面积吸收的光子能量也随之增加,因此材料表面的去除量增加,可形成清晰明显的微沟槽织构。如图 4-7(b)所示,当泵浦电压增加为 8V 时,微沟槽表面形貌变得较为清晰、规则,其深度、宽度均得到了一定程度的增长,且沟槽底部均匀,两侧虽有沉积的重铸层,但由三维形貌图可见其边缘较整齐,未出现明显的裂纹等损伤。随着泵浦电压的继续增加

（11V 和 14V），加工的微沟槽底部及两侧边缘处变得不平整，且出现了大量的裂纹、气孔等缺陷，如图 4-7(c) 和 (d) 所示。其中，裂纹的产生主要是由较大的激光能量密度引起液相爆炸和等离子体时内部产生的高压以及高的热冲击而造成的；气孔是熔化的液滴在冷凝过程中内部气体未能及时逸出而诱发产生的。同时，过高能量密度引起的等离子体波往往产生反向冲击，导致激光加工表现出不稳定性，最终引起加工的微沟槽边缘的不均匀性。因此，当利用纳秒激光在基体表面进行微织构化过程时，最佳的泵浦电压为 7～9V，在此参数下微沟槽表面形貌较为清晰、规则。

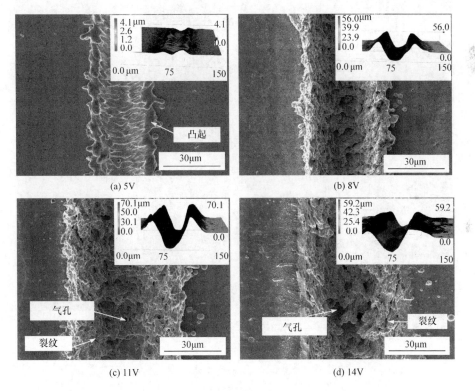

图 4-7　不同泵浦电压下微织构表面形貌 SEM 图及相应的三维形貌图

重复频率作为 Nd：YAG 泵浦固体激光器的重要参数，其决定着沉积到单位面积上的脉冲数量、能量，从而对加工的微织构表面形貌有着显著影响，因此试验研究了不同重复频率对加工微织构表面形貌的影响规律，其中保持扫描速度为 15mm/s，泵浦电压为 7.5V，扫描 1 遍，调整重复频率为 1～19kHz。

图 4-8 为不同重复频率条件下加工的微织构表面形貌 SEM 图及相应的三维形貌图。由图 4-8(a) 可见，当重复频率为 1kHz 时，沉积在单位面积上的脉冲数目较少，能量较低，导致加工的微沟槽深度很浅，因此表面微沟槽并不清晰、明显。当

重复频率增加到 7kHz 时,单位面积上的脉冲数量增多,光斑形成的孔群变密集,加工的微沟槽两侧的重铸层现象虽有所增加,但深度也有所增加,微沟槽底部较为平坦,且内壁较为均匀,如图 4-8(b)所示。随着重复频率继续增加,过多的脉冲能量导致材料烧蚀严重,沟槽深度有所增加,同时沟槽边缘处重铸层凸起变得非常严重,且沟槽内部及边缘处均分布着大量的裂纹、气孔等缺陷,如图 4-8(c)所示。当重复频率增加到一定程度时,被加工区域上方会形成等离子云,它将吸收部分激光能量,从而影响光束的均匀性,导致微沟槽的表面质量进一步下降(图 4-8(d))。

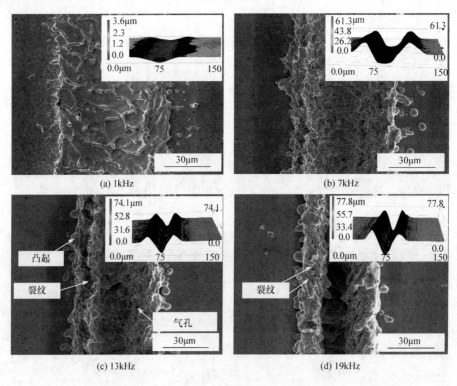

图 4-8　不同重复频率下微织构表面形貌 SEM 图及相应的三维形貌图

同样,激光扫描遍数也会对加工的微织构表面形貌产生影响,为研究激光扫描遍数对微织构表面质量的影响,试验依然采用单因素法,即控制其他激光加工参数不变(扫描速度 15mm/s,泵浦电压 7.5V,重复频率 7kHz),调整激光器的扫描遍数(1~10 遍)。

图 4-9 为不同扫描遍数下加工的微织构表面形貌 SEM 图及相应的三维形貌图。从图中可以看出,当扫描 1 遍时,微织构表面形貌较为规则、清晰,且织构内部及边缘处较为均匀(图 4-9(a));当扫描增加到 3 遍时,沉积在单位面积上的脉冲数和能量增加,材料去除量增加,织构深度变大,宽度稍微降低,微沟槽内部及边缘处

形貌依然较为均匀(图 4-9(b));随着扫描遍数继续增加,当扫描 5 遍时,由于微沟槽深度较深,熔池内部熔融的材料不能及时溅射出来,从而导致加工的微织构表面质量变差,沟槽内部出现了大量的熔渣重铸现象,且边缘处重铸层严重,非常不齐整(图 4-9(c));当扫描 10 遍时,单位面积上沉积的脉冲数和能量过大,造成表面烧蚀非常严重,沟槽内壁及两侧边缘处均出现了大量的重铸层,同时,高热应力、高冲击力以及高能液相爆炸波导致加工表面存在严重的裂纹等缺陷。因此,试验结果表明,过高的扫描遍数会严重影响微织构的加工质量,而当扫描遍数为 1~3 时加工的微织构表面质量较好。

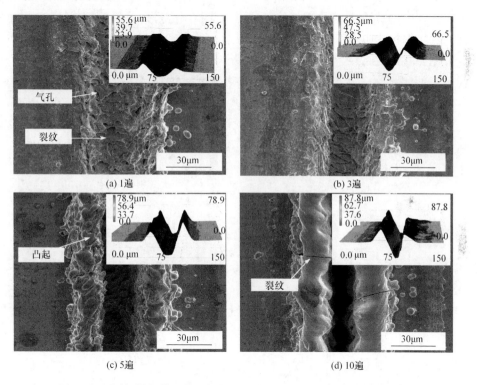

(a) 1遍　　　　　　　　　　　　　　(b) 3遍

(c) 5遍　　　　　　　　　　　　　　(d) 10遍

图 4-9　不同扫描遍数下微织构表面形貌 SEM 图及相应的三维形貌图

图 4-10 为微织构宽度和深度随纳秒激光加工参数(扫描速度、泵浦电压、重复频率和扫描遍数)的变化曲线。可见,随着纳秒激光扫描速度的增加,加工的微织构宽度呈现先增加后轻微降低的变化趋势,而微织构深度呈现为明显降低趋势(图 4-10(a))。分析可知,当增加纳秒激光扫描速度时,材料表面单位面积上沉积的有效脉冲数目、能量降低,材料去除率随之降低,因此加工的微沟槽深度降低。另外,随着泵浦电压从 5V 增加到 14V,加工的微沟槽宽度和深度均呈现先快速增长后缓慢降低的趋势(图 4-10(b))。在激光加工过程中,保持扫描速度恒定,则单

位面积上接受的激光脉冲数保持不变,故单脉冲能量决定着单位面积上的激光能量。当泵浦电压较小时,激光单脉冲能量较小,而激光束能量呈高斯分布状态,只有光轴处能量能够达到材料表面烧蚀阈值,因此仅中间部分能量足够产生烧蚀而形成沟槽状结构,从而导致微织构深度和宽度均较小。随着泵浦电压的增加,激光能量密度也随之增加,加工过程中产生的气相物质以及由高压蒸气带走的液相物质也相应增多,因此微织构宽度、深度随之增大。泵浦电压继续增加,被烧蚀材料增多,当加工到一定程度后,沟槽内壁的反射、投射以及激光的散射使材料的吸收和抛出力减小、排屑困难,造成微沟槽宽度和深度反而有一定程度的降低。在激光加工过程中,激光脉冲宽度保持不变以及离焦量不能过大,因此激光能量的增加对加工的微织构几何尺寸的影响较小。

图 4-10(c)和(d)为微织构宽度和深度分别随重复频率和扫描遍数的变化曲线。可见,微织构宽度随着重复频率和扫描遍数的增加呈现降低的趋势,而深度随着重复频率和扫描遍数的增加呈现逐渐增加的趋势。由图 4-8 和图 4-9,以及相应的分析研究可知,当重复频率和扫描遍数增加时,单位面积上的脉冲数相应增加,从而造成织构的深度逐渐增加;然而,累积能量的增多同样会导致熔融物的增多而重铸在沟槽两侧,进而使微织构宽度有所降低。

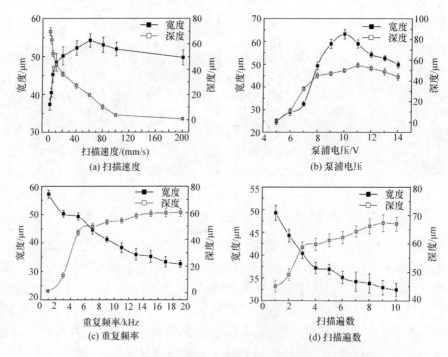

图 4-10　微织构宽度和深度随纳秒激光加工参数的变化曲线

综上所述,纳秒激光在 WC/Co 硬质合金表面诱导加工微织构的最佳激光加工参数为:泵浦电压 8V,扫描速度 15mm/s,重复频率 7kHz,扫描 2 遍。此加工参数下制备得到的微织构表面形貌最为清晰、均匀、连续且统一。考虑到在微织构两侧形成的火山坑状的重铸层会影响之后纳米级织构的加工及 TiAlN 涂层的沉积制备过程,因此表面织构化后,利用研磨、抛光方法将微织构两侧的重铸层去除,并用超声清洗仪对试样进行清洗。根据设计的基体表面微米级织构图案,结合最佳激光加工参数制备出的基体表面微织构形貌如图 4-11 所示。由图可见,微织构表面形貌均匀、整齐,表面质量较好,且微织构截面呈三角形状,织构宽度约为50μm,深度约为 48.9μm。

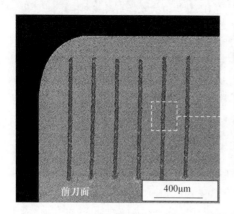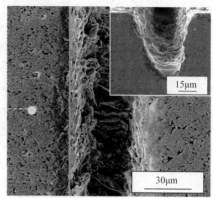

图 4-11　TiAlN 涂层刀具基体表面微织构形貌

3. 基体表面纳织构的制备

图 4-12 给出了 WC/Co 硬质合金表面在激光辐照后辐照区域中心位置的表面周期性纳米波纹结构随激光单脉冲能量变化的形貌特征。从图中可以看出,随着激光能量的增加,纳织构的周期有降低趋势且纳织构本身的形貌特征也有明显不同。图 4-12(a)是在相对较低的单脉冲能量(1.5μJ)下诱导加工出的纳织构 SEM图,可以看出,较低单脉冲能量的飞秒激光未能使整个加工区域均形成周期性纳米波纹结构。当单脉冲能量升高到 2μJ 时,如图 4-12(b)所示,整个加工区域均出现了周期性纳米波纹结构,但形成的纳织构较浅,并且在加工区域内形貌不统一。而当单脉冲能量为 2.5μJ 时,整个加工区域形成的周期性纳米波纹非常清晰、规则、连续且均匀,但出现了类似熔化现象(图 4-12(c))。当激光单脉冲能量继续升高时,如图 4-12(d)所示,纳织构出现了明显的熔化特征,有少量的烧蚀氧化物黏结在加工表面上,并且纳织构的谷部分所占比例明显增加,而峰部分变得非常薄、细长。随着飞秒激光单脉冲能量继续增加,如图 4-12(e)所示,硬质合金表面加工区域被大量的材料覆盖,在图中仅能隐约看到未被覆盖的结构,这是由过高的单脉冲

能量导致表面材料烧烛氧化并黏结在纳织构表面上而造成的。因此,综上分析,当单脉冲能量为 2.5μJ 时,飞秒激光在 WC/Co 硬质合金表面加工出的周期性纳米波纹结构最规则、连续且均匀。

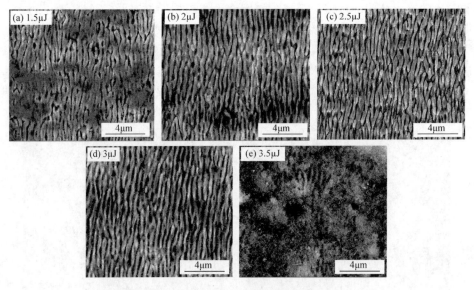

图 4-12　纳织构表面形貌随单脉冲能量的变化
扫描速度 300μm/s,扫描间距 5μm

　　改变飞秒激光扫描速度,观察扫描速度对飞秒激光诱导周期性纳米织构表面形貌的影响。在单脉冲能量为 2.5μJ、扫描速度为 100~1000μm/s 的条件下,激光加工的表面纳织构形貌如图 4-13 所示。可以看出,随着扫描速度的降低,在 WC/Co 基体表面首先出现了不均匀、不规则的纳米波纹结构(图 4-13(a)和(b)),当扫描速度降低到一定程度时整个加工区域形成连续、均匀且有序的周期性纳米波纹结构(图 4-13(c))。随着扫描速度的继续降低,纳米波纹出现了熔化相特征,当飞秒激光扫描速度为 200μm/s 时,形成的纳米织构表面出现了部分黑色区域,这是由大量激光脉冲辐射在同一位置导致的表面氧化而引起的。同时,当扫描速度较低时,飞秒激光在基体表面诱导形成的纳织构比较细短且不规则,如图 4-13(d)和(e)所示。而当扫描速度降至 100μm/s 以下时,表面纳米波纹结构消失,这是由激光过度烧蚀所致。

　　飞秒激光正入射辐照 WC/Co 硬质合金基体表面时,随着单脉冲能量增大,或扫描速度降低,纳织构形貌发生变化,在最初较低入射能量辐射下不能诱导整个加工区域形成纳织构,随着入射能量达到一定数值时周期性纳米波纹结构开始形成于整个加工区域;入射能量继续增加,周期性纳米波纹结构消失。由上述分析可知,当单脉冲能量为 2.5μJ、扫描速度为 500μm/s 时,飞秒激光在 WC/Co 硬质合

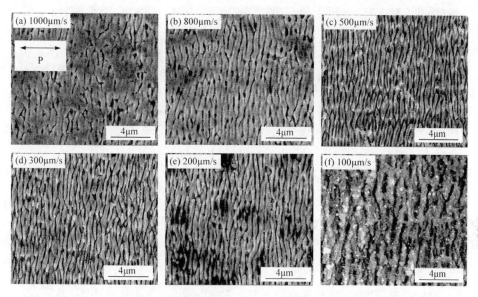

图 4-13　纳织构表面形貌随扫描速度的变化

单脉冲能量 2.5μJ,扫描间距 5μm

金基体表面诱导的周期性纳米织构形貌最均匀、连续。飞秒激光诱导加工周期性纳米波纹结构时,另一个重要的影响参数为飞秒激光的扫描间距。为探究扫描间距对加工表面形貌的影响,保持单脉冲能量为 2.5μJ、扫描速度为 500μm/s,只改变扫描间距进行表面纳织构的制备。

　　根据之前的观察,飞秒激光单扫描形成的有效辐射直径约为 5μm。当激光扫描间距大于辐射直径时,将会导致试样表面部分区域未被辐射到,形成不连续的表面纳米波纹结构。因此,为保证整个加工区域能够被激光辐射加工,调整飞秒激光扫描间距参数分别为 1μm、3μm 和 5μm,以研究飞秒激光重叠点对加工的纳织构的影响。图 4-14 为不同扫描间距的飞秒激光在 WC/Co 硬质合金基体表面加工的纳织构形貌。可见,当扫描间距小于飞秒激光光斑直径时,硬质合金表面的同一区域可能出现重复扫描,故形成的周期性纳米织构覆盖了整个加工表面。当飞秒激光扫描间距等于激光光斑直径时,硬质合金表面形成了连续、清晰且均匀的周期性纳米织构(图 4-14(c))。但当扫描间距为 1μm 时,如图 4-14(a)所示,过小的扫描间距导致同一区域过多的重复扫描,以至于纳织构区域出现了明显的熔化相特征,形成了许多黑色过度烧蚀痕迹,与图 4-14(c)所示的纳织构相比,其织构峰部分减少,而谷部分所占比例明显增大。当扫描间距为 1μm 时,加工的纳织构表面形貌细长,但不均匀且连续性不够,这种情况同样出现在扫描间距为 3μm 时,如图 4-14(b)所示。由此可知,当飞秒激光辐照直径与其光斑直径相同,即扫描间距为 5μm 时,飞秒激光在 WC/Co 硬质合金表面加工的周期性纳米波纹结构表面质量最优。

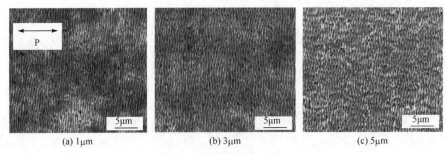

(a) 1μm　　　　　　　(b) 3μm　　　　　　　(c) 5μm

图 4-14　纳织构表面形貌随扫描间距的变化
单脉冲能量 2.5μJ,扫描速度 300μm/s

利用 AFM 可测得纳织构的周期、深度。图 4-15 为飞秒激光在 WC/Co 硬质合金表面诱导的纳织构的 AFM 图和界面轮廓图。利用 AFM 可得到纳织构的三维形貌,选择垂直于织构方向的一个面进行"剖切",得到了纳织构的截面形状,可见纳织构的周期约为 550nm,槽深约为 150nm。

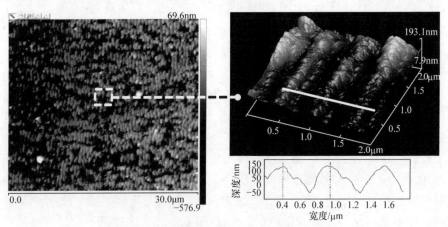

图 4-15　纳织构的三维形貌及二维轮廓曲线
单脉冲能量 2.5μJ,扫描速度 500μm/s,扫描间距 5μm

图 4-16 为形成于 WC/Co 硬质合金表面的纳织构周期、深度随单脉冲能量、扫描速度的变化。可见,随着单脉冲能量从 1.5μJ 增长到 3μJ,纳织构的周期呈近似线性的降低趋势,周期平均值从 1.5μJ 的 520nm 降低到 3μJ 的 486nm,同时相邻纳织构间距变宽。另外,纳织构槽深随着激光单脉冲能量的增大而增大,纳织构槽深的平均值从 68nm 增大到 178nm。

图 4-17 为飞秒激光加工的纳织构的周期及深度随激光扫描间距的变化趋势。可见,随着激光扫描间距数值从 1μm 增加为 5μm,形成于 WC/Co 硬质合金基体表面的纳织构周期平均值从 493nm 逐渐增大到 550nm。由此可知,当飞秒激光扫描间距小于激光的光斑直径,即扫描间距为 1μm 和 3μm 时,激光会在同一加工区域重复扫描,导致形成的纳织构周期发生变化,重复扫描次数越多,周期值越小,即

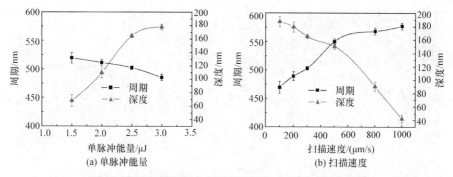

图 4-16　纳织构周期和深度随激光加工参数的变化曲线

纳织构周期随着激光扫描间距的减小而减小。另外,由纳织构的深度随飞秒激光扫描间距的变化趋势可以看到,当扫描间距从 1μm 增加到 5μm 时,形成于 WC/Co 硬质合金基体表面的纳织构深度平均值从 175nm 降低到 150nm,同时纳织构的深度值越来越稳定。

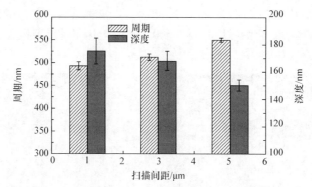

图 4-17　纳织构周期和深度随激光扫描间距的变化
单脉冲能量 2.5μJ,扫描速度 500μm/s

综上所述,飞秒激光在 WC/Co 硬质合金基体加工周期性纳米波纹结构的最佳工艺参数如下:单脉冲能量为 2.5μJ,扫描速度为 500μm/s,扫描间距为 5μm。根据设计的基体表面纳米级织构图案,结合最佳激光加工参数制备出的基体表面纳织构形貌如图 4-18 所示,可见,纳织构形貌清晰、均匀、连续且统一;另外,纳织构周期为 550nm,槽深为 150nm。

4. 基体表面微纳复合织构的制备

由上述分析可知,纳秒激光在 WC/Co 硬质合金表面加工微米级织构的最佳工艺参数为:泵浦电压为 8V,扫描速度为 5mm/s,重复频率为 7kHz,扫描 2 遍;飞秒激光加工周期性纳米级织构的最佳工艺参数为:单脉冲能量 2.5μJ,扫描速度 500μm/s,扫描间距 5μm。由此制备的刀具基体表面微米级织构和纳米级织构形

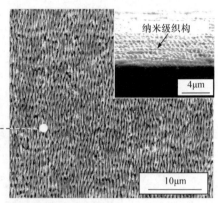

图 4-18　TiAlN 涂层刀具基体表面纳织构形貌

貌最为均匀连续,表面质量最好。为制备得到基体表面微纳复合织构,首先利用纳秒激光在最优的激光加工参数下加工微米级织构;然后利用研磨、抛光方法将微织构两侧的重铸层去除,并用超声清洗仪对试样进行清洗;最后采用优化后的飞秒激光在微米级织构基体表面诱导加工出周期性纳米波纹结构。根据设计的基体表面微纳复合织构图案,结合纳秒、飞秒激光微加工的最优工艺参数制备出的基体表面微纳复合织构形貌如图 4-19 所示。

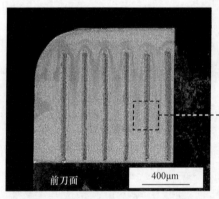

图 4-19　TiAlN 涂层刀具基体表面微纳复合织构形貌

4.3　基体表面织构化对 TiAlN 涂层微观结构及力学性能的影响研究

4.3.1　基体表面织构化 TiAlN 涂层刀具的制备

1. TiAlN 涂层的制备工艺

离子镀技术是结合了蒸镀与溅射技术而发展的一种物理气相沉积(PVD)技

术,如图 4-20(a)所示,其能使真空腔体中的蒸发源与基体之间产生辉光放电或者弧光放电,靶材蒸发在气体放电中进行。在碰撞和电子撞击过程中,会产生气体、靶材粒子,并且离子在电场的作用下加速飞向基体表面,从而在离子轰击作用下发生凝结而形成涂层。恰恰由于这种轰击,吸附于基体或涂层上的气体分子加速脱附,导致涂层中气体含量的降低,从而提高制备涂层的密度,细化涂层的微观组织。这些过程均有利于提高制备涂层的质量。同时,此技术还具有涂覆复杂外形表面的能力。采用的涂层设备为真空阴极电弧离子镀膜机,其装置示意图如图 4-20(b)所示。此设备使用冷阴极弧光放电型蒸发源,在工作时其既是离化源又是蒸发源。设备在运行过程中,利用在引弧电极与阴极之间加上一触发电脉冲的引弧方法,在真空室形成的阳极与蒸镀材料制成的阴极之间引发弧光放电,同时产生高密度的金属蒸发等离子体。因此,在阴极表面形成无数的阴极斑点,而阴极斑点的无规则运动将导致大面积的阴极物质被均匀蒸发。蒸发出的物质会迅速被高温离化。利用磁场将电子及等离子体约束在阴极表面附近,并且推动阴极斑点不断移动。

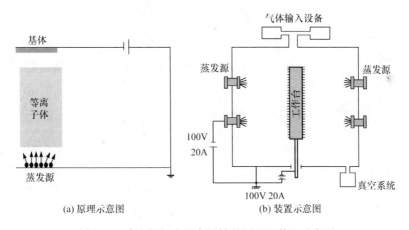

图 4-20 真空阴极电弧离子镀的原理及装置示意图

由于电弧离子镀制备的涂层微观结构致密、均匀,质量较好,且沉积速率高,绕射性强,可进行大面积沉积,在实际生产领域应用最为广泛。在进行 TiAlN 三元涂层的制备时,选用一对独立的 Ti 靶和 TiAl 靶(纯度分别为 99.9%)作为金属靶材,工作气体和反应气体分别为高纯氩气和氮气(纯度均为 99.9%)。图 4-21 为 TiAlN 涂层制备的工艺流程图,具体制备工艺步骤如下。

(1) 基体试样制备。根据 4.2 节所述,共制备了三种 WC/Co 硬质合金基体,分别为表面微织构化基体、表面纳织构化基体以及表面微复合织构化基体。另外,为与基体表面传统处理方法进行对比试验,同时制备了无织构基体。因此,选取已经制备好的无织构以及织构化硬质合金基体作为基体材料。

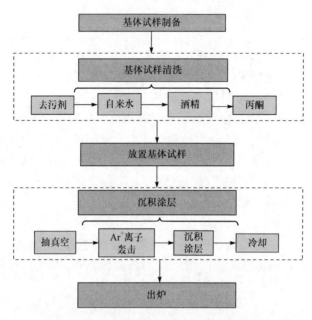

图 4-21 TiAlN 涂层制备的工艺流程图

（2）基体试样清洗。在相同膜-基组合条件下,基体表面的清洁度影响着涂层的结合强度。基体放置在真空室前的清洗工艺流程为:在温度为 60～70℃条件下,去污剂喷洒清洗 3～15min;室温条件下自来水清洗 1～5min;在温度为 40～50℃条件下,分别用酒精和丙酮各超声清洗 15min;进行干燥处理。

（3）放置基体试样。基体试样干燥后放入真空室,排列于具有多自由度的旋转试样架上。

（4）沉积涂层。TiAlN 涂层的沉积过程如下:放入基体后,对真空室进行抽真空处理,在气压到达 1.0×10^{-2} Pa 后进行渐进加热直至温度达到 200℃,保温使真空度低于 7×10^{-3} Pa 以下;通入氩气,用高能量的 Ar^+ 离子轰击基体材料进行预溅射清洗 15min;采用一对独立的 Ti 靶和 TiAl 靶与氮气进行 TiAlN 涂层的沉积,镀膜过程中基体负偏压控制在 $-40 \sim -150$V,沉积时间为 60min,具体的涂层制备工艺参数如表 4-4 所示。

表 4-4　PVD 涂层条件

涂层温度 /℃	气压 /Pa	负偏压 /V	靶电流 /A	涂层时间 /min	至基体距离 /mm	功率 /kW
200	1.5	$-40 \sim -150$	60	60	200	2.5

（5）冷却、出炉。沉积结束后,保温 20min,然后关闭加热,自然冷却至室温;

取出涂层试样。

2. 基体表面织构化 TiAlN 涂层刀具表面形貌

结合上述 TiAlN 涂层的沉积工艺参数,通过真空阴极电弧离子镀技术在微纳织构化的基体表面沉积 TiAlN 涂层,由此制备出基体表面织构化 TiAlN 涂层刀具,其前刀面形貌如图 4-22 所示。图 4-22(a)为基体表面微织构化 TiAlN 涂层刀

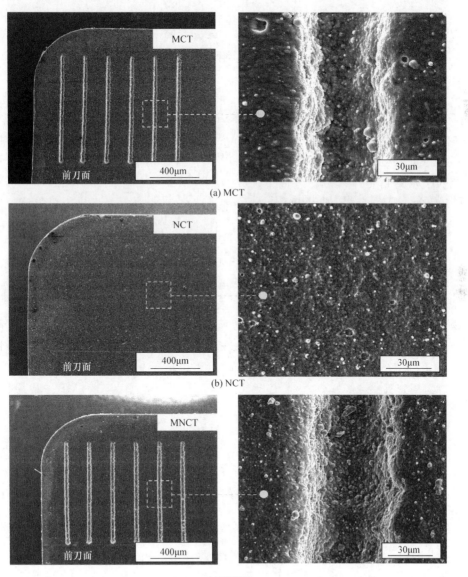

(a) MCT

(b) NCT

(c) MNCT

图 4-22　基体表面织构化 TiAlN 涂层刀具的前刀面形貌

具,命名为 MCT;图 4-22(b)为基体表面纳织构化 TiAlN 涂层刀具,命名为 NCT;图 4-22(c)为基体表面微纳复合织构化 TiAlN 涂层刀具,命名为 MNCT。

由图 4-22 可见,利用真空阴极电弧离子镀技术成功在织构化硬质合金基体表面沉积了 TiAlN 涂层。由于纳秒激光在基体表面加工的微米级沟槽尺寸较大,深度约为 $50\mu m$,所以经过 TiAlN 涂层沉积后微织构依然清晰可见;然而,对于飞秒激光在基体表面诱导的纳米级波纹结构,经过 TiAlN 的沉积,完全被 TiAlN 涂层覆盖。另外,在 TiAlN 涂层表面出现了液滴状颗粒以及孔洞现象,其中较大尺寸的靶材料或离子团在基体表面聚集导致了涂层表面大液滴的形成,而较大的孔洞是由大液滴的脱落而引起的,这是离子镀沉积难以避免的缺陷。

4.3.2　TiAlN 涂层性能测试方法

当进行基体表面织构化对 TiAlN 涂层性能的影响研究时,使用的试样为上述制备的 3 种基体表面织构化 TiAlN 涂层试样:MCT、NCT、MNCT,以及基体表面无织构的 TiAlN 涂层试样(CCT)。为方便 TiAlN 涂层的性能测试,同时为更加准确评估基体表面织构化对 TiAlN 涂层性能的影响,用于 TiAlN 涂层性能测试的试样为整个刀具前刀面区域均进行织构化处理试样。

1. 微观结构、成分与物相分析

激光织构化以及 PVD 涂层沉积处理后,利用切割法将试样在织构化区域沿横截面切开。然后,将试样横截面进行研磨、抛光,再利用丙酮和酒精各超声清洗 15min。采用扫描电子显微镜对织构化涂层微观结构进行观察,利用 X 射线能谱仪进行化学成分分析;利用 Wyko NT9300 型白光干涉仪进行试样表面粗糙度的测量。将基体表面织构化 TiAlN 涂层试样利用丙酮、酒精超声清洗,经真空干燥后,采用 X 射线衍射仪(XRD,型号为 D8 ADVANCE,Bruker AXS)对织构化区域进行物相分析。

2. 表面硬度及弹性模量测试

采用 CSM 公司生产的 Micro-Combi 设备测试基体表面织构化 TiAlN 涂层硬度和弹性模量。使用的压头为玻氏(Berkovich)金刚石压头,它是一个正三棱锥,棱与棱之间的夹角为 $76°54'$。试验参数如下:试验力为 5000mN,加载和保载时间均为 15s,各测试 5 次。最后,利用获得的载荷-接触深度曲线,结合 Oliver-Pharr 法计算得到各试样的表面硬度及弹性模量。涂层的厚度较薄,只有 $3\mu m$ 左右,当加载载荷过大时,压痕深度将会很大,基体会严重影响测量结果;而若载荷过小,压痕将会不明显,因此对角线的测量以及硬度计算的误差较大。综合考虑 TiAlN 涂层的厚度和硬度,加载力选择 5000mN。取 5 个不同测量点的硬度平均值作为每

个试样的硬度值。为准确评估激光织构化后 TiAlN 涂层试样表面显微硬度变化，当测量基体表面微织构化 TiAlN 涂层试样（MCT）和基体表面微纳复合织构化 TiAlN 涂层试样（MNCT）硬度时，选取两个沟槽之间多个点依次进行测试，如图 4-23 所示。

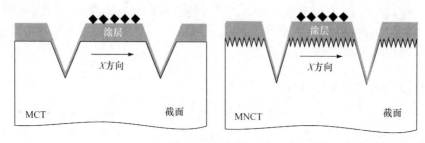

图 4-23　作用在 MCT 和 MNCT 试样表面的硬度压痕线示意图

3. 涂层结合强度测试

当测量厚度小于 10μm 的涂层与基体的结合强度时，划痕法是应用最广泛的一种方法，其能半定量地测定涂层与基体界面的结合强度，另外划痕试验中得到的涂层失效形式与涂层刀具在金属切削加工中的失效类似，因此结合划痕试验中涂层的磨损形貌可观察到涂层的失效形式，从而可分析涂层的失效机理。采用 MFT-4000 型多功能材料表面性能测试仪进行涂层结合强度的测量。测试之前，为去除试样表面杂质，将所测 TiAlN 涂层放入酒精、丙酮中分别超声清洗 15min，然后利用真空烘干机将试样干燥。

划痕试验原理示意图如图 4-24 所示。测试时，顶锥角为 120°、尖端圆弧半径为 0.2mm 的金刚石压头垂直作用于涂层试样表面滑动，在此滑动过程中，连续增加金刚石压头施加的载荷，得到摩擦系数、摩擦力及声信号随载荷的变化曲线。当施加载荷达到涂层失效临界载荷时，声信号及摩擦系数信号出现明显的波动，此时涂层开始出现大片剥落现象，以此临界载荷值作为涂层与基体之间结合力的参考

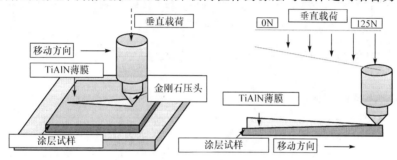

图 4-24　划痕试验原理示意图

值。试验参数为:加载力范围 0~125N;加载速率 100N/min;划痕长度 4mm。另外,为准确评估基体表面织构化 TiAlN 涂层的结合强度,避免涂层试样表面微织构沟槽对测量结果的影响,划痕试验在两沟槽之间进行,划痕方向平行于微织构沟槽方向。

划痕试验之后,利用扫描电子显微镜观测试样的划痕形貌,并采用 X 射线能谱仪分析试样划痕区域的元素分布;采用 Wyko NT9300 型白光干涉仪观测试样划痕区域三维形貌。

4. 基体表面接触角的测定

利用固着液滴法评估基体表面的润湿性。通常在测量接触角过程中,应尽量降低液滴重力对测量结果的影响。当液滴的尺寸小于毛细长度时,可忽略不计重力影响,毛细长度可定义为

$$k^{-1} = \sqrt{\frac{\gamma}{\rho g}} \tag{4-1}$$

式中,ρ 为液体密度,γ 为液体表面张力,g 为重力加速度。在常温常压下,水的表面张力 $\gamma = 72 \times 10^{-3} \text{N/m}$,密度 $\rho = 1000 \text{kg/m}^3$,重力加速度 $g = 9.8 \text{N/kg}$,从而可计算出其毛细长度约为 2.7mm,当水滴直径为 2.7mm 时,其质量为 10.3mg。因此,在测量 WC/Co 硬质合金基体表面水接触角时,应控制水滴体积保持在 $10 \mu \text{L}$ 以下。

在室温条件下测量不同类型 WC/Co 硬质合金基体表面的水接触角。与测试涂层结合力时类似,用于接触角测试的织构化基体试样的整个刀具前刀面区域均进行织构化处理。测试之前,采用酒精、丙酮各超声清洗 15min 将其表面杂质去除,然后利用真空烘干机将试样表面干燥。试验的测试过程保持固定的时间间隔,采用微量注射器将体积为 $2 \mu \text{L}$ 的水滴垂直方向滴于基体试样表面,以液滴的滴入瞬间开始直至水滴停止扩散即在试样表面稳定,然后利用视频显微镜拍摄液滴形状,最后利用轴对称液滴形状截面分析法进行液体形状的分析。采用将所得液滴截面形状与拉普拉斯方式相匹配的方法进行静态接触角的估算。所得的接触角数值为同一试样不同点进行五次测量的平均值。

4.3.3　基体表面织构化对 TiAlN 涂层性能的影响

1. 微观结构

为分析涂层与基体结合界面及涂层表面的微观结构,利用扫描电子显微镜评估涂层试样断裂界面及表面形貌。同时,这一过程可允许进一步观察涂层中可能存在的缺陷。图 4-25 为 CCT 和 NCT 涂层试样的断裂界面 SEM 图。为更清晰地

观察不同试样结构和形貌之间的不同,右侧图片为 TiAlN 涂层与基体结合界面局部放大图。由于相同的涂层沉积工艺参数,两种 TiAlN 涂层均拥有致密结构。涂层形貌主要表现为一种具有轻微沿生长方向的玻璃样结构,但并未发现明显的柱状晶结构。另外,由于 PVD 涂层过程,很多类似液滴状物质附着在涂层表面,这是电弧离子镀技术的典型缺陷。

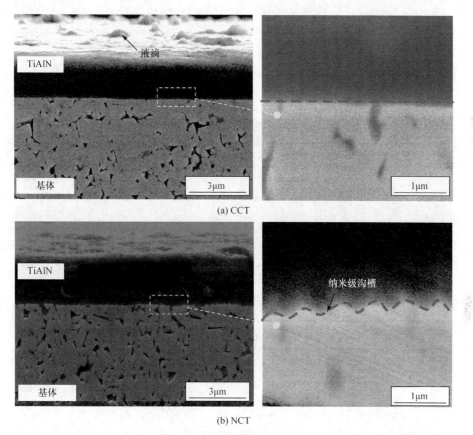

(a) CCT

(b) NCT

图 4-25　TiAlN 涂层试样横截面微观结构

　　CCT 与 NCT 试样 TiAlN 涂层表面之间的不同主要表现在其截面形貌上。尽管 CCT 与 NCT 试样的 TiAlN 涂层拥有相同的致密结构和表面形貌,但是在涂层与基体结合界面仍可观察到不同的界面形态。在 CCT 试样中,TiAlN 涂层与基体结合界面为光滑平面(图 4-25(a)),并且在绝大部分区域涂层与基体之间结合比较致密;而对于 NCT 试样,飞秒激光在基体表面诱导的周期性纳米织构完全被 TiAlN 涂层覆盖,然而,在 TiAlN 涂层与基体结合界面处可清晰地看到纳织构的存在,导致涂层与基体结合界面形态表现为锯齿状(图 4-25(b)),并且在涂层与基体结合界面处没有观测到涂层断裂或剥落现象,这说明涂层系统具有显著的结合力。

　　图 4-26 为 MCT 和 MNCT 试样微织构及沟槽底部截面形貌图,其中沟槽底部截面是沿图中横线进行"剖切"而得的。可见,沉积 TiAlN 涂层后,纳秒激光在基体表面加工的微米级织构依然清晰可见,通过对涂层前后微米级织构几何尺寸的比较发现,TiAlN 涂层的沉积导致织构深度增加 1%左右。值得注意的是,在 TiAlN 涂层沉积过程中,涂层可有效沉积在沟槽侧壁以及底部,虽然沟槽侧壁及底部涂层厚度比无织构区域有所降低,但是 MCT 和 MNCT 试样表面的 TiAlN 涂层仍是连续、完整的。另外,在沟槽底部,涂层与基体结合界面处存在较为明显的缺陷,如图 4-26 中圆圈所示,这可能是由纳秒激光织构化过程造成沟槽内部分布着少量裂纹、气孔等缺陷所导致的。

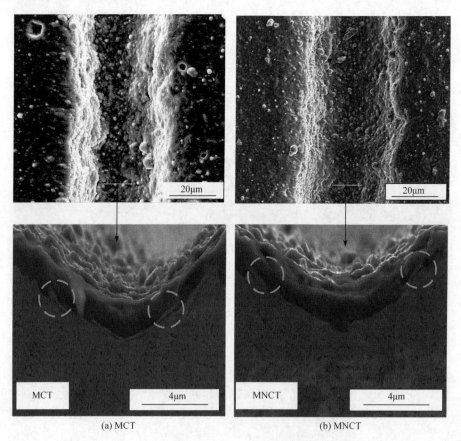

(a) MCT　　　　　　　　　　　　　　(b) MNCT

图 4-26　TiAlN 涂层试样表面及沟槽底部截面形貌图

　　TiAlN 涂层沉积前后,不同试样的表面粗糙度值如图 4-27 所示。可见,TiAlN 涂层之前,基体表面粗糙度 $R_a = 15 \sim 267$nm。由于飞秒激光纳织构化和纳秒激光微织构化过程共同导致的粗糙化,微纳复合织构化基体具有最高的表面粗糙度 R_a=267nm。纳织构化基体和微织构化基体分别拥有相对较低的表面粗糙度 R_a=132nm 和 R_a=238nm,如图 4-27 所示。另外,涂层之前与涂层之后观测到的不同试样表面粗糙度值变化趋势一致。因此,涂层前基体表面粗糙度会影响涂层后获得的表面粗糙度。由于基体表面和涂层表面本身粗糙度的叠加,涂层后试样表面粗糙度往往会高于基体表面粗糙度。

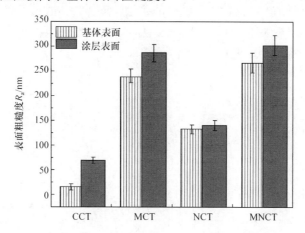

图 4-27　不同基体试样涂层前和涂层后的表面粗糙度

四种不同试样的涂层厚度测量值及测量值偏差如图 4-28 所示,其中 MCT 和 MNCT 试样涂层厚度为两微沟槽之间区域所测值。从图中可以明显看出,除了沉积在微纳复合织构化基体表面的 TiAlN 涂层(MNCT)外,其余所有涂层厚度均达到了预期值。然而,从利用商用电弧离子镀设备制备 TiAlN 涂层角度看,MNCT 试样获得的涂层厚度完全在可接受范围内。

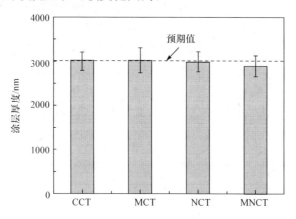

图 4-28　不同试样 TiAlN 涂层厚度

2. 表面硬度及弹性模量

纳米压痕试验法是在传统的布氏硬度和维氏硬度试验法基础上发展起来一种力学性能试验方法,当需在微米和纳米范围内测量材料表面硬度及弹性模量时,此方法广泛应用。图 4-29 为 CCT 和 NCT 试样在纳米压痕试验中获得的完整加载卸载过程的载荷-接触深度曲线。可见,在最大加载力 5000mN 下,CCT 试样的压痕接触深度约为 1700nm,而 NCT 试样的接触深度为 1500nm。CCT 和 NCT 试样的涂层深度均大于压痕接触深度,因此可认为所有的变形均被限制在涂层材料范围内,基体并未影响涂层材料性能的测量结果。

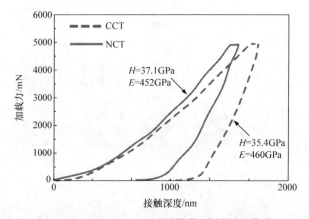

图 4-29　CCT 和 NCT 试样载荷-接触深度曲线

另外,当进行基体表面微米级织构化处理时,纳秒激光只与部分基体材料相互作用,因此为准确评估激光织构化后涂层试样表面硬度变化,当测量基体表面微织构化 TiAlN 涂层试样(MCT)和基体表面微纳复合织构化 TiAlN 涂层试样(MNCT)表面硬度时,选取两个沟槽之间多个点依次进行测试,测量结果如图 4-30 所示。可见,与未进行织构化处理的涂层试样相比,微织构沟槽附近的表面硬度得到了一定程度的增加,并且距离织构区域越近表面硬度越高。考虑到相

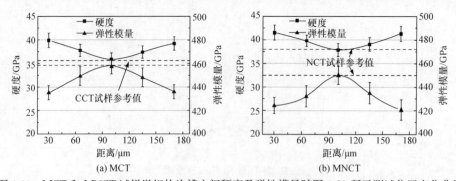

图 4-30　MCT 和 MNCT 试样微织构沟槽之间硬度及弹性模量随图 4-23 所示测试位置变化曲线

邻沟槽之间的距离,中间区域表面硬度值最小。这些测量值证实了激光处理过程中基体表面发生了结构改性现象。

图 4-31 为不同 TiAlN 涂层试样的表面硬度和弹性模量。尽管所有 TiAlN 涂层都在相同工艺参数下制备而成,但利用纳米压痕仪测量得到的不同 TiAlN 涂层系统表现出不同的表面硬度和弹性模量值。当基体表面进行激光织构化处理时,由于激光与基体材料相互作用,可在基体表面加工区域形成与基体材料本身属性不同的局部区域。无论在飞秒还是纳米激光加工过程中,WC/Co 基体表面均会受到高能量密度激光束的加热处理。当激光束通过后,基体表面自冷至常温,此时,基体材料由于其高加热率、致冷率而重结晶,形成亚稳态结构和变化的微观组织结构,最终导致基体材料组织得到高度细化,表层的显微硬度得到提高。

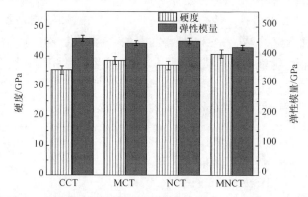

图 4-31　沉积在不同预处理基体表面上的 TiAlN 涂层力学性能

图 4-32 为四种不同涂层试样的 H/E 值。H/E 值可代表材料塑性指数或弹性应变性能,可被用于预测材料的磨损行为以及通过考虑弹性复原来解释材料的变形特性。与传统涂层试样(CCT)相比,基体表面织构化的涂层试样 H/E 值更高,且 MNCT 涂层试样拥有最高的 H/E 值,这说明基体表面织构化 TiAlN 涂层试样拥有更高的韧性,同时,这也预示着其可能具有更优的摩擦磨损性能。

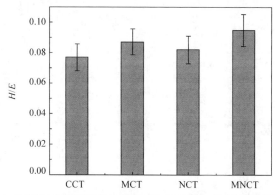

图 4-32　沉积在不同预处理基体表面上的 TiAlN 涂层试样的 H/E 值

3. 晶体结构

涂层中的相成分及晶粒取向利用 X 射线衍射仪进行试验分析。图 4-33 为无织构试样及织构化处理试样 TiAlN 涂层之前以及涂层之后表面的 X 射线衍射图谱。由图 4-33(a)可见,未进行激光处理的基体表面由典型的强烈 WC 相和微弱 Co 相组成;进行 TiAlN 涂层之后,由于涂层厚度很小(3μm 左右)而 X 射线穿透性比较强(穿透深度可达几十微米到数百微米),基体中的物相也会被检测出。值得注意的是,涂层表面呈现出两个额外的衍射峰,其分别属于 NaCl 型面心立方 TiAlN 相(111)、(200)两个晶面的衍射峰。如图 4-33(b)、(c)和(d)所示,与无织构基体表面相比,三种激光织构化基体表面呈现出三个额外衍射峰 A、B 和 C,其中 MNCT 试样表面额外衍射峰强度最高。这三个衍射峰可能为激光处理过程中局部脱碳退火而形成的 WC_{1-x} 相。值得注意的是,激光织构化基体表面呈现的三个额外 WC_{1-x} 相衍射峰位置与 TiAlN 相衍射峰位置非常相近。经观测计算,这三个非化学计量的碳化物 WC_{1-x} 相衍射峰衍射角分别为 36.69°、42.61°和 61.87°,而 TiAlN 相衍射峰衍射角分别为 36.99°、42.90°和 62.03°。

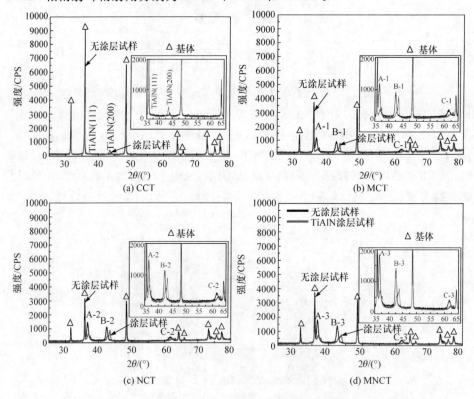

图 4-33　无织构基体及织构基体试样涂层之前以及涂层之后表面的 X 射线衍射图谱

观测 TiAlN 相衍射峰强度会发现,与基体表面无织构的涂层试样相比,三种基体表面织构化涂层试样(MCT、NCT 和 MNCT)表面呈现出的 TiAlN 相(111)、(200)晶面衍射峰强度和宽度均得到了不同程度的增强,尤其是(111)晶面的衍射峰增强现象最为明显,如图 4-33 中局部放大图所示。当晶体晶面指数为(111)时,所有滑移面的 Schmid 指数均为零,并且晶面指数为(111)的氮化物晶体硬度最高,故(111)晶面择优取向对涂层的硬度影响最大;另外,根据谢乐公式,当波峰变宽时,涂层的晶粒相应变小,其结构变得更为致密。因此,涂层试样 TiAlN 相(111)、(200)晶面衍射峰的增强可进一步解释基体表面织构化增强 TiAlN 涂层试样表面硬度的原因。

4. 涂层结合强度

1) TiAlN 涂层与基体的结合力

涂层与基体之间的结合力是指单位面积的涂层从基体表面上脱落所需要的力。在滑动界面,涂层与基体之间高的结合强度可阻止涂层的移除从而预防涂层从基体表面的脱落现象,进而可提高涂层刀具的抗黏着磨损性能。

涂层与基体之间的结合力通过划痕试验在 MFT-4000 表面性能测试仪上进行测量。在划痕试验中,金刚石压头对涂层产生剪切作用和挤压作用,导致压头周围的涂层和基体受到应力作用。当涂层受到的应力达到涂层失效的临界值时,涂层将会以剥落或破裂的形式来释放涂层中的应变能,因此可依据临界应力值的大小来评估涂层与基体的结合强度。对于以 WC/Co 为基体的 TiAlN 涂层体系,通常利用 $F_{N,C1}$ 和 $F_{N,C2}$ 两个临界载荷来评估涂层与基体界面结合强度,其分别对应涂层试样表面出现连续裂纹和连续涂层剥落现象,如图 4-34 所示。当涂层开始出现规律性破坏且在涂层完全失效之前的最小压力称为临界载荷,用来表征涂层的结合强度。另外,划痕法临界载荷的确定可根据涂层开裂时发出声信号,或者由摩擦系数的突变来确定。

在划痕试验过程中,连续增加金刚石压头施加的载荷,得到声信号及摩擦系数随载荷的连续变化曲线。对于涂层试样,在声信号最初变强时,涂层出现裂纹现象,但涂层并未完全剥离;而之后当摩擦系数急剧变化时认为涂层完全剥落,即图 4-34 中临界载荷 $F_{N,C2}$ 对应的位置。不同涂层试样获得的相应摩擦系数和声信号如图 4-35 所示。图 4-36 为不同涂层试样的膜-基结合力。从图中可以看出,CCT、MCT、NCT 及 MNCT 四种 TiAlN 涂层试样涂层与基体结合力从小到大的排序依次为:CCT(80N)<MCT(87N)<NCT(106N)<MNCT(109N),可见MNCT 试样拥有最高的膜-基结合强度。

2) 涂层划痕形貌

在划痕试验过程中,基体硬度、涂层厚度、涂层内应力等非界面因素会显著影响涂层试样的失效形式及其临界载荷,因此单独利用摩擦系数信号、声信号评估涂层与基体结合强度具有一定局限性,还需进一步观测划痕失效形貌来综合评估涂层的结合性能。

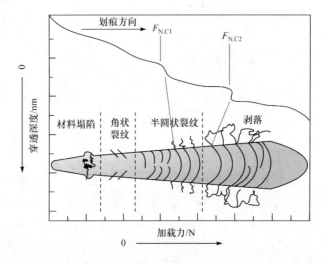

图 4-34 划痕试验中涂层试样失效形式示意图

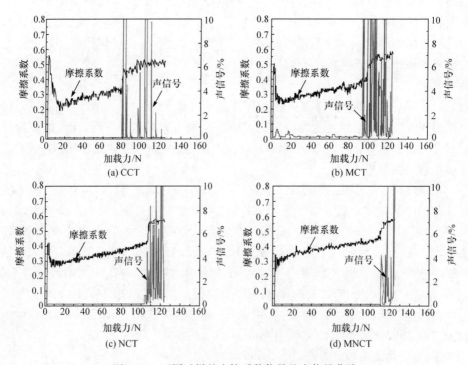

图 4-35 不同试样的摩擦系数信号及声信号曲线

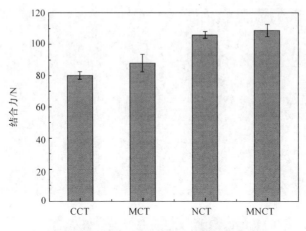

图 4-36　不同试样涂层与基体结合力

　　在较低法向载荷的作用下，即 $F_N < 20N$ 时，涂层试样的划痕反应主要由涂层固有性能决定。TiAlN 涂层首先表现为涂层表面塑性变形，其由塑性变形和微液滴裂纹组合而成，如图 4-37 所示。其中，涂层表面出现的裂纹现象仅局限于微液滴处，并未影响周围无缺陷区域。随着法向载荷的增加（$20N < F_N < F_{N,C1}$），涂层试样表面塑性变形程度增加，从而导致在压头后方形成划痕沟槽。随着载荷的增加，在划痕边缘处出现显著的单向裂纹；单向裂纹的形成将会在涂层中垂直于划痕的方向形成弯曲力矩和较高的拉伸应力。结果，在划痕边缘形成平行于划痕方向的裂纹（图 4-38(a)），即此时加载力达到了临界载荷 $F_{N,C1}$。在更高的法向载荷作用下，基体表面塑性变形现象和涂层表面裂纹形成趋势变得更加显著，此时涂层的断裂形貌倾向于变为棱角状，如图 4-38(b) 所示。当法向载荷接近于临界载荷 $F_{N,C2}$ 时，涂层试样在划痕区域内形成了严重的横向断裂，因此对于基体为 WC/Co

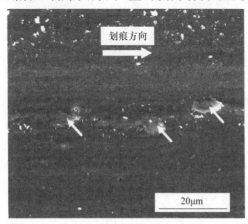

图 4-37　在较低法向载荷作用下 CCT 试样表面发生的塑性变形形貌

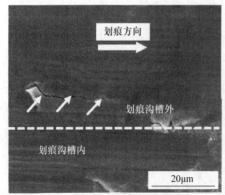 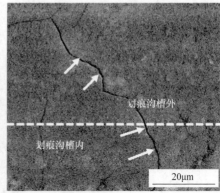

(a) 法向载荷约50N　　　　　　　　　　(b) 法向载荷约75N

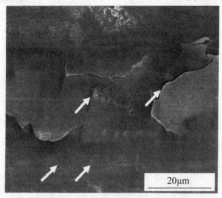

(c) 法向载荷达到临界载荷$F_{N,C2}$之前

图 4-38　不同法向载荷下 CCT 试样表面形成的裂纹形貌

硬质合金的 TiAlN 涂层,在基体暴露之前涂层试样表现出严重的塑性变形现象,如图 4-38(c)所示。另外,当加载力低于临界载荷 $F_{N,C2}$ 时,涂层试样未出现沿着划痕方向的连续剥落现象。需要注意的是,与沉积于织构化基体表面的 TiAlN 涂层相比,沉积于无织构基体表面的 TiAlN 涂层表现出更强的裂纹形成趋势。因此,基体表面性能会显著影响 TiAlN 涂层的断裂反应。

　　当涂层的结合强度较低时,在金刚石压头持续加载的作用下涂层试样表面往往会发生剥落现象。图 4-39 为当法向载荷达到临界载荷 $F_{N,C2}$ 时,CCT 试样表面形成的磨痕形貌及相应的 EDS 成分分析。由图可见,CCT 试样表面呈现出严重的划痕形貌,出现了涂层和基体结合强度较差导致的大面积的涂层连续剥落,且划痕较宽。对于基体为 WC/Co 硬质合金的 TiAlN 涂层,涂层的失效主要由沿着划痕区域边缘的周边剥落导致,其由黏结断裂(沿着界面)和内聚力断裂(涂层内部)共同作用引起。如图 4-39(a)所示,划痕边缘处涂层存在大片剥落现象,且划痕较宽；另外，CCT 试样划痕结束处 B 点 EDS 成分分析只检测到 WC/Co 基体元素的存在，并未检测到 TiAlN 涂层元素，表明 CCT 试样表面划痕区域涂层完全剥落。

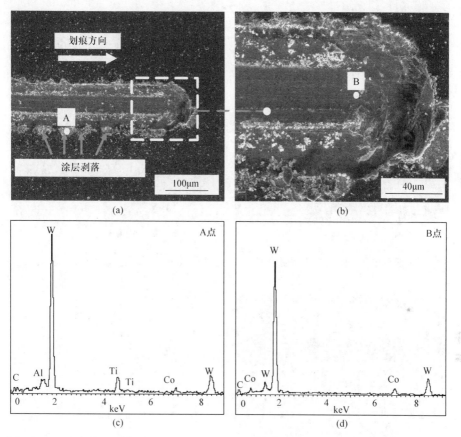

图 4-39　法向载荷达到临界载荷 $F_{N,C2}$ 时 CCT 试样表面磨痕形貌及相应的 EDS 成分分析

图 4-40 为 CCT 试样划痕区域边缘的周边剥落现象在更高放大倍数下的 SEM 分析。周边剥落为一种典型的崩落现象。在划痕过程中，划痕边缘的涂层受到滑动压头的挤压作用，导致该区域的涂层承受较大的剪切应力，当应力大于涂层临界值时涂层发生断裂，随后在压头的压应力作用下裂纹迅速扩展，最终在划痕两侧边发生楔形剥落，即周边剥落。对于基体表面无织构的 TiAlN 涂层试样，较低的膜-基结合强度以及由 WC/Co 硬质合金相和 TiAlN 相不完全匹配导致的应力集中将会使界面发生裂纹现象，如图 4-40(b) 所示。

当法向载荷达到临界载荷 $F_{N,C2}$ 时，NCT 试样表面形成的磨痕形貌及相应的 EDS 成分分析如图 4-41 所示。可见，对于 NCT 试样，在划痕区域内同样发生了涂层剥落现象，但在其划痕结束处进行 EDS 成分分析可检测到大量涂层元素 Ti、

Al 和 N,因此 NCT 试样表面形成的划痕得到了一定程度的抑制,且划痕较窄。值得注意的是,即使在划痕试验结束阶段 NCT 试样划痕边缘处涂层也无明显的剥落现象,即 NCT 试样并未发生涂层的周边剥落现象。以上现象表明,NCT 试样具有良好的膜-基结合强度。

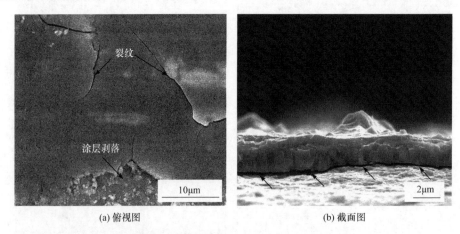

(a) 俯视图　　　　　　　　　　　　　　　(b) 截面图

图 4-40　法向载荷达到临界载荷 $F_{N,C2}$ 时 CCT 试样的周边剥落 SEM 图

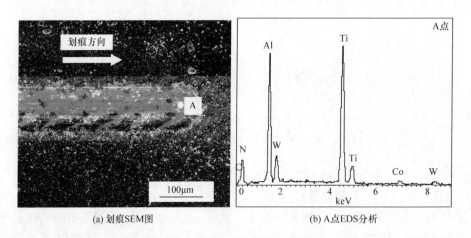

(a) 划痕SEM图　　　　　　　　　　　　　(b) A点EDS分析

图 4-41　法向载荷达到临界载荷 $F_{N,C2}$ 时 NCT 试样表面的磨痕形貌及相应的 EDS 成分分析

利用白光干涉仪拍摄了划痕形貌三维图和二维截面图(图 4-42 和图 4-43)。图 4-42 为试验结束阶段 CCT 和 NCT 试样表面形成的划痕形貌。对于 CCT 试样,其表面形成了恶劣的划痕形貌,划痕较深;随着试验的进行,在较低的作用载荷下涂层出现了大面积剥落现象,且裂纹迅速扩展,最终导致沿着划痕边缘区域发生了明显的周边剥落;而 NCT 试样划痕边缘处涂层形貌保持较为完整,并未发生明显的剥落现象。

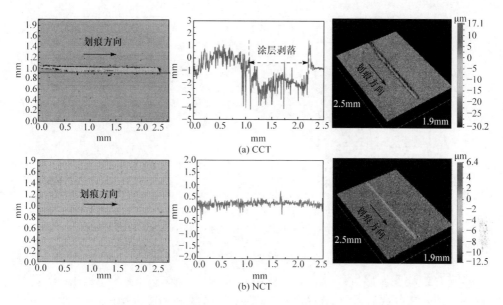

图 4-42　划痕试验后 CCT 和 NCT 试样表面划痕形貌及轮廓曲线

图 4-43 为划痕试验过程中,当压头法向载荷在临界载荷 $F_{N,C2}$ 前后时,CCT 和 NCT 试样划痕形貌二维截面图。可见,对于 CCT 试样,在作用载荷即将到达临界载荷 $F_{N,C2}$ 时,划痕区域内涂层裂纹变得不规则,并且裂纹穿过涂层延伸到了涂层与基体结合界面处;由于压头前端涂层的屈曲以及压头后端涂层弹性恢复,涂层的断裂同时发生在压头前端和后部。当作用于压头上的载荷继续增加时,裂纹向外继续扩展,最终造成涂层表面形成剥落区。与 CCT 试样相比,NCT 试样表面的涂层剥落更像是由单纯的黏着失效导致的,并无明显的基体塑性变形发生,这可能与激光织构化导致的基体表面硬度的增加相关。在划痕试验中,沉积在硬度较低的基体表面的涂层系统往往会导致基体的塑性变形,从而促进裂纹的生成以及涂层的剥落。

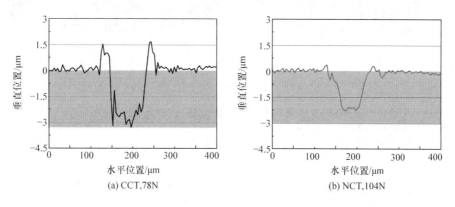

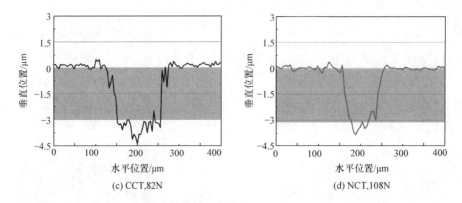

图 4-43　当法向载荷在临界载荷 $F_{N,C2}$ 前后时 CCT 和 NCT 试样划痕形貌二维截面图
阴影区域对应着未变形区域涂层厚度

　　图 4-44 为划痕试验结束阶段基体表面微织构化涂层试样(MCT)和基体表面微纳复合织构化涂层试样(MNCT)试样表面形成的磨损痕迹 SEM 图。与 CCT 试样比较,MCT 试样表面形成的划痕得到了轻微减轻,但在划痕边缘处涂层仍有些许脱落;然而,在所用四种涂层试样中 MNCT 试样表面形成了最为轻微的划痕形貌。

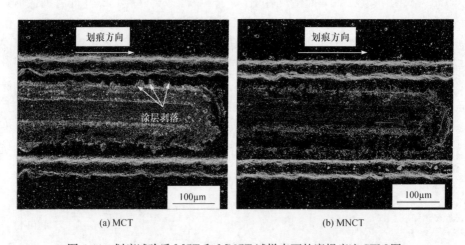

图 4-44　划痕试验后 MCT 和 MNCT 试样表面的磨损痕迹 SEM 图

4.3.4　基体表面织构化提高 TiAlN 涂层结合强度的机理

　　划痕试验中,压头对涂层系统的外力作用是涂层失效的直接原因。通过上述划痕试验结果分析可知,基体表面多尺度织构化均可一定程度抑制涂层试样的划痕程度,增加试样的膜-基结合力,这说明基体表面织构化可有效增强涂层与基体

的结合强度,为利用基体表面织构化提高 TiAlN 涂层刀具的切削性能提供了
依据。

根据 Burneet 和 Rickerby 建立的半球压头模型,划痕试验中造成涂层剥落的
应力主要包括:①弹-塑性压痕应力;②涂层的内应力;③切向摩擦应力。其中,每
个应力的贡献可由其对划痕试验中测得的总摩擦力 $F(F = F_p + F_s + F_a)$ 的影响来
表述,如图 4-45 所示。对于不同的涂层系统,涂层的内应力 F_s 不同,同时压头造成
的正压力 F_p 和切应力 F_a 也会因涂层材料与基体材料不同的性质而有所差异,导致
不同的应力分布。Bull 等通过模拟计算得到了表征涂层系统临界载荷的计算公式:

$$F_N = \frac{A}{\nu\mu_c}\left[\frac{2EW}{t}\right]^{1/2} \tag{4-2}$$

式中,A 为压头与涂层试样的接触面积,ν 为涂层材料的泊松比,μ_c 为涂层材料的摩
擦系数,E 为涂层材料的杨氏模量,W 为涂层与基体之间的附着功,t 为涂层厚度。

实际中涂层与基体结合界面间可能存在不同的化学键合、内应力、元素的相互
扩散以及界面杂质等具体情况,因此影响涂层与基体结合强度的因素很复杂,涉及
表面材料、表面状态、工艺方法和工艺参数,以及由此而决定的界面形成过程等诸
多问题。但是,在涂层的沉积工艺一定的情况下,涂层结合强度主要取决于涂层与
基体之间的界面状态和界面能量。因此,对于基体表面激光织构化 TiAlN 涂层试
样,良好的膜-基结合强度可从以下几个方面进行分析:①涂层与织构化基体的匹
配性;②激光织构化基体的比表面积;③激光织构化基体的湿润性能;④基体表面
织构化涂层系统的应力状态。

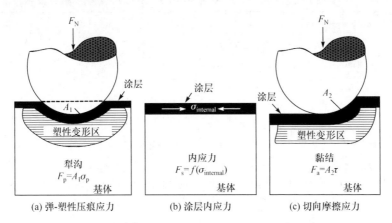

图 4-45　划痕试验中造成涂层破坏的应力示意图

1. TiAlN 涂层与织构化基体的匹配性分析

根据激光加工多尺度织构原理,当处理表面被高能量密度的集中能量源激光

束加热时,可在材料表面形成与未加工区域不同属性的加工区域,导致 WC/Co 硬质合金基体材料性能的改变,从而可影响涂层与基体界面的结合强度。激光织构化过程中,当入射的激光能量密度高于 WC/Co 硬质合金基体材料的烧蚀阈值时,材料会瞬间蒸发并电离,因此 WC/Co 硬质合金基体成分在较高的激光加工温度下可能会发生化学反应,从而在基体材料表面形成新的物相。表 4-5 为硬质合金基体成分中 WC、Co 可能发生的氧化反应。

表 4-5　硬质合金基体成分中 W、Co 可能发生的氧化反应

成分(质量分数)	氧化反应方程
WC	$WC + 2O_2 = WO_2 + CO_2$
	$2WC + 5O_2 = 2WO_3 + 2CO_2$
Co	$3Co + 2O_2 = Co_3O_4$
	$2Co + O_2 = 2CoO$

根据查阅相应的热力学数据,分别在 600K、800K 以及 1000K 温度下,计算表 4-5 所示氧化反应前后吉布斯自由能的变化,其计算结果如表 4-6 所示。从吉布斯自由能计算结果可以看出,在激光加工过程中,表 4-5 所列氧化反应均有可能发生,即硬质合金基体成分中的 WC、Co 可能分别被氧化生成 WO_3、WO_2、CoO、Co_3O_4;另外,对比 WC、Co 发生化学反应的吉布斯自由能的计算结果大小,可以看出 WC 相发生氧化反应相对容易。

表 4-6　硬质合金基体成分可能发生的氧化反应的吉布斯自由能计算结果

反应式	600K	800K	1000K
$WC + 2O_2 = WO_2 + CO_2$	−836637	−801978	−767841
$2WC + 5O_2 = 2WO_3 + 2CO_2$	−2087918	−1989136	−1892068
$3Co + 2O_2 = Co_3O_4$	−666362	−587470	−509315
$2Co + O_2 = 2CoO$	−384928	−356371	−328332

为验证激光织构化过程对基体表面晶相结构的影响,采用 X 射线衍射仪对表面的物相进行了分析(图 4-33)。由上述基体成分可能发生的氧化反应的吉布斯自由能计算结果,以及 XRD 物相分析可知,激光织构化基体表面呈现出的三个额外衍射峰是由于激光处理过程中局部脱碳退火而形成的 WC_{1-x} 物相,并且三个额外 WC_{1-x} 相衍射峰位置与 TiAlN 相衍射峰位置非常相近。

涂层在基体表面的附着性与物质表面能和界面能密切相关。假设基体材料的表面自由能为 σ_j,涂层材料的表面自由能为 σ_m,两者间的界面自由能为 σ_{jm},则涂层与基体的附着能量,即将涂层材料从基体表面揭下所需的功 W 为

$$W = \sigma_j + \sigma_m - \sigma_{jm} \tag{4-3}$$

简单来说,自由能是局限在表面或界面的应变能。当基体与涂层属于同一种材料时,在界面就不存在应变,即 $\sigma_{jm}=0$,$\sigma_j=\sigma_m$,这时 W 可获得最大值 $2\sigma_j$。可以设想,对于晶体相似的材料,由于 σ_{jm} 较小,两者之间可获得较大的附着能。可见,若涂层材料与基体材料匹配性较好,如物相类型相近或化学亲和力较高等,可有效降低涂层与基体间的界面能,从而显著提高涂层结合力。如图 4-33 所示,三种织构化基体表面通过激光处理后形成了与涂层 TiAlN 相位置相近的新物相 WC_{1-x},因此涂层与基体材料之间的匹配性得到了提高,从而导致涂层结合力的提高。另外,三种织构化试样 WC_{1-x} 相衍射峰强度从低到高的排序为:MCT＜NCT＜MNCT。

另外,激光织构化过程会引起基体材料重结晶,形成亚稳定结构和变化的微观组织结构,导致材料组织得到高度细化,表层的显微硬度得到提高(图 4-31)。在划痕试验中,涂层沉积在硬度较低的基体表面会导致基体的塑性变形,从而促使裂纹的形成以及涂层的剥落现象。因此,当基体表面硬度较高时,可一定程度上增加沉积在其表面上的涂层结合强度。

2. 激光织构化基体的比表面积

涂层与基体结合界面的形态对涂层的附着性能有决定性的影响。WC/Co 硬质合金基体表面激光织构化可实现基体表面粗糙度化,从而导致沉积原子有足够大的迁移率,TiAlN 材料原子可进入基体表面的微纳米织构中,增加涂层材料与基体表面的接触面积,从而形成机械镶嵌的界面。

图 4-46 为三种不同涂层试样中涂层材料与基体表面之间黏结面积的计算示意图。由上述分析可知,制备的微米级织构的周期为 $200\mu m$,因此为方便计算这里取 $L=200\mu m$ 的单位长度试样进行分析,其中 W_1 为 $50\mu m$,D_1 为 $50\mu m$,W_2 为 $550nm$,D_2 为 $150nm$。另外,定义一个界面面积比 R,它代表涂层材料在多尺度织构化基体表面的附着面积与在传统无织构基体表面的附着面积之比:

$$R=\frac{A_{\text{Adhesion}}}{A_{\text{Plane}}} \tag{4-4}$$

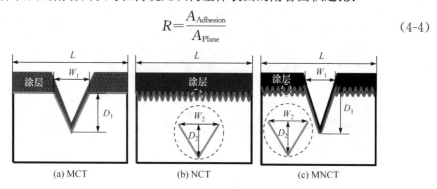

(a) MCT　　　　(b) NCT　　　　(c) MNCT

图 4-46　不同试样的涂层与基体间黏结面积计算示意图

计算得到的四种涂层试样的界面面积比 R 如表 4-7 所示。可见,基体表面多尺度织构化显著影响涂层试样的界面面积比 R,三种织构化基体表面均可增加涂层与基体的接触面积,其中 MNCT 涂层试样的界面面积比 R 最高。当单独考虑每个微米级沟槽时,与光滑表面相比,其可增加 2.4 倍的涂层附着面积。

表 4-7　四种涂层试样的界面面积比 R

试样	CCT	MCT	NCT	MNCT
R	1	1.4	1.2	1.6

在气相沉积过程中,蒸发或溅射的物质沉积在基体表面形成镀膜,是从气态向固态进行转化的结果,在此过程中主要通过物理吸附和化学吸附来实现蒸发或溅射的物质与基体表面间的相互结合。假设一薄层状物体放置于倾斜表面,如图 4-47 所示,作用于物体与倾斜面结合处的压力为 p,则结合界面处的摩擦力 f 可表示为

$$f = \mu p s \tag{4-5}$$

式中,μ 和 s 分别为摩擦副间的摩擦系数和接触面积。

f_v 为将物体从倾斜面垂直移动所需要的力,可表示为

$$f_v = f\cos\theta \tag{4-6}$$

可见,脱离力 f_v 与接触面积呈正比关系。在正交坐标系中,利用式(4-7)表示被沉积的基体表面:

$$z = f(x, y) \tag{4-7}$$

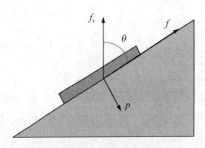

图 4-47　作用于薄层状物体和倾斜表面间的摩擦力示意图

当气相沉积薄膜填充到多尺度织构化基体表面时,垂直移除沉积在单位面积 $\mathrm{d}s$ 上的薄膜所需要的力 $\mathrm{d}f_v$ 可表示为

$$\mathrm{d}f_v = \mu p \mathrm{d}s\cos\theta \tag{4-8}$$

式中,θ 为单位面积 $\mathrm{d}s$ 的切线与垂直线间的夹角。

因此,在垂直方向将薄膜层从面积为 D 的织构化基体表面分离所需要的最小作用力为

$$\int_D \mathrm{d}f_v = \int_s \mu p \cos\theta \mathrm{d}s = \bar{\mu}\bar{p}\int_s \cos\theta \mathrm{d}s \tag{4-9}$$

式中,$\bar{\mu}$ 和 $\bar{p}$ 分别为摩擦系数 μ 和压力 p 的平均值。

此时,涂层与基体的结合强度也许可表示为

$$F_N = \frac{\bar{\mu}\bar{p}\int_s \cos\theta \mathrm{d}s}{D} \tag{4-10}$$

将界面面积比 R 代入式(4-10),则涂层与基体的机械结合强度可由式(4-11)预测:

$$F_N = \bar{\mu}\bar{p}R \tag{4-11}$$

可见,涂层与基体的结合性能与界面面积比 R 息息相关。由式(4-11)可知,涂层结合强度与界面面积比 R 呈线性增长关系。此外,基体表面织构化可使基体表面粗糙化,增加涂层与基体的接触面积,增加界面机械啮合力,从而获得更高的涂层结合强度。

3. 激光织构化基体的湿润性能

涂层与基体的结合强度除了与接触面积相关外,还受涂层与基体之间的附着力影响。在涂层形成的初期,涂层薄膜显示出如同液体的性质,涂层在基体材料表面上的润湿为其结合的前提条件,因此可将讨论湿润性的方法用于涂层的形成。涂层的附着性与基体表面的湿润性有密切关系,表面湿润性能好的材料,其表面附着能力也就越强。

水分子具有较高的成键能力,所以表面附着性能好的材料(即高键合势)与水的相互作用更强,材料亲水性增强。接触角是判断固体表面浸润性的重要依据。通常,利用接触角来描述固体材料表面与水分子之间的相互作用,将接触角定义为过气-液-固三相交界点沿液滴面的切线与固体表面的夹角,如图 4-48 所示。对液体水而言,接触角小于 90° 的固体表面称为亲水表面;同理,接触角大于 90° 的固体表面称为疏水表面。

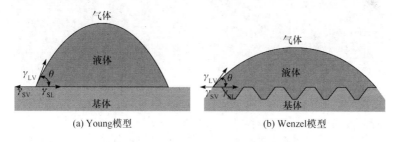

(a) Young 模型　　　　　　　　　(b) Wenzel 模型

图 4-48　Young 模型和 Wenzel 模型

图 4-49 为四种硬质合金基体表面上相对应的水滴形状。可见,WC/Co 硬质合金材料接触角小于 90°,为本征亲水性材料。当基体表面进行激光织构化后,其表观接触角降低,这表明随着表面织构的出现及粗糙度的增加,WC/Co 硬质合金表面亲水性增强,其中微纳复合织构化基体表面亲水性最强。另外,由于液滴主要沿着织构方向铺展,沟槽状织构的各向异性会导致表面润湿性呈现各向异性,如图 4-49(b)~(d)所示。当沿着垂直于织构方向观测时,微织构化基体表面、纳织构化基体表面以及微纳复合织构化基体表面的静态接触角分别为 52.54°、41.50°

和 27.84°;当沿着平行于织构方向观测时,MCT 试样的基体表面、NCT 试样的基体表面以及 MNCT 试样的基体表面静态接触角分别为 65.49°、45.00°和 35.75°。然而,无论平行于织构方向还是垂直于织构方向,织构化基体表面接触角均小于无织构基体表面,如图 4-50 所示。

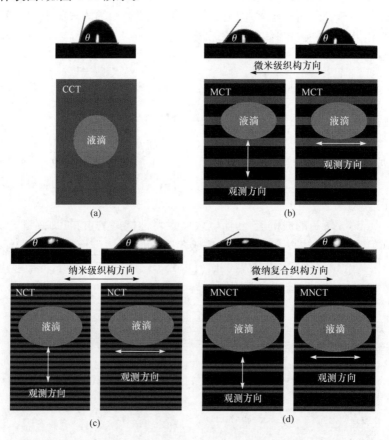

图 4-49　四种硬质合金基体表面上相对应的水滴形状

水滴在固体表面的接触角是固-气-液界面间表面张力平衡的结果,Young 最早提出了接触角的概念,其揭示了在光滑理想固体表面上液滴处于平衡状态时,各界面张力与本征接触角之间的函数关系,即 Young 氏方程:

$$\cos\theta = \frac{\gamma_{SV} - \gamma_{SL}}{\gamma_{LV}} \tag{4-12}$$

式中,γ_{SV}为固体在饱和蒸气压下的表面张力系数,γ_{LV}为液体在自身饱和蒸气压下的表面张力系数,γ_{SL}为固-液间的界面张力系数。

为分析固体表面状态与接触角之间的关系,Good 和 Girifalco 将液固界面张力 γ_{SL} 近似表示为固相表面张力 γ_{SV} 和液相表面张力 γ_{LV} 的函数,得到如下表达式:

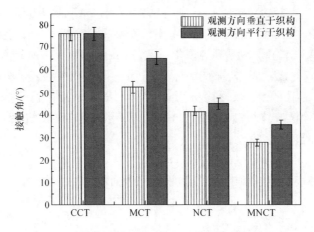

图 4-50 四种硬质合金基体表面测得的静态接触角

$$\gamma_{SL} = \gamma_{SV} + \gamma_{LV} - 2\Phi\sqrt{\gamma_{SV}\gamma_{LV}} \tag{4-13}$$

式中,Φ 为相互作用因子。

通常将式(4-13)称为 G-G 方程。将 G-G 方程与光滑表面的 Young 氏方程(即方程(4-12))结合可得到表示比值 γ_{SV}/γ_{LV} 与接触角 θ 关系的方程,即

$$\frac{\gamma_{SV}}{\gamma_{LV}} = \frac{(1+\cos\theta)^2}{4\Phi^2} \tag{4-14}$$

通过式(4-14)可得到比值 γ_{SV}/γ_{LV} 与接触角 θ 之间的关系曲线,如图 4-51 所示。可见,随着接触角的增加,固体表面张力逐渐降低,表明基体表面的液体接触角越小,基体表面附着性越大,其可为涂层的涂覆提供更加优越的附着表面,涂层与基体的附着功也就越高。

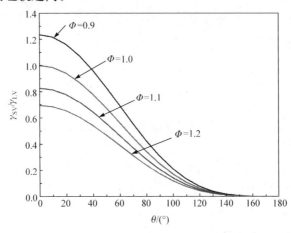

图 4-51 γ_{SV}/γ_{LV} 与接触角 θ 之间的关系曲线

针对粗糙化表面情况下 Young 氏方程的应用,有两种衍生模型:Wenzel 模型 (图 4-48(b))和 Cassie-Baxter 模型。由于 Wenzel 模型描述的是液体完全浸润微结构的情况,这与本书中观测到的现象一致,故此处利用 Wenzel 模型进行分析研究。Wenzel 模型认为,固体表面粗糙化可导致实际固-液接触区面积大于表观固-液接触区面积。用 R 表示实际固-液接触面积与表观固-液接触面积之比。当假设固体表面微结构被液体填满时,如图 4-52(b)所示,则其三相线在表观上移动 dx 时,其系统表面自由能变化为

$$dF = 2\pi r[(\gamma_{SL} - \gamma_{SV})dx + \gamma_{LV}dx\cos\theta^*] \tag{4-15}$$

式中,r 为固-液表观接触面半径,θ^* 为粗糙化表面的表观接触角。

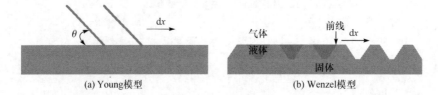

(a) Young模型　　　　　　　　　　　　(b) Wenzel模型

图 4-52　接触线的微小位移 dx 引起界面(固-液界面、固-气界面及液-气界面)的面积变化

结合 Young 氏方程(4-12)可得到在平衡状态下,即 $dF=0$,适用于粗糙化表面的 Wenzel 方程:

$$\cos\theta^* = R\cos\theta \tag{4-16}$$

根据式(4-16)可知,表面粗糙化可导致本征亲水性表面更亲水,而本征疏水性表面更疏水。因此,随着表面多尺度织构的出现,液滴与 WC/Co 硬质合金基体表面实际接触面积增加,导致液滴在织构化后的基体表面迅速展开,从而形成稳定的 Wenzel 模型结构。

综上所述,激光织构化可使基体表面湿润性能增强,为涂层的涂覆提供良好的附着面,增加附着力,从而提高涂层与基体的结合强度。

4. 基体表面织构化 TiAlN 涂层系统的应力状态

涂层内部和结合界面处的残余应力同样是影响膜-基结合性能的重要因素。对于利用气相沉积方法制备的 TiAlN 涂层,涂层沉积前后的温度变化以及材料之间不同的热膨胀系数将会引起涂层与基体材料不同的热收缩倾向,从而在涂层与基体结合界面附近处引起应变,因涂层厚度远小于基体厚度,故应变集中于涂层之中。这样,应变在涂层内产生相应的应力,而对于以硬质合金材料为基体的氮化物涂层,残余热应力往往以拉应力的形式存在。如图 4-53(a)所示,当 TiAlN 涂层系统中产生拉应力时,WC/Co 基体中则相应出现压应力,此时结合界面处存在剪应力,从而导致微裂纹的出现,拉应力导致的裂纹会在膜-基结合界面处发生偏移,沿

着界面方向生长。虽然在绝大部分区域涂层与基体结合性能良好,但是部分区域仍存在较严重的涂层剥离现象,图 4-54(a)即基体表面无织构涂层试样中涂层脱离区的 SEM 图。在涂层制备过程中,这种沿着涂层与基体结合界面发展的横向裂纹是造成涂层剥落的重要因素。然而,对于基体表面织构化 TiAlN 涂层试样,涂层与基体结合界面处微纳米沟槽结构的存在可在一定程度上消散涂层中的内应力,有效阻碍拉应力导致的涂层拉伸趋势(图 4-53(b)),从而抑制涂层与基体结合界面横向裂纹的出现(图 4-54(b)),提高涂层与基体的结合强度。

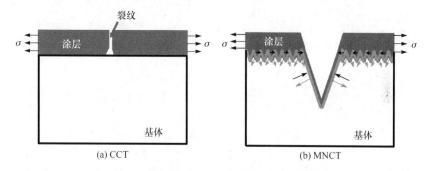

图 4-53　不同涂层试样的内应力状态

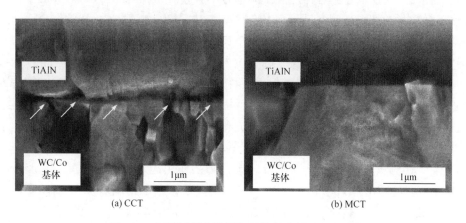

图 4-54　不同试样中涂层与基体结合界面 SEM 图

在基体表面激光织构化中,无论是纳秒激光还是飞秒激光,其光斑尺寸均有限,因此,由激光加工引起的局部材料变形可视为刚性约束条件下的塑性变形,导致激光冲击产生的应力波按一维应变平面波的方式进行传播。由激光加工表面织构的原理可知,激光在冲击材料表面时,产生的较强冲击波沿着垂直于加工表面的轴线方向往材料内部传播,激光强度在传播过程中会逐渐减弱,然而,由于激光冲击波在材料表面产生的压力可达吉帕量级,因此一定深度的材料沿着轴向方向会形成压缩塑性变形,同时导致此部分材料沿着平行于表面的方向伸长变形

（图 4-55（a））。然后，如图 4-55（b）所示，这部分材料在激光冲击波压力逐渐消失后仍会保持部分塑性变形状态，由于材料内部的整体性，为与周围材料保持几何相容性，发生塑性变形的部分材料将会受到周围材料试图将其退回到激光加工前的初始形态施加的力，即塑性变形区域将受到未变形区域的反推力作用，从而在平行于硬质合金基体材料的平面内部产生压应力场，其方向沿着半径方向。

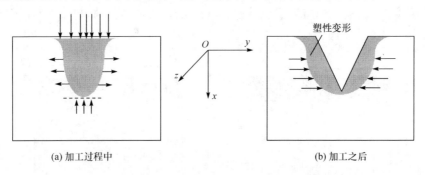

(a) 加工过程中　　　　　　　　　　　　　　　　(b) 加工之后

图 4-55　激光诱导基体材料一维应变示意图

对于在另一种材料表面上沉积生长而形成的涂层系统，往往会由于涂层与基体材料成分、性能的差异容易造成层间结合不紧密，结合界面处容易形成由于拉应力驱使的裂纹，如图 4-53（a）所示。为了抑制裂纹萌生、提高韧性，常常在表面通过某种处理在裂纹表面附近造成体积膨胀，最终导致压应力，降低裂纹表面的应力场强度因子，即提高了材料裂纹尖端临界应力强度因子。因此，激光织构化过程导致的存在于基体表面的压应力场可促进裂纹的闭合，当裂纹有扩展的趋势时，拉应力必须克服压应力而额外需消耗能量，因而裂纹扩展阻力增加，涂层断裂韧性增强。值得注意的是，虽然某种程度上基体表面存在的压应力可提高涂层的断裂韧性，但是过大的残余应力同样可引起涂层的剥落和裂纹的形成。

从上述分析可知，涂层系统局部残余应力的作用是双重的：一方面，它能极大地改变局部力的分布，例如，在外力作用下，它可引起新的缺陷形核、已有缺陷的扩展甚至破坏。此时，基体表面多尺度织构化可有效消散涂层系统的残余应力，抑制涂层与基体结合界面裂纹的出现或发展；但另一方面，它又是有益的，其可增强材料，使涂层产生超硬及抗磨损的性质。例如，对于涂层系统中最常见缺陷：位错和裂纹，需要克服局部残余压应力才能在层间运动，也就是说，局部残余应力是缺陷扩展的障碍。基体表面激光织构化处理往往会在平行于被加工材料的平面内产生沿着半径方向的压应力场，从而可增强涂层断裂韧性。

综上所述，从 TiAlN 涂层与激光织构化 WC/Co 基体的化学匹配性、接触面积、基体表面湿润性能以及涂层系统的应力状态等方面分析基体表面激光织构化的 TiAlN 涂层试样良好的膜-基结合强度产生的原因，以上因素均可影响涂层与基体的结合强度。然而,对于利用气相沉积方法沉积的涂层,主要通过物理吸附和化学吸附来实现与基体间的相互结合,因此在影响涂层附着力的上述因素中,涂层与基体材料的匹配性,以及基体的附着性能表现为主要因素。对于 MCT、NCT 和 MNCT 三种基体表面织构化的涂层试样,与 TiAlN 相位置相近的新物相 WC_{1-x} 衍射峰强度从低到高的排序为:MCT<NCT<MNCT;同时,三种涂层试样的 WC/Co 基体湿润性能从低到高的排序同样为:MCT<NCT<MNCT,因此 MNCT 试样的涂层结合力最大。

4.4　基体表面织构化 TiAlN 涂层的摩擦磨损特性

4.4.1　试验方法

1. 试验设备

摩擦磨损试验在美国 CETR 公司生产的 UMT-2 型多功能摩擦磨损试验机上进行,其目的为研究材料磨损现象及本质,从而评估各因素对材料表面摩擦磨损性能的影响。通常,相对运动机械零件之间的运动方式包括纯滑动、纯滚动以及滚动伴随滑动,接触形式可分为面接触、线接触以及点接触。其中,面接触形式试样中单位面积压力为 80~100MPa,主要应用于磨粒磨损试验中;线接触形式试样的最大接触压力可达到 1000MPa;点接触形式试样的表面接触压力更大,可达 5000MPa,适用于接触疲劳磨损试验、黏着磨损试验等需要很大接触压力的试验。在金属切削过程中,虽然刀-屑接触界面间属于面接触形式,但是其接触面间压力很大,故采用球-平面接触方式。

摩擦磨损试验装置主要包括配副球、夹具、力传感器、涂层试样、旋转主轴和工作台,如图 4-56 所示。试验在大气和室温环境中进行,采用球-平面往复式摩擦方式,涂层试样固定于基台表面,直径为 9.525mm 的 AISI 316 不锈钢对磨球被固定于夹具中,与基体表面织构化的涂层试样接触并通过力传感器控制施加的载荷,并在夹具带动下往复运动以实现与涂层试样的相对滑动。固定不锈钢对磨球的夹具可以在伺服电机的带动下实现上下和左右方向的高精度运动,承载 TiAlN 涂层试样的工作台固定不动。试验过程中,力传感器实时采集加载载荷和摩擦力,同时利用控制系统的 Viewer 软件记录采集数据,并自动绘制出摩擦力和摩擦系数的变化曲线。

2. 试验方案

摩擦磨损试验使用的试样为制备的四种 TiAlN 涂层试样:基体表面无织构的

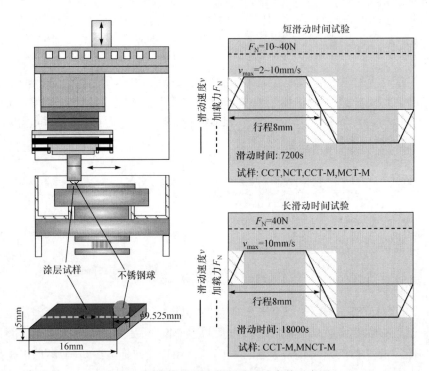

图 4-56　摩擦磨损试验装置及试验参数示意图

TiAlN 涂层试样(CCT);基体表面微织构化 TiAlN 涂层试样(MCT);基体表面纳织构化 TiAlN 涂层试样(NCT);基体表面微纳复合织构化 TiAlN 涂层试样(MNCT)。与进行 TiAlN 涂层性能测试一样,用于基体表面织构化 TiAlN 涂层摩擦磨损性能测试的试样为整个刀具前刀面区域均进行织构化处理试样。

　　为准确评估基体表面纳织构、微织构以及微纳复合织构对 TiAlN 涂层摩擦磨损性能的影响,摩擦磨损试验分为两种不同试验类型进行:短滑动时间试验(试验时间 7200s)和长滑动时间试验(试验时间 18000s)。

　　在短滑动时间摩擦试验中,试验参数为:相对滑动速度 2~10mm/s,施加载荷 10~40N,行程 8mm,每组试验滑动时间 7200s,如图 4-56 所示。短滑动时间试验主要用于研究基体表面纳织构和微织构在影响 TiAlN 涂层摩擦磨损性能中分别起到的作用,因此准备了四种不同涂层试样:基体表面无织构 TiAlN 涂层试样(CCT)、基体表面纳织构化 TiAlN 涂层试样(NCT)、基体表面无织构 TiAlN 涂层表面涂覆 MoS$_2$ 固体润滑剂试样(CCT-M)和基体表面微织构化 TiAlN 涂层表面涂覆 MoS$_2$ 固体润滑剂试样(MCT-M)。其中,CCT-M 和 MCT-M 试样制备过程示意图如图 4-57 所示。固体润滑剂作为一种工业常用的润滑剂,具有绿色环保的特性,并且在实际摩擦副中经常被用来减小摩擦、降低磨损,其中应用最为广泛的

是 MoS_2。利用抛光技术在 CCT 和 MCT 试样表面添加一层固体润滑剂,使用的固体润滑剂为粒度小于 $2\mu m$ 的商用 MoS_2 固体润滑剂。MoS_2 固体润滑剂具有与金属表面结合力较强、可形成一层较牢固膜的性能特点,因此在此次摩擦试验中润滑剂选为 MoS_2 固体润滑剂。另外,抛光过程是在试验条件下利用包裹陶瓷盘的抛光布对试样表面施加一定的压力反复碾压完成的。

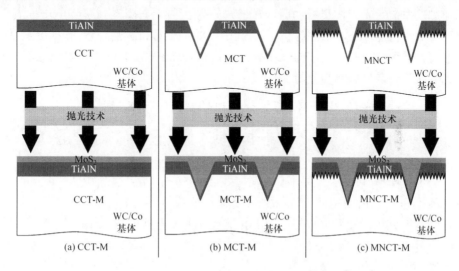

图 4-57　不同试样制备过程示意图

利用上述方法制备的 CCT-M 和 MCT-M 试样表面形貌如图 4-58 所示。从图 4-58(a)可以看出,添加的 MoS_2 固体润滑层厚度为 $1\mu m$ 左右,并且表面相对光滑。由图 4-58(b)可见,基体表面微织构化的 TiAlN 涂层试样表面被 MoS_2 固体润滑剂完全覆盖,沟槽内充满了 MoS_2,并且沟槽边缘处固体润滑层并无明显的不连续现象。

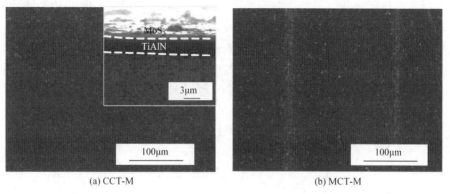

图 4-58　添加 MoS_2 试样的表面形貌

　　长滑动时间摩擦试验主要用于研究基体表面微纳复合织构化 TiAlN 涂层试样（MNCT）在实际应用条件，即高速、大载荷且较长摩擦时间条件下的摩擦磨损行为，为其能够投入实际应用提供重要数据依据。另外，为与基体表面未进行织构化处理的 TiAlN 涂层试样进行比较，CCT 试样也被用于长滑动时间摩擦试验中，因此准备了两种不同涂层试样：CCT-M 和 MNCT-M。其中，MoS_2 固体润滑剂的添加过程如上所述。在长滑动时间试验中，试验参数为：滑动速度 10mm/s，施加载荷 40N，行程 8mm，每组试验滑动时间 18000s。摩擦试验后，利用扫描电子显微镜和白光干涉仪观测涂层试样表面磨损形貌和磨痕轮廓，并利用 X 射线能谱仪对磨痕表面进行成分检测与分析。

4.4.2　基体表面织构化对 TiAlN 涂层摩擦磨损性能的影响

1. 短滑动时间摩擦试验

1）摩擦系数

　　图 4-59 为在滑动速度 10mm/s 和载荷 40N 条件下，四种 TiAlN 涂层试样与 AISI 316 不锈钢球对磨的摩擦系数变化曲线。由图可见，四种不同 TiAlN 涂层试样表面形成的摩擦系数曲线具有不同的形状。CCT 和 NCT 试样经过磨合阶段之后形成范围为 0.75～0.85 的摩擦系数。其中，对于 CCT 试样，这种稳定的摩擦状态保持了 5100s 左右，之后摩擦系数发生突降，随后又突然增加到 1.0 以上。这种摩擦行为可能是由试样表面涂层的大面积脱落引起的摩擦副之间不规律接触导致的。然而，与 CCT 试样不同，NCT 试样在整个试验过程中能够稳定地将摩擦系数保持在 0.75～0.85 范围内。与未添加 MoS_2 固体润滑剂的试样（CCT 和 NCT）相比，表面添加 MoS_2 固体润滑剂试样（CCT-M 和 MCT-M）的摩擦系数较低，其中 MCT-M 试样具有最低的摩擦系数。在试验前 2400s 内，CCT-M 试样的摩擦系数可以稳定在较低数值（0.18 左右）；然而，2400s 之后其摩擦系数发生剧烈波动，迅速在 4700s 左右增加到 0.8 左右的较高数值，并且在试验结束之前稳定在这个较高数值。然而，MCT-M 试样并未发生这种情况。MCT-M 试样低的稳定摩擦系数保持了更长时间（4500s 左右），这表明其具有更好的润滑状态。随着摩擦时间逐渐增加，MCT-M 试样仍可将其摩擦系数保持在低的稳定状态下，并且确实比 CCT-M 试样摩擦系数低很多。当摩擦时间增加到 7200s 时，其摩擦系数值发生轻微增大，并最终增加到 0.48 左右。这表明，在此试验条件下，MCT-M 试样可在整个试验过程中保持一种更优良的减摩性能。因此，在滑动速度为 10mm/s、载荷为 40N 的条件下，基体表面织构以及添加的 MoS_2 固体润滑剂可显著影响 TiAlN 涂层的摩擦磨损性能。

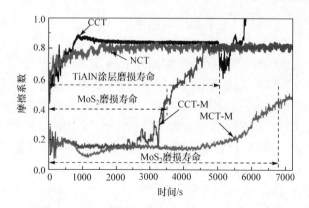

图 4-59　不同试样摩擦系数随时间的变化曲线
载荷 40N,滑动速度 10mm/s

为阐明不同摩擦试验条件下,基体表面织构化对 TiAlN 涂层摩擦磨损性能的影响,研究了不同试样与 AISI 316 不锈钢球对磨时的平均摩擦系数及磨损寿命随滑动速度和载荷的变化趋势,如图 4-60 和图 4-61 所示。其中,TiAlN 涂层的磨损寿命定义为摩擦系数发生突变时试样滑动的距离。摩擦系数发生的突变表明不锈钢球与 WC/Co 基体接触的开始,因此被选择作为涂层失效准则。MoS_2 固体润滑层的磨损寿命定义为当摩擦系数达到 μ_a 和 μ_b 的平均值时试样滑动的距离,其中 μ_a 为 MoS_2 固体润滑层的摩擦系数,μ_b 为 MoS_2 固体润滑层移除后 TiAlN 涂层的摩擦系数,如图 4-59 所示。图 4-60 表明,在不同试验条件下,CCT 和 NCT 试样的摩擦系数大小基本一致,并维持在 0.6～0.9 范围内。然而,与 CCT 和 NCT 试样不同,在所有试验条件下 CCT-M 和 MCT-M 试样的摩擦系数明显更低,并且 MCT-M 试样具有最低的摩擦系数值。CCT-M 和 MCT-M 试样的平均摩擦系数分别为 0.3～0.6 和 0.1～0.3。另外,从图中也可看出,四种试样的平均摩擦系数随滑动速度的增加而减小,同时随载荷的增加而增加。

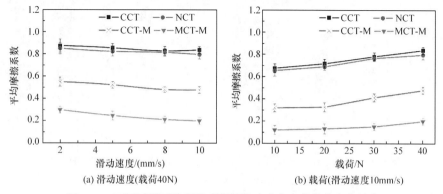

(a) 滑动速度(载荷40N)　　　　　　　(b) 载荷(滑动速度10mm/s)

图 4-60　不同试样平均摩擦系数随滑动速度和载荷的变化趋势

　　滑动速度对摩擦系数的影响与摩擦副间摩擦温度密切相关,摩擦温度受滑动速度影响,因此滑动速度通过影响摩擦温度对摩擦系数产生影响。当滑动速度较低时,摩擦副间产生热量较少,因此摩擦温度不高,因摩擦副间温升而产生的表面层物理、化学变化不明显。而当滑动速度较高时,摩擦副间产生大量摩擦热,由于TiAlN 涂层具有较好的热障作用,摩擦热主要集中于不锈钢对磨球上,这可能会使小球表层大面积地呈现熔化状态,表层材料软化,因而滑动副摩擦系数降低。此现象随着滑动速度的升高而更加明显,因此随着滑动速度的增加,TiAlN 涂层试样的摩擦系数逐渐降低。而载荷对摩擦系数的影响,在很大程度上与摩擦副间黏着磨损密切相关。在摩擦磨损试验的初始阶段,不锈钢球与 TiAlN 涂层试样接触面积较小,导致摩擦副接触区域产生很大的应力值,从而使较软的不锈钢球发生弹塑性变形;随着摩擦试验的继续,小球磨斑直径逐渐增大,虽然接触应力也会相应降低,但是小球表面不可避免会发生弹性变形。随着载荷的增加,不锈钢材料较大的塑性特性导致接触区域的黏着现象逐渐加重,消耗更多的能量,摩擦系数增加。因此,TiAlN 涂层与不锈钢球对磨时,摩擦系数随着载荷的增加而增加。

　　图 4-61(a)和(b)表明,与基体表面无织构试样(CCT)相比,基体表面纳织构试样(NCT)的 TiAlN 涂层寿命得到了显著提高。对于 CCT 试样,当载荷为 40N

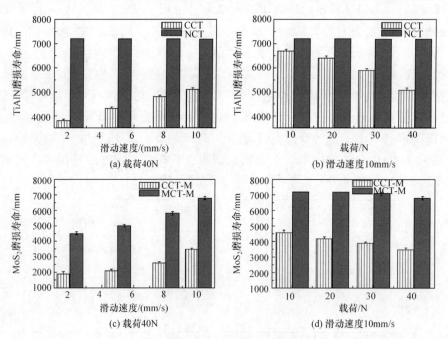

图 4-61　CCT、NCT 试样 TiAlN 涂层磨损寿命和 CCT-M、MCT-M 试样
MoS₂ 磨损寿命随滑动速度和载荷的变化

时,随着滑动速度从 2mm/s 增加到 10mm/s,其涂层磨损寿命从 7600mm 增加到 51000mm;另外,当滑动速度为 10mm/s 时,随着载荷从 10N 增加到 40N 时,其涂层磨损寿命从 67000mm 降低到 51000mm。在所有滑动速度和载荷条件下,NCT 试样的涂层磨损寿命均超过了试验持续时间,如图 4-61(a)和(b)所示。图 4-61(c)和(d)表明,与基体表面无织构的试样(CCT-M)相比,基体表面微织构化试样(MCT-M)可显著提高其表面添加的 MoS_2 固体润滑剂的有效作用时间。对于 MCT-M 试样,当载荷为 40N 时,随着滑动速度从 2mm/s 增加到 10mm/s,其涂层磨损寿命从 9000mm 增加到 68000mm;另外,当载荷为 10N 和 20N 时,MoS_2 固体润滑剂的有效作用时间均超过了试样持续时间,当载荷为 30N 和 40N 时其磨损寿命分别降低到 70000mm 和 68000mm。滑动速度为 10mm/s 时,随着载荷从 10N 增加到 40N 时,其涂层磨损寿命从 67000mm 降低到 51000mm。对于 CCT-M 试样,当载荷为 40N 时,随着滑动速度从 2mm/s 增加到 10mm/s,MoS_2 固体润滑剂的有效作用距离从 4000mm 增加到 35000mm;另外,当滑动速度为 10mm/s 时,随着载荷从 10N 增加到 40N,其涂层磨损寿命从 46000mm 降低到 35000mm,如图 4-61(c)和(d)所示。

2)涂层表面磨损形貌

图 4-62 和图 4-63 分别为 CCT 和 NCT 试样与不锈钢球在滑动速度 10mm/s 和载荷 40N 下对磨 120min 后磨痕形貌及相应的 EDS 成分分析。从图 4-62(a)可见,CCT 试样表面发生了恶劣的磨损,在沿着磨损痕迹方向最初的 TiAlN 涂层发生了部分脱落现象。CCT 试样的这种磨损行为与图 4-59 所示摩擦系数一致,因此可进一步证明在滑动时间为 5100s 左右时 CCT 试样表面发生了突然的涂层恶化现象。另外,在高倍放大 SEM 图中发现 CCT 试样表面存在大量的黏着物和犁沟,如图 4-62(b)所示。这种犁沟行为与由进入滑动表面的坚硬第三体磨粒(third-body particles)引起的试样表面磨损行为非常类似。这些磨料颗粒可能是由施加的载荷力作用而被释放进入滑动副接触区域内的 TiAlN 硬涂层碎片,或依附于涂层表面的硬液体状颗粒而形成的。涂层试样表面的黏着现象主要是由两种对磨材料在硬度上的巨大差异引起的。众所周知,在滑动摩擦中不锈钢具有很强的黏性,多倾向于产生材料转移。材料转移行为可由 EDS 成分分析证明。经过摩擦试验之后,CCT 试样表面不仅含有 TiAlN 涂层基本元素 Ti 和硬质合金基本元素 W,同时含有 AISI 316 不锈钢基本化学元素 Fe,如图 4-62(c)所示。随着滑动摩擦行为的进行,涂层试样表面经历滑动疲劳和剪切应力的共同作用,从而引起 TiAlN 涂层的剥落。因此,在摩擦试验中,CCT 试样涂层表面发生了严重的黏着磨损。白光干涉仪下的试样表面磨损二维形貌以及截面轮廓图进一步验证了 TiAlN 涂层表面发生了部分脱落及大量不锈钢材料的黏结现象,这表明黏着磨损为 CCT 试样表面的主要磨损形式。

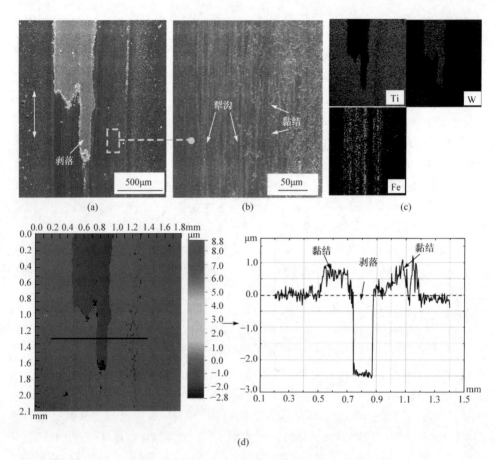

图 4-62　CCT 试样磨痕表面形貌及相应成分分析

滑动速度 10mm/s,载荷 40N,时间 120min

　　如图 4-63 所示,经过摩擦试验之后,NCT 试样表面发生了恶劣的磨损,然而并没有发生 TiAlN 涂层剥落现象。TiAlN 涂层表面是完整的。同样,通过高倍 SEM 图可观察到大量的黏结材料以及机械犁沟存在于 NCT 试样表面(图 4-63(b))。另外,EDS 成分分析表明 NCT 试样表面没有 W 元素出现,但存在 Fe 元素,如图 4-63(c)所示。相似地,摩擦试验后 NCT 试样表面的二维形貌及截面轮廓图进一步证明大量黏结材料的存在(图 4-63(d))。上述结果表明,CCT 和 NCT 试样经过摩擦试验后其表面不锈钢材料的黏结情况类似,然而其表面 TiAlN 涂层的剥落情况存在明显的区别。经过摩擦试验之后,NCT 试样表面没有暴露 WC/Co 硬质合金基体,TiAlN 涂层保持完整。

　　为更好地理解 CCT-M 和 MCT-M 试样的摩擦行为和磨损机理,进行了滑动速度 10mm/s、载荷 40N 条件下不同滑动时间(27min、70min、120min)的摩擦试

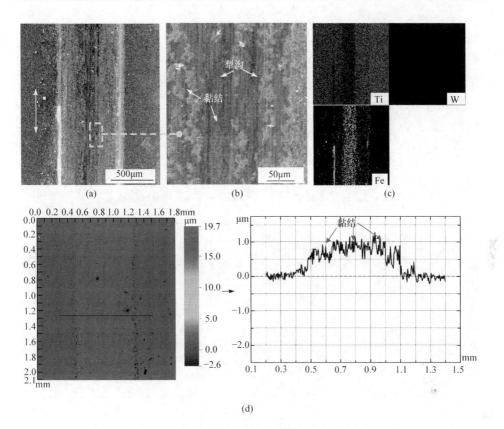

图 4-63　NCT 试样磨痕表面形貌及相应成分分析

滑动速度 10mm/s，载荷 40N，时间 120min

验。试验后，CCT-M 和 MCT-M 试样的磨损形貌及相应的 SEM/EDS 成分分析如图 4-64～图 4-66 所示。

(a) 27min

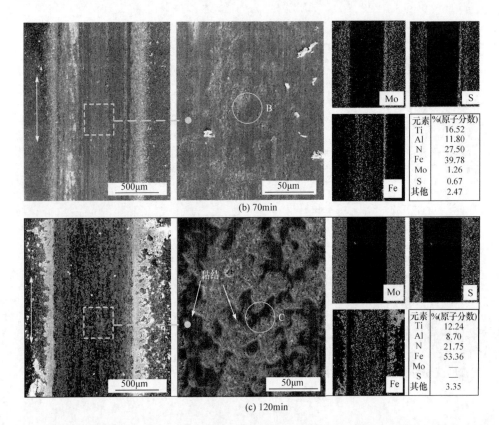

（b）70min

元素	%(原子分数)
Ti	16.52
Al	11.80
N	27.50
Fe	39.78
Mo	1.26
S	0.67
其他	2.47

元素	%(原子分数)
Ti	12.24
Al	8.70
N	21.75
Fe	53.36
Mo	—
S	—
其他	3.35

（c）120min

图 4-64　不同滑动时间后 CCT-M 试样表面磨损形貌及相应的 SEM/EDS 成分分析

滑动速度 10mm/s,载荷 40N

从图 4-64 可以看出,经过 27min 的摩擦试验后,CCT-M 试样表面磨损程度较轻,且磨痕宽度较窄;磨痕放大图表明犁沟存在于磨损表面。元素分布的 EDS 分析图表明,尽管 Mo 和 S 元素含量降低,但是固体润滑剂元素 Mo 和 S 依然存在于 CCT-M 试样表面。此外,为定量地评估 MoS_2 固体润滑层的磨损情况,测量了试样磨痕范围内 Mo 和 S 元素的含量。结果显示,磨损表面 Mo 和 S 元素的含量分别为 19.33% 和 9.67%。EDS 成分分析同样检测到 Fe 元素的存在。经过 70min 的滑动摩擦后,CCT-M 试样表面磨损痕迹逐渐变明显。元素分布的 EDS 分析图表明,试样磨痕内已经基本不存在 Mo 和 S 元素,同时更多的 Fe 元素黏结在整个磨痕内。Mo 和 S 元素的含量分别为 1.26% 和 0.67%。随着试验的继续进行,直至 120min 后试验结束,CCT-M 试样表面磨痕深度和宽度迅速增大,并且大量的磨屑聚集在磨痕两侧;磨痕放大图表明,黏结材料存在于磨损表面。元素分布的 EDS 分析图表明,试样磨痕内 Mo 和 S 元素已经完全被磨损掉,同时更多的 Fe 元素黏结在整个磨痕内。上述结果表明,在试验开始阶段,摩擦副接触表面存在充足的 MoS₂ 固体润滑剂（可能被转移到对磨球表面）来维持摩擦系数在 0.1～0.2 范围内；然而，经过 70min 的滑动摩擦后，MoS₂ 基本被移除；在最后阶段，试样表面磨痕内 MoS₂ 固体润滑剂完全消失。

图 4-65 为在滑动速度 10mm/s 和载荷 40N 的条件下，不同滑动摩擦时间（27min、70min、120min）后 MCT-M 试样表面磨痕形貌及相应的摩擦系数。从图中可以看出，MCT-M 试样不同摩擦时间的摩擦系数曲线与图 4-59 所示摩擦系数曲线相似。经过 27min 的滑动摩擦后，MCT-M 试样表面基本不存在磨损情况。值得注意的是，存储在微沟槽内的 MoS₂ 润滑剂在摩擦挤压作用下正在析出，并拖敷在摩擦接触面形成润滑层。70min 后，试样表面磨痕宽度增大，但固体润滑剂依然存在于磨痕范围内的沟槽中，并向沟槽周围扩散。经过 120min 的摩擦时间后，MCT-M 试样的磨损依然较轻微。尽管沟槽内固体润滑剂含量明显降低，但是元素分布的 EDS 分析图显示整个磨损表面依然存在 MoS₂（图 4-66），这表明在整个摩擦过程中润滑剂都存在于摩擦副接触表面内。另外，Fe 元素分布的 EDS 分析图表明，织构内黏满了从对磨球表面转移而来的不锈钢材料；同时在相邻沟槽之间的范围内没有发现明显的黏结材料，这表明黏结材料可被有效转移到微米级织构区域。

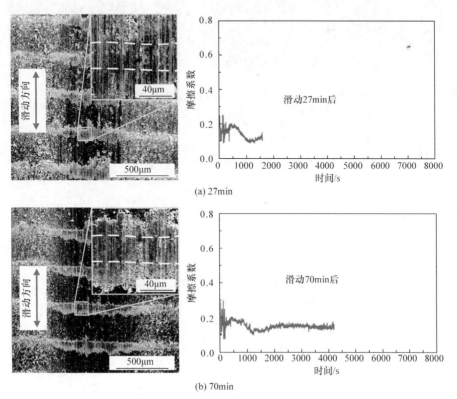

(a) 27min

(b) 70min

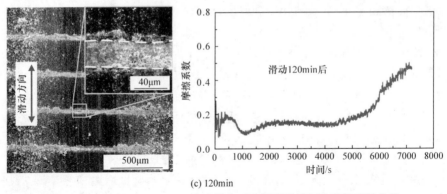

(c) 120min

图 4-65　不同时间后 MCT-M 试样表面磨损形貌及相应摩擦系数曲线

滑动速度 10mm/s,载荷 40N

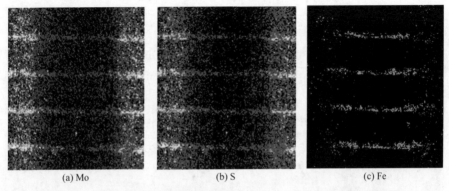

(a) Mo　　　　　　　　　　(b) S　　　　　　　　　　(c) Fe

图 4-66　MCT-M 试样磨损表面 Mo、S 和 Fe 元素分布的 EDS 分析图

滑动速度 10mm/s,载荷 40N,时间 120min

3) 对磨球的磨损

图 4-67 为在滑动速度 10mm/s 和载荷 40N 条件下分别与四种试样摩擦120min 后的不锈钢球的磨痕形貌及相应的 EDS 成分分析。可见,与 CCT 试样对磨的不锈钢球磨痕区域产生了严重的塑性变形,且磨损体积损失严重,磨痕直径为798.4μm 左右(图 4-67(a))。如图 4-67(b)所示,与 NCT 试样对磨的不锈钢球表面产生了相似的塑性磨痕。与 CCT 试样对磨的不锈钢球相比,其磨痕直径得到了轻微降低,磨痕直径为 768.1μm 左右。与 CCT-M 试样对磨的不锈钢球磨痕形貌表明,其磨痕直径为 749.8μm,这和与 CCT、NCT 试样对磨的不锈钢球表面产生的磨痕直径相近;然而,其表面磨损程度得到了很大程度的降低,图中 A 点 EDS 成分分析表明固体润滑剂 Mo 和 S 元素存在于磨痕区域(图 4-67(c)),这表明 CCT-M 试样表面 MoS_2 固体润滑剂有效转移到了对磨球表面。图 4-67(d)显示,与 MCT-M试样对磨的不锈钢球磨痕直径最小,为 602.1μm 左右,并且磨损程度最低;图中 B 点EDS 成分分析表明,大量的 MoS_2 固体润滑剂被转移到不锈钢对磨球表面。

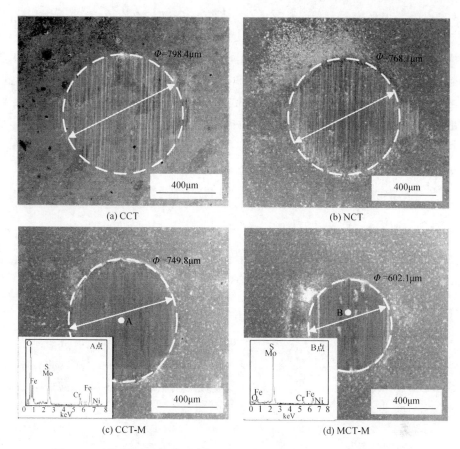

图 4-67　与不同涂层试样对磨的不锈钢磨痕形貌及相应的 EDS 成分分析
滑动速度 10mm/s,载荷 40N,时间 120min

4) 讨论

表 4-8 为相同试验条件(速度 10mm/s、载荷 40N、冲程 8mm、滑动时间 7200s)下,四种不同涂层试样的摩擦磨损性能比较。由试验结果可以看出,无论是基体表面纳米级织构化还是微米级织构化均可提高 TiAlN 涂层的摩擦磨损性能。四种涂层试样在不同试验阶段的摩擦磨损机理如图 4-68 所示。通常,涂层系统的摩擦系数主要由其表面形貌决定。当涂层厚度足够薄(小于 100nm)时,基体的表面粗糙度会引起摩擦副间真实接触面积减小,从而对涂层系统摩擦系数有显著的影响。然而,此处 TiAlN 涂层厚度为 $3\mu m$ 左右,可以将基体表面纳织构完全覆盖。因此,NCT 试样基体表面的纳米级织构对其摩擦系数无明显影响。然而,与 CCT 试样相比,NCT 试样具有更高的磨损寿命,这是由基体表面纳米级织构化可显著提高涂层结合力所致。对于 NCT 试样,TiAlN 涂层的内应力及摩擦接触压力可被纳米沟槽消散,从而导致涂层结合力的提高。另外,影响涂层与基体界面结合强度

的外部因素有基体表面形貌以及表面化学性。至于基体表面形貌,表面织构化处理后基体表面粗糙度均得到一定程度的增加。在涂覆涂层过程中,涂层材料可以渗入基体表面加工的纳米沟槽内,因此粗糙化的基体表面可增加涂层与基体的接触面积。另外,也可以假设,基体表面存在的织构可作为阻止涂层滑动的屏障,进而增加涂层与基体界面结合强度。至于表面化学性,织构基体表面通过激光处理后形成了与涂层 TiAlN 相位置相近的新物相 WC_{1-x},当涂层材料与基体材料匹配性较好时,如物相类型相近或化学亲和力较高等,可有效降低涂层与基体间的界面能,从而显著提高涂层结合力。

表 4-8　相同试验条件下四种不同涂层试样的摩擦磨损性能比较

试样	结果			
	摩擦系数	寿命/mm	寿命/mm	磨斑大小/μm
CCT	0.84±0.03	51000±2250	—	798.4±5.6
NCT	0.80±0.04	>72000	—	768.1±4.9
CCT-M	0.48±0.03	—	35000±1950	749.8±4.3
MCT-M	0.19±0.03	—	68000±2670	602.1±3.2

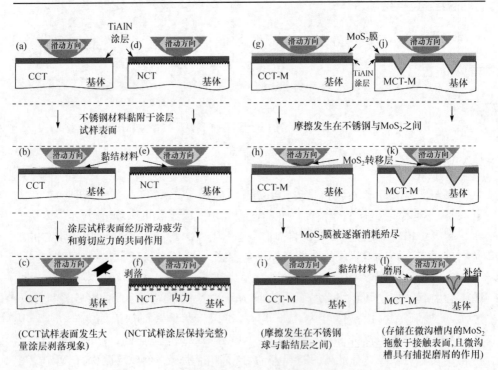

图 4-68　四种涂层试样在不同试验阶段的摩擦磨损机理

(a)~(c) CCT;(d)~(f) NCT;(g)~(i) CCT-M;(j)~(l) MCT-M

对于 CCT-M 试样,表面固体润滑剂的存在使其摩擦系数受 MoS$_2$ 剪切强度的影响。根据表面膜效应修正的黏着理论,表面摩擦系数可表示为

$$\mu = \frac{\tau_f}{\sigma_s} \tag{4-17}$$

式中,τ_f 为表面膜的剪切强度,σ_s 为硬基体材料的抗压屈服极限。

由式(4-17)可知,摩擦系数与表面膜的剪切强度成正比。而试样表面添加的 MoS$_2$ 固体润滑剂与 TiAlN 涂层相比具有更低的临界剪应力,因此表面润滑层形成于 CCT-M 试样表面,并且与硬涂层共存于摩擦副接触表面。在摩擦过程中,硬涂层可承载压力,同时润滑层可减缓摩擦副接触表面间摩擦,因此导致试样表面摩擦系数降低。但是,如图 4-68(g)和(h)所示,添加于光滑表面的固体润滑剂不能提供足够的润滑作用,初始的 MoS$_2$ 润滑层会很快被磨损耗尽,当不足以在摩擦副间形成连续的润滑膜时,摩擦系数开始上升。然而,对于 MCT-M 试样,添加 MoS$_2$ 固体润滑剂的微织构化表面在长时间内可保持低的稳定摩擦系数,如图 4-59 所示。这是由于摩擦过程中存储在微沟槽内的 MoS$_2$ 润滑剂可在摩擦挤压作用下析出,从而在摩擦副间形成润滑层,虽然析出的润滑剂也会被摩擦带走,但是沟槽中润滑剂会不断析出补给(见图 4-68(l)中灰色箭头),从而在摩擦接触面形成连续动态的润滑层。此外,微米级沟槽还可起到捕捉和存储磨损颗粒的作用,可一定程度上减缓磨粒磨损。

从上述试验结果及分析可知,基体表面纳织构化和微织构化均可改善 TiAlN 涂层的摩擦磨损性能。因此,基体表面纳织构化和微织构化可作为提高 TiAlN 涂层摩擦磨损性能的一种有效方法。为进一步提高 TiAlN 涂层摩擦磨损性能以及能够同时从表面纳织构和表面微织构中获益,下一步将展开基体表面微纳复合织构化对 TiAlN 涂层摩擦磨损性能的影响研究。

2. 长滑动时间摩擦试验

1) 摩擦系数

图 4-69 为在滑动速度 10mm/s、载荷 40N、滑动时间 18000s 条件下 CCT-M 和 MNCT-M 试样与 AISI 316 不锈钢球对磨的摩擦系数变化曲线。可见,两种不同 TiAlN 涂层试样表面形成的摩擦系数曲线具有不同的形状。与短滑动时间摩擦试验不同,在长滑动时间摩擦试验中 CCT-M 试样的摩擦系数分为三个阶段:第一阶段(试验前 2400s),摩擦系数可以稳定在较低数值(0.18 左右)上;第二阶段,摩擦系数发生剧烈波动,在 4700s 左右迅速增加到较高数值(0.8 左右),然后稳定在这个数值;第三阶段,0.8 左右的摩擦系数保持到 10750s 左右之后发生突变,数值增加到 1.0 以上,这说明试样表面 TiAlN 涂层发生了大面积脱落,因此 CCT-M 试样 TiAlN 涂层磨损寿命为 10750s 左右。然而,MNCT-M 试样并未发生这种情

况。MNCT-M 试样低的稳定摩擦系数被保持了更长时间（4500s 左右），这表明其具有更好的润滑状态。随着摩擦时间逐渐增加，MNCT-M 试样仍可将其摩擦系数保持在低的稳定状态下，并且确实比 CCT-M 试样摩擦系数低很多。当摩擦时间增加到 10000s 时，其摩擦系数值逐渐增加到 0.83 左右，这表明此时 MNCT-M 试样表面添加的 MoS_2 固体润滑剂已完全被耗尽，不锈钢球与 TiAlN 涂层完全接触。另外，由于试样表面微米级织构的存在，此时与不锈钢球接触的涂层表面粗糙度较大，所以其摩擦系数与光滑涂层表面相比发生轻微增大，并最终保持在 0.83 左右直到试验结束。同时可以发现此时摩擦系数波动较小，摩擦过程振动减缓，这说明 MNCT-M 试样摩擦过程更稳定。

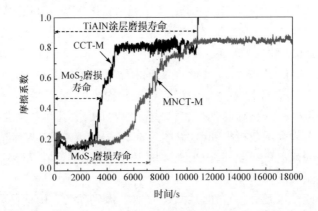

图 4-69　CCT-M 和 MNCT-M 试样摩擦系数随时间的变化曲线
载荷 40N，滑动速度 10mm/s

因此，在此试验条件下，基体表面微纳复合织构化可显著提高 TiAlN 涂层的摩擦磨损性能，在试验前 10000s 存储在微织构内的固体润滑剂可在摩擦挤压作用下不断析出，从而可在摩擦副接触表面间形成连续动态的润滑层，并且微米级织构沟槽具有捕捉和存储磨损颗粒的作用，从而可一定程度上减缓试样表面磨损，因此其摩擦系数得到降低；当添加的 MoS_2 固体润滑剂被完全耗尽后，基体表面纳织构可有效提高涂层结合力，保证摩擦过程的稳定进行，因此 TiAlN 涂层的磨损寿命得到了显著增加。

2）涂层表面磨损形貌

图 4-70 为 CCT-M 试样与不锈钢球对磨 300min 后磨痕形貌及其相应的 EDS 成分分析。从图 4-70(a) 中可以看出，CCT-M 试样表面发生了恶劣的磨损，在沿着磨损痕迹方向 TiAlN 涂层出现了大面积的脱落现象，导致 WC/Co 基体表面直接裸露，涂层失去了对基体的保护作用。因此，CCT-M 试样的主要磨损形式为黏着磨损。通过对磨痕区域成分分析可知，试样表面 MoS_2 固体润滑剂已完全消失，且有大量不锈钢黏结；同时，涂层剥落边缘区域存在大量磨屑，磨屑主要成分为 Fe 和 O。

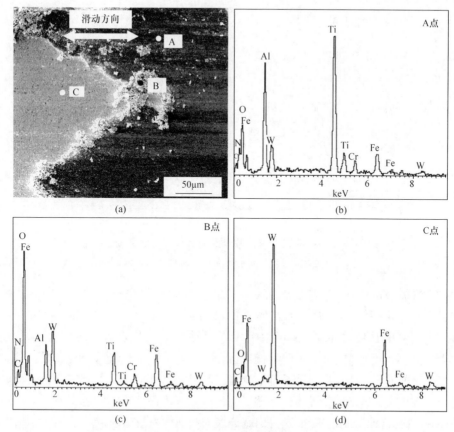

图 4-70　CCT-M 试样磨痕形貌及其相应的 EDS 成分分析

滑动速度 10mm/s，载荷 40N，时间 300min

　　图 4-71 为 MNCT-M 试样与不锈钢球在滑动速度 10mm/s 和载荷 40N 条件下对磨 300min 后磨痕形貌及其相应的 EDS 成分分析。可见，MNCT-M 试样表面

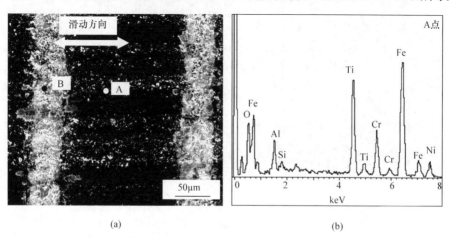

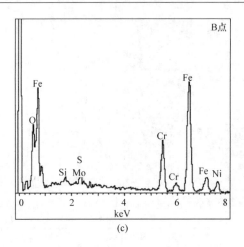

(c)

图 4-71　MNCT-M 试样磨痕形貌及其相应的 EDS 成分分析

滑动速度 10mm/s,载荷 40N,时间 300min

的磨损轻微,没有 TiAlN 涂层剥落现象。由上述分析讨论可知,这主要得益于基体表面织构化能够提高涂层与基体界面结合强度。由元素分析可知,试样表面 MoS_2 固体润滑层已全部磨破,磨痕中 TiAlN 涂层全部露出,而且无织构区域发生了少量的不锈钢黏结,织构区域沟槽内黏满了不锈钢材料。这说明微织构具有捕捉和存储磨损颗粒的作用,从而降低摩擦副间的摩擦磨损程度。因此,基体表面微纳复合织构化涂层试样即使经历长摩擦时间试验后其表面 TiAlN 涂层磨损较轻,依然完整,并未出现涂层剥落现象,这是由基体表面纳织构和微织构共同作用的结果。

　　图 4-72 为在载荷 40N、滑动速度 10mm/s 条件下,摩擦 300min 后 CCT-M 和 MNCT-M 试样磨损表面的三维形貌。由图 4-72(a)可知,CCT-M 试样表面呈现大面积的 TiAlN 涂层剥落以及严重的犁沟现象;由图 4-72(b)可以看出,相比于

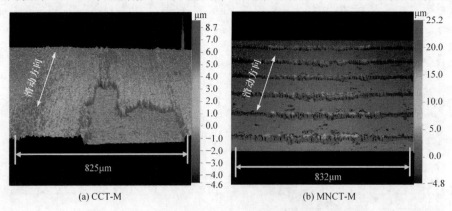

(a) CCT-M　　　　　　　　　　(b) MNCT-M

图 4-72　CCT-M 和 MNCT-M 试样磨损表面的三维形貌

滑动速度 10mm/s,载荷 40N,时间 300min

CCT-M 试样，MNCT-M 试样磨痕宽度轻微增加，这主要是由于摩擦试验后期，MNCT-M 试样沟槽内存储的润滑剂被完全磨尽，在干摩擦条件下，织构化涂层试样表面粗糙度较大，导致与对磨球接触面积增加，进而增加了磨痕宽度；另外，MNCT-M 试样未出现明显的涂层剥落现象，且磨粒磨损程度也得到一定程度的降低，这与图 4-71 呈现的结果一致。

3）对磨球的磨损形貌

图 4-73 为在滑动速度 10mm/s 和载荷 40N 条件下，分别与 CCT-M 和 MNCT-M 试样对磨 300min 后不锈钢球的磨损形貌及相应的 SEM/EDS 成分分析。可见，两个不锈钢球的磨损区域均发生了不同程度的塑性变形，其中与 MNCT-M 试样对磨的不锈钢球磨损体积损失严重。TiAlN 涂层的硬度远大于不锈钢材料，因此，涂层表面的磨痕宽度由不锈钢球的磨斑直径决定。由图 4-73 可知，与 CCT-M 和 MNCT-M 试样摩擦的不锈钢球的磨痕直径分别约为 $827.23\mu m$ 和 $830.98\mu m$，与图 4-71 所示的涂层表面磨痕宽度一致。CCT-M 表面较光滑，表面粗糙度较小，但涂层制备过程中表面形成的较多大颗粒、金属液滴在摩擦过程中可对不锈钢球产生明显的划擦、犁沟作用，如图 4-73(a) 所示。对于 MNCT-M 涂层试样，当沟槽内存储的润滑剂被消耗殆尽时，表面存在的微米级沟槽可显著增加涂层表面粗糙度，当不锈钢球流经微沟槽时流向会发生改变，材料向沟槽内部流动，当流出沟槽时会被沟槽边缘进行"二次切削"，从而加剧不锈钢球的磨损程度。因此，如果允许对磨表面发生剧烈磨损，如切削刀具加工工件过程时，仍可从表面微织构化处理方法中获益的。

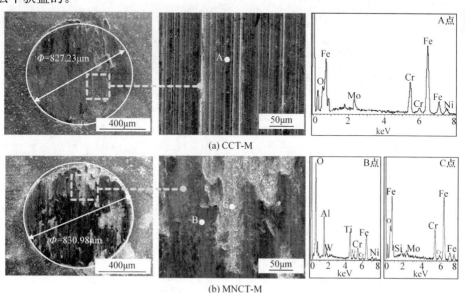

(a) CCT-M

(b) MNCT-M

图 4-73　与不同涂层试样对磨后的不锈钢球磨损形貌及相应的 SEM/EDS 成分分析

滑动速度 10mm/s，载荷 40N，时间 300min

综上分析可知,在实际应用过程中 TiAlN 涂层的磨损量较小,但制备过程中涂层内部不可避免地存在缺陷和裂纹,这些微裂纹在载荷和摩擦热的作用下扩张,从而导致涂层出现剥落等失效现象,这是涂层失效的主要形式;基体表面微纳复合织构化可提高涂层结合力,提高润滑剂作用时间,捕捉和存储磨损颗粒,从而提高涂层的耐磨性能。

4.5　基体表面织构化 TiAlN 涂层刀具的切削性能研究

通过车削试验,利用制备出的基体表面织构化 TiAlN 涂层刀具在润滑条件下切削 AISI 316 不锈钢工件材料,并与基体表面无织构的 TiAlN 涂层刀具对比,研究基体表面织构化对 TiAlN 涂层刀具切削性能的影响,并分析基体表面不同尺度织构改善 TiAlN 涂层刀具切削性能的作用机理。

4.5.1　试验方法

车削试验在 CA6140 普通车床上进行。刀具主要几何参数:前角 $\gamma_o = -5°$,后角 $\alpha_o = 5°$,刃倾角 $\lambda_s = 0°$,主偏角 $\kappa_r = 45°$。工件材料选用难加工材料 AISI 316 奥氏体不锈钢,工件尺寸为 $\phi 90\mathrm{mm} \times 50\mathrm{mm}$,采用连续车削方式,试验采用的切削参数为:切削深度 $a_p = 0.3\mathrm{mm}$,进给量 $f = 0.1\mathrm{mm/r}$,切削速度 $v = 40 \sim 200\mathrm{m/min}$,切削时间 $t = 5\mathrm{min}$。使用的液体润滑剂为水基切削液,供液方式为浇注供液法,其成分如表 4-9 所示。

表 4-9　水基切削液成分　　　　　　(单位:%(质量分数))

水	亚硝酸钠	聚乙二醇酯	磷酸盐	硫化蓖麻油	三乙醇胺
65	15	5	4	4	7

切削试验共使用四种刀具:传统 TiAlN 涂层刀具(CCT)、基体表面微织构化 TiAlN 涂层刀具(MCT)、基体表面纳织构化 TiAlN 涂层刀具(NCT)、基体表面微纳复合织构化 TiAlN 涂层刀具(MNCT)。图 4-74 为车削试验使用的四种不同 TiAlN 涂层刀具前刀面表面形貌。

切削试验过程中利用 Kistler 9275 型压电晶体测力仪测量切削过程产生的三向切削力,该测力仪由压电式测力仪、滤波放大器、A/D 转换器和数据采集系统等几个部分组成,其工作时压电式测力仪将力信号转变为电信号,然后电信号通过导线传输给滤波放大器,经处理后再传输到 A/D 转化器,将电信号转变为数字信号,最终输入计算机内,经特定软件处理后得到切削力曲线。切削过程中,采用 JCD-2 型便携式数码显微镜监测刀具后刀面磨损情况,使用 TR200 型手持式粗糙仪测量工件的已加工表面粗糙度。切削试验后,采用扫描电子显微镜和白光干涉仪观察涂层

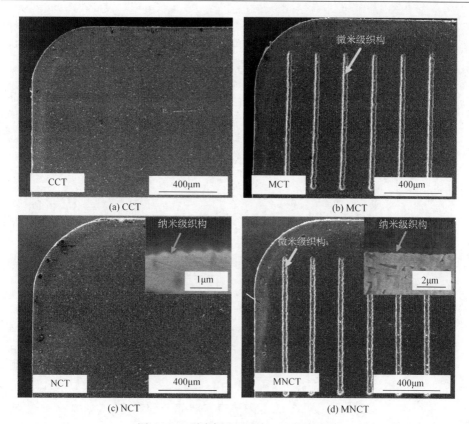

图 4-74　不同涂层刀具前刀面表面形貌

刀具表面磨损形貌；利用 X 射线能谱仪对涂层刀具的磨损区域进行化学成分分析。

4.5.2　基体表面织构化 TiAlN 涂层刀具的切削性能

1. 切削力

四种不同涂层刀具在液体润滑下切削 AISI 316 不锈钢获得的三向切削力随切削速度变化曲线如图 4-75 所示。需要注意的是，利用 Kistler 9275 型压电晶体测力仪采集的三向切削力往往在一个波动的范围内(图 4-76)，图 4-75 中三向切削力为采样时间内得到的波动切削力的平均值。从图 4-75 可以看出，在试验速度范围内，四种不同涂层刀具的切削力均随切削速度的增大呈现先增加后降低的趋势，其中在切削速度为 80m/min 时切削力最大。另外，同一切削过程中获得的轴向力 F_x 和径向力 F_y 大小相当，主切削力 F_z 相对较大。与基体表面无织构的涂层刀具(CCT)相比，基体表面织构化的涂层刀具(MCT、NCT 和 MNCT)均能降低三向切削力，其中 MNCT 刀具三向切削力降低最为明显；另外，相比其他方向的切削力，

径向切削力 F_y 降低幅度最大。并且,这种降低切削力的效果在所有试验切削速度下均可见,切削速度为 200m/min 时,与 CCT 刀具相比,MNCT 刀具获得的轴向力 F_x、径向力 F_y 和主切削力 F_z 分别降低 33.0%、34.7% 和 21.2%。

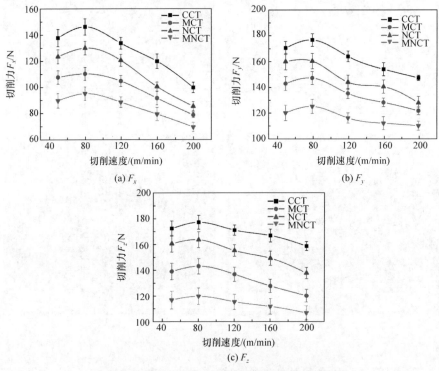

图 4-75　不同刀具的切削力随切削速度的变化曲线

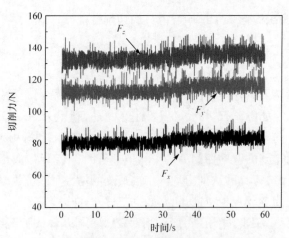

图 4-76　切削开始阶段 CCT 刀具的三向切削力波动曲线

切削速度 200m/min

2. 刀-屑接触界面摩擦系数

四种不同刀具在液体润滑条件下刀-屑间平均摩擦系数随切削速度变化曲线如图 4-77 所示。可见,随着切削速度的增加,四种刀具的刀-屑间平均摩擦系数均呈现先增加后降低的趋势。基体表面织构化涂层刀具(MCT、NCT 和 MNCT)的刀-屑间平均摩擦系数与 CCT 刀具相比显著降低,其中 MNCT 刀具前刀面摩擦系数降低最明显,降低幅度达 13.15%~25.46%。

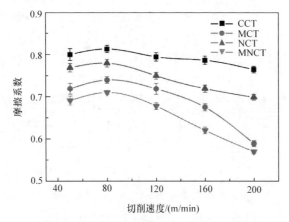

图 4-77　不同刀具的刀-屑间平均摩擦系数随切削速度的变化曲线

3. 剪切角

图 4-78 为四种不同刀具在不同切削速度下剪切角的变化曲线。从图中可以看出,随着切削速度的增大,四种涂层刀具的剪切角呈现先降低再增大的变化趋势;相同切削条件下,基体表面织构化的涂层刀具剪切角比传统无织构涂层刀具要大,其中 MNCT 刀具的剪切角最大,表明其拥有最好的刀具润滑能力。

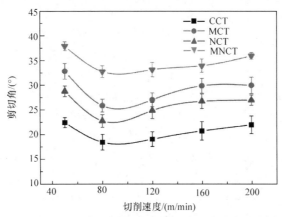

图 4-78　不同刀具剪切角随切削速度的变化曲线

4. 已加工表面粗糙度

众所周知,工件切削加工质量通常根据加工后工件表面粗糙度进行评估,即利用表面粗糙度 R_a 评定已加工表面的破损程度和加工质量。在液体润滑条件下,利用四种不同刀具切削加工的 AISI 316 不锈钢表面粗糙度 R_a 随切削速度变化曲线分别如图 4-79 所示。可见,在试验参数范围内,已加工表面粗糙度随着切削速度的增加而减小;塑性较强的奥氏体不锈钢工件材料易在刀具表面形成积屑瘤与鳞刺,塑性变形较大,而积屑瘤通常不稳定,易破裂,使加工表面变得粗糙,因而其已加工表面粗糙度值一般较大。基体表面织构化涂层刀具可以提供更好的加工质量,其中 MNCT 刀具的加工表面粗糙度最低。这可能是基体表面织构化可以提高涂层刀具的抗磨损性能,从而使 MCT、NCT 和 MNCT 刀具在切削过程中保持刀尖完整性的能力较强。并且,当工件材料与刀具表面的黏结现象较轻时,也可保证较低的加工表面粗糙度。

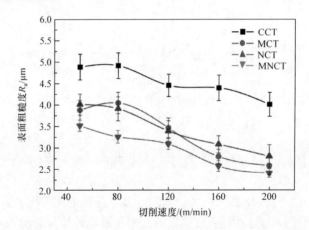

图 4-79　不同刀具已加工表面粗糙度值随切削速度的变化曲线

5. 刀面磨损形貌

图 4-80 为在切削速度 200m/min 条件下切削 5min 之后,CCT 和 MNCT 刀具后刀面磨损形貌及相应的 SEM/EDS 成分分析。可见,涂层刀具发生了明显的磨粒磨损和黏着磨损。CCT 刀具后刀面具有较为明显的机械犁沟现象,此现象由多个因素共同作用导致,其中硬质点的形成是最主要的原因。高切削温度易造成涂层材料、工件材料被氧化,生成硬度较大的 TiO_2、Fe_2O_3、Al_2O_3 等氧化物,从而在摩擦副间往复运动导致涂层试样表面产生磨粒磨损现象;另外,涂层制备过程中形成的大颗粒以及微剥落的涂层材料硬度极高,同样会造成涂层的磨粒磨损,且将伴随涂层刀具的整个失效过程。另外,主切削刃处有大量的不锈钢材料的黏结,如图

4-80(a)所示；同时，后刀面靠近切削刃的位置涂层被磨透，从而导致 WC/Co 硬质合金基体暴露，如图 4-80(b)所示。与 CCT 刀具切削 5min 后的磨损相比，MNCT刀具后刀面磨损程度明显降低，磨损区域较小，靠近主切削刃处未发生明显的机械犁沟，TiAlN 涂层并未被完全磨破，涂层仍可起到保护切削刃的作用，且主切削刃保持较为完整，如图 4-80(c)和(d)所示。

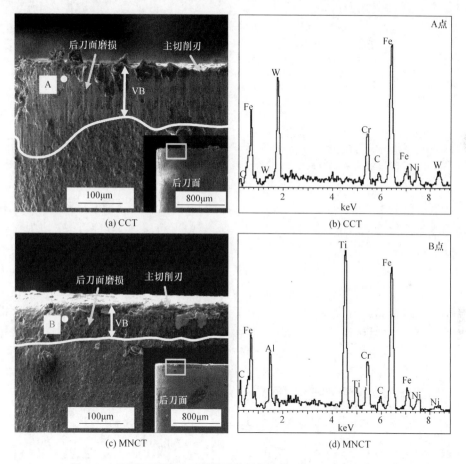

图 4-80　不同刀具后刀面磨损形貌及相应的 SEM/EDS 成分分析
切削速度 200m/min，切削时间 5min

　　图 4-81 为四种不同涂层刀具后刀面最大磨损值 VB_{max} 随切削距离的变化曲线。可见，初始磨损阶段，四种不同涂层刀具磨损程度相当，随着切削距离的增加，MCT、NCT 和 MNCT 刀具的后刀面最大磨损值 VB_{max} 小于 CCT 刀具，其中MNCT 刀具降低幅度达到 69.60%。在切削试验之前，四种涂层刀具后刀面经历了相同的处理，均未进行织构化处理，因此四种涂层刀具后刀面之间不同的抗磨损性能可能与其前刀面不同的织构化处理有关。另外，在切削过程中不锈钢材料可

能发生的马氏体转变会影响工件材料的加工性能,造成后刀面与工件已加工表面间不同的压力和摩擦作用,进而导致后刀面不同的磨损率。

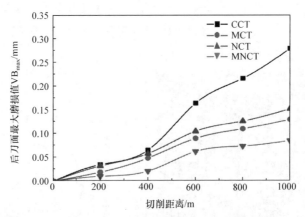

图 4-81　　不同刀具后刀面最大磨损值 VB_{max} 随切削距离的变化曲线
切削速度 200mm/s

为准确分析 TiAlN 涂层刀具切削 AISI 316 奥氏体不锈钢时的磨损机理,利用白光干涉仪和 SEM/EDS 技术观测传统 TiAlN 涂层刀具(CCT)在切削速度 200m/min 条件下不同切削时间(2min、3min、4min)后前刀面磨损形貌,试验结果如图 4-82 所示。可见,当加工韧性较强、硬度较低的 AISI 316 不锈钢材料时,硬涂层刀具主要失效形态为涂层脱落、工件黏结、崩刃以及裂纹等。当切削不锈钢工件材料 2min 后,CCT 刀具前刀面 Fe 元素相应的 SEM/EDS 成分分析表明,磨损区域发生了工件材料的黏结现象,同时在高倍放大条件下可清楚观测到一层较厚

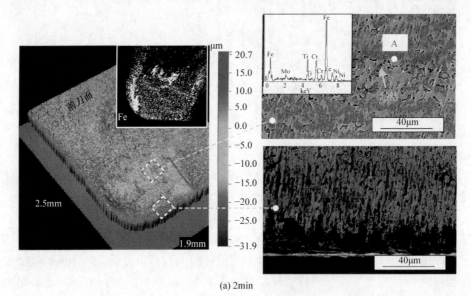

(a) 2min

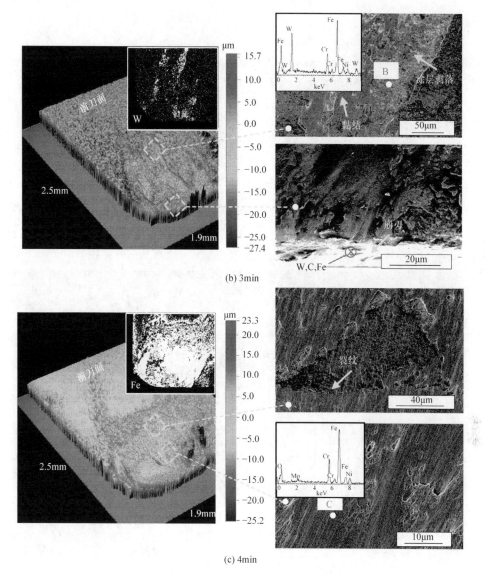

图 4-82　不同切削时间后 CCT 刀具前刀面磨损形貌及相应的 SEM/EDS 成分分析

且紧密的黏结层附着在刀具磨损区域；A 点的 EDS 成分分析进一步表明，CCT 刀具前刀面发生了严重的不锈钢材料黏结。同时，Fe 元素相应的 SEM/EDS 成分分析进一步表明，大量的不锈钢工件材料黏结于整个磨损区域（图 4-82(a)）。当切削时间增加到 3min 时，CCT 刀具表面不锈钢黏结层脱落，并伴随着 TiAlN 涂层的大量剥落现象，如图 4-82(b)所示。随着切削时间增加到 4min，涂层剥落面积扩展，并且不锈钢材料再次黏结于刀具磨损区域；另外，高速车削 AISI 316 不锈钢产生的高温导致刀具承受较大的热应力和温度梯度，促使裂纹现象的出现(图 4-82(c))。

　　图 4-83～图 4-86 分别为切削速度 200m/min 条件下 CCT、MCT、NCT 和 MNCT 刀具切削不锈钢 5min 后前刀面磨损区域形貌及相应的 SEM/EDS 成分分析。由图 4-83 可见,切削加工 5min 后,CCT 刀具前刀面发生了比图 4-82 所示更为严重的磨损,一层非常厚且紧密的黏结层附着在刀具磨损区域(图 4-83(c)和(d))。图 4-83(b)中白色斑象征着硬质合金基体基本化学元素 W 的存在。可见,经过 5min 的切削之后,CCT 刀具表面在磨损区域、切屑流出的方向存在 TiAlN 涂层的大量剥落,如图 4-83(b)中灰色圈所示。从图 4-83(f)所示的 Na 元素分布的 EDS 分析图可看出,在刀具前刀面存在极少量的 Na 元素,而刀具材料和工件材料本身都并不含 Na 元素,只有切削液中防锈剂亚硝酸钠含有 Na 元素。因此,Na 元素的存在能够证明切削液的存在。此外,在磨损区域几乎检测不到 Na 元素的存在,说明即使在完全润滑条件下几乎没有切削液渗入 CCT 刀具刀-屑接触区域。

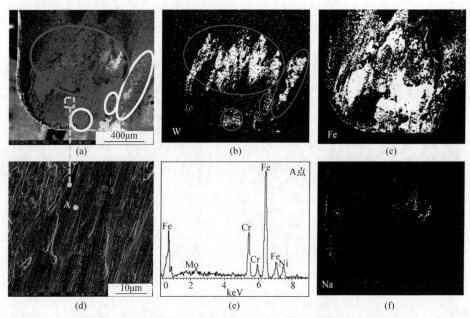

图 4-83　CCT 刀具前刀面磨损形貌及相应的 SEM/EDS 成分分析

切削时间 5min,切削速度 200mm/s

　　图 4-84 表明,基体表面微织构化 TiAlN 涂层刀具(MCT)在切削刃区域仅沟槽内部被黏结物覆盖,而沟槽之间不锈钢的黏结较少,且黏结层呈现为离散的薄片状;此外,A 和 B 点的 EDS 成分分析表明,除了不锈钢工件材料元素外,TiAlN 涂层元素也可被检测到,表明刀具前刀面微织构的置入在一定程度上降低了工件材料在无织构区域的黏结,原因可能是织构可改变切屑流动方向。从图 4-84(a)可以清晰地看到,在靠近切屑流出边缘的沟槽,黏结物尚未填满沟槽。W 元素分布的

SEM/EDS 成分分析表明,与 CCT 刀具相比,MCT 刀具前刀面磨损区域硬质合金基体暴露区域明显减少。因此,尽管涂层剥落现象依然存在,基体表面微织构化可在一定程度上降低涂层刀具的磨损。Na 元素分布的 EDS 分析图表明,有大量的润滑剂渗入 MCT 刀具刀-屑接触区域(图 4-84(g))。

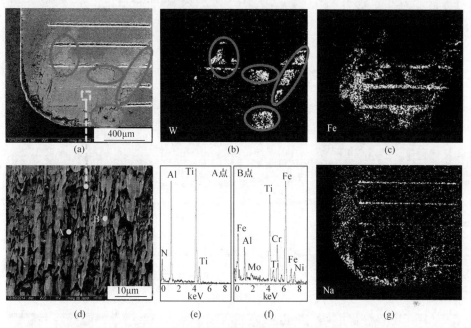

图 4-84　MCT 刀具前刀面磨损形貌及相应的 SEM/EDS 成分分析

切削时间 5min,切削速度 200mm/s

在液体润滑条件下,NCT 刀具切削不锈钢 5min 后前刀面磨损形貌如图 4-85 所示。磨损区域放大图(图 4-85(d))及 Fe 元素分布的 EDS 分析图(图 4-85(c))显示,前刀面磨损区域同样存在不锈钢材料的黏结现象。另外,与 MCT 刀具相比,NCT 刀具磨损区域只可检测到少量 Na 元素的存在,基体表面纳织构不能显著促进切削液渗入涂层刀具刀-屑接触界面。然而,与相同切削条件下的 CCT 刀具(图 4-83)相比,NCT 刀具的涂层剥落区域明显减少(图 4-85(b))。

图 4-86 为 MNCT 刀具切削试验后前刀面磨损形貌及相应的 SEM/EDS 成分分析,可见 MNCT 刀具前刀面磨损轻微,主要呈现为黏着磨损的形式,在刀-屑接触区域存在极小面积的涂层剥落现象(图 4-86(b))。如图 4-86(d)、(e)和(f)所示,A、B 点的成分分析表明磨损区域出现不锈钢材料的黏结,但磨损区域大部分被涂层元素占据,表明 MNCT 刀具前刀面工件黏结轻微,磨损区域 TiAlN 涂层基本保持完好,仍然可起到保护基体的作用。并且,从 Na 元素分布的 EDS 分析图可以看出,大量的润滑剂可渗入 MNCT 刀具刀-屑接触区域,如图 4-86(g)所示。图 4-87 为四种涂层刀具在相同切削条件下切削不锈钢材料后刀具前刀面磨损区域 Fe 元素

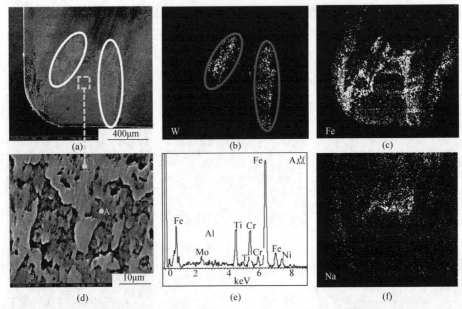

图 4-85　NCT 刀具前刀面磨损形貌及相应的 SEM/EDS 成分分析

切削时间 5min,切削速度 200mm/s

原子含量,以及磨损区域 TiAlN 涂层脱落总面积比较。可见,MNCT 刀具的工件黏结最为轻微,且 TiAlN 涂层脱落面积最小。

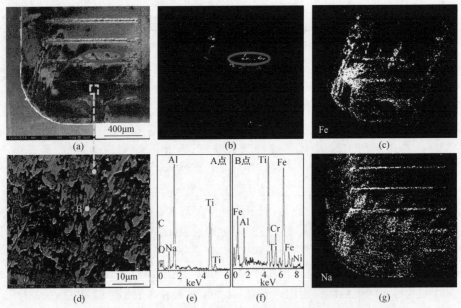

图 4-86　MNCT 刀具前刀面磨损形貌及相应的 SEM/EDS 成分分析

切削时间 5min,切削速度 200mm/s

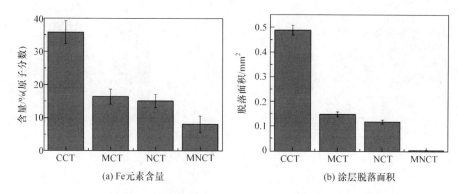

(a) Fe元素含量　　　　　　　(b) 涂层脱落面积

图 4-87　不同刀具前刀面磨损区域 Fe 元素原子含量及 TiAlN 涂层脱落总面积比较

　　为进一步且形象地观测这四种不同涂层刀具之间的不同磨损行为,利用白光干涉仪拍摄了其前刀面的磨损形貌。图 4-88 为三种基体表面织构化涂层刀具及传统无织构涂层刀具切削不锈钢 5min 后刀具前刀面二维和三维磨损形貌以及横截面形状。从图中可以看出,CCT 刀具前刀面发生了严重的黏着磨损;而三种基体表面织构涂层刀具前刀面的黏着磨损均得到了不同程度的抑制,其中 MNCT 刀具的磨损最为轻微。这与利用 SEM/EDS 技术观测到的刀具磨损情况一致。

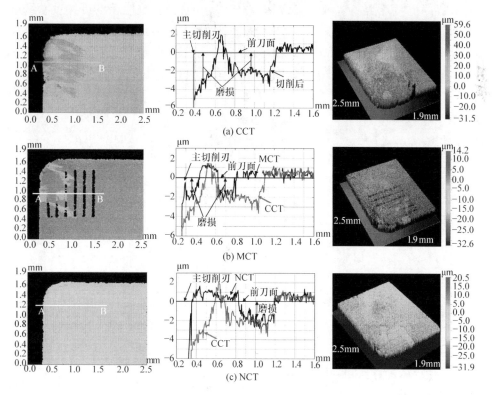

(a) CCT

(b) MCT

(c) NCT

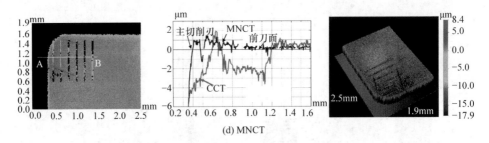

(d) MNCT

图 4-88　不同刀具前刀面二维和三维磨损形貌

切削时间 5min，切削速度 200mm/s

4.5.3　基体表面织构化改善 TiAlN 涂层刀具切削性能的机理

研究结果表明，基体表面织构化可有效降低切削力、刀-屑间平均摩擦系数、已加工表面粗糙度以及刀具磨损程度，其中基体表面微纳复合织构化效果最优。基于对刀具磨损形貌的分析，切削 AISI 316 不锈钢过程中 TiAlN 涂层刀具的失效机理可概述为图 4-89。在切削初始阶段，由于不锈钢材料化学活性较高，与TiAlN 涂层刀具材料的亲和力较强，在切削过程中的高温、高压作用下，大量的不锈钢工件材料易黏结在涂层刀具表面，形成一定的黏结层（图 4-89(b)）。黏结层形成后，随着切削的进行，黏结层在机械载荷作用下又易从涂层刀具光滑表面脱落，并从涂层刀具表面带走刀具材料，造成涂层剥落现象（图 4-89(c)）。涂层剥落后，暴露的刀具基体开始与切屑接触，从而导致基体表面上形成更为紧密、厚实的

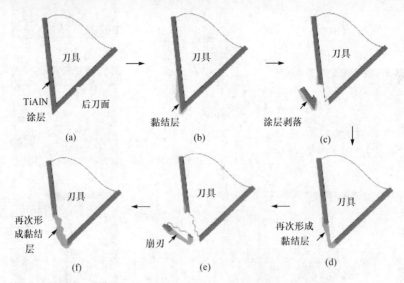

图 4-89　切削 AISI 316 不锈钢过程时传统 TiAlN 涂层刀具（CCT）的磨损行为

不锈钢黏结层(图 4-89(d))，并且黏结层同样会在机械载荷的作用下脱落，造成刀具材料的剥落以及崩刃现象(图 4-89(e))。随后，黏结层又重新形成于刀-屑接触区域，从而引起更为严重的涂层刀具剥落、崩刃现象(图 4-89(f))。可见，不锈钢工件材料黏结层的形成与脱落过程如此循环往复可撕下刀具材料并带走，造成涂层刀具的黏着磨损，这是 TiAlN 涂层刀具失效的主要原因。因此，对于基体表面织构化提高 TiAlN 涂层刀具切削性能原因可从以下方面进行分析：①表面织构改善刀-屑接触界面的接触特性；②表面织构提高涂层与基体界面结合强度。

1. 表面织构改善刀-屑接触界面的接触特性

刀具的三向切削力大小与刀-屑接触长度 l_f 及前刀面平均剪切强度 τ_c 成正比。在液体润滑条件下，大量的润滑剂均可渗入 MCT 刀具刀-屑接触区并拖敷于刀具前刀面；然而几乎没有润滑剂可渗入 CCT 刀具刀-屑接触区。这是因为 CCT 刀具前刀面为相对光滑平面，在实际切削加工过程中与切屑面为紧密的固体接触，并且切削刃附近具有高正压力，故即使在完全润滑条件下切削液也无法有效渗入刀-屑接触界面。而对于基体表面织构化涂层刀具，浇注的切削液能够从刀-屑接触区外的沟槽渗入刀-屑接触区域内的沟槽，如图 4-90 所示，故沟槽内存储了润滑剂。并且，刀-屑摩擦副之间产生的相对运动能够带动织构中存储的润滑剂，将其"挤压"出表面，润滑剂开始大量在前刀面拖敷，当切削液渗透或扩散进入刀具与切屑、工件接触界面时，可形成表面吸附性润滑膜，使刀-屑接触界面的摩擦处于边界润滑状态，减缓刀-屑接触界面的摩擦磨损。与刀具、工件材料相比，润滑剂具有较低的剪切强度，故基体表面织构化涂层刀具由于表面织构的存在，刀-屑间平均剪切强度减小，另外也使刀-屑间接触长度减小。

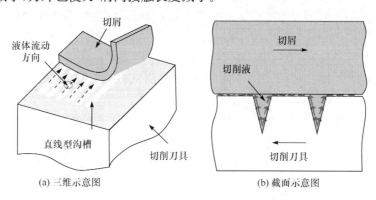

(a) 三维示意图　　　　　　　　(b) 截面示意图

图 4-90　切削液渗入织构刀具前刀面刀-屑接触界面示意图

TiAlN 涂层刀具切削不锈钢时，接触压力和温度较高；同时，不锈钢材料塑性、韧性大，切削时工件材料易溶于刀具材料或与刀具材料起化学作用，从而黏结于刀具表面。刀具磨损表面的黏结层不仅能够起到润滑作用，而且可以将两个摩擦表面有效地隔离开，减少刀具与被加工工件间的直接接触，从而降低刀具磨损量。然而，黏结层在光滑表面上的黏结性能并不好，容易在涂层刀具表面形成转移—脱落—再转移的反复循环过程。随着切削行为的不断进行，涂层刀具表面经历滑动疲劳和剪切应力的共同作用，从而导致 TiAlN 涂层的剥落现象。涂层刀具表面形貌及粗糙度对黏结层的形成及黏结强度有显著影响，表面多尺度织构的存在对黏结层的保持有利，一旦接触表面形成有效、稳定的保护层，可有效防止摩擦副之间不锈钢材料与 TiAlN 涂层之间的直接接触，因此可有效降低涂层磨损程度。另外，织构表面具有捕捉磨屑的作用，可以阻断磨粒在刀具表面的连续滑动，从而连续磨损转化为分散的局部磨损，避免了应力集中和大量磨损的聚集。

2. 表面织构提高涂层与基体界面结合强度

在金属切削加工过程中，工件材料在刀具前刀面上反复的黏着、脱离过程会导致沿滑动方向不同程度划痕的形成，并且会在涂层与基体的结合界面处产生大的应力，可降低涂层与基体的附着性和结合性，当应力值超过塑性变形或两种材料的界面结合强度时，在结合界面边界处会导致微孔洞的产生及长大并连接在一起，这些特点使涂层刀具易发生黏着磨损，导致涂层的裂纹和剥落等早期失效，而涂层磨损碎片包裹在刀-屑接触界面间将会加剧刀具基体的磨损，造成涂层刀具的严重失效。对于 MCT 刀具，切削液通过微沟槽的渗入可在一定程度上减缓涂层刀具的黏着磨损；另外，如上述所述，基体表面微织构化可在一定程度上增加涂层与基体界面结合强度，从而可降低涂层脱落风险。对于 NCT 刀具，涂层刀具基体表面飞秒激光织构化可导致 TiAlN 涂层的内应力及摩擦接触压力被纳米级沟槽消散，同时粗糙化的基体表面可增加涂层与基体的接触面积，以及纳织构化硬质合金基体表面通过飞秒激光处理后形成了与涂层 TiAlN 相位置相近的新物相 WC_{1-x} 可有效降低涂层与基体间的界面能，这些因素导致涂层与基体界面间结合强度显著增加，从而可有效抑制滑动摩擦副界面间涂层从基体表面的脱落现象。然而，不锈钢黏性强、韧性高、热导率小、化学活泼性高，在其高速切削时涂层刀具与工件在高温、高压下接触，这些使不锈钢严重黏结于刀具前刀面。从图 4-84 和图 4-85 可以看出，即使对于 MCT 和 NCT 刀具，液体润滑切削时刀具前刀面也黏结了一定量的不锈钢，且形成了冷焊，导致部分磨损区域 TiAlN 涂层的剥落，可见不锈钢材料黏结力之大。

基体表面微织构或纳织构的置入在一定程度上降低了刀具切削力，提高了已加工表面质量，降低了刀具表面磨损。然而，仅通过表面微织构或纳织构的置入还不能大大提高涂层刀具切削性能，尤其在进行难加工材料 AISI 316 不锈钢的切削加工时，基体表面仅微织构化或纳织构化，不能显著减少不锈钢工件材料黏结现象。通过对基体表面微纳复合织构化涂层刀具（MNCT）前刀面磨损情况的观测及与其他三种涂层刀具对比分析，可知将基体表面纳织构化技术与基体表面微米织构技术相结合可将织构化表面分离出不同的功能成分，分别承载不同的作用：基体表面微织构化可促进切削过程中润滑剂的渗入，充分发挥切削液的润滑作用，降低刀-屑接触界面摩擦系数、三向切削力，另外，微织构还可起到捕捉磨屑、降低刀-屑接触长度的作用；而基体表面纳织构化可显著提高涂层与刀具基体界面结合强度，降低由工件材料黏结造成的黏着磨损，保持涂层刀具涂层表面的完整性，从而更好地发挥硬涂层高抗磨损性能的特点，保护刀具基体。因此，由于 MNCT 刀具基体表面微纳复合织构的存在，其表面减摩抗磨能力较强，可有效缓解机械载荷以及切削热造成的涂层刀具的表面崩刃、剥落等现象，促使涂层刀具刀-屑接触界面间相互摩擦可轻微且平稳地进行，从而使 MNCT 刀具的切削性能最优。

4.6　本章小结

（1）提出了基体表面织构化 TiAlN 涂层刀具的设计概念和设计思路，优化得出纳秒激光和飞秒激光在 WC/Co 硬质合金基体表面加工微织构和纳织构的最佳工艺参数，从而在 TiAlN 涂层刀具基体表面制备出表面微织构、纳织构以及微纳复合织构。

（2）利用真空阴极电弧离子镀技术在织构化的基体表面进行 TiAlN 涂层的涂覆，制备出了三种基体表面织构化 TiAlN 涂层刀具：基体表面微织构化 TiAlN 涂层刀具（MCT）；基体表面纳织构化 TiAlN 涂层刀具（NCT）；基体表面微纳复合织构化 TiAlN 涂层刀具（MNCT）。系统研究了基体表面织构化 TiAlN 涂层的微观结构及力学性能，并与基体表面无织构的 TiAlN 涂层（CCT）对比，结果表明，基体表面织构化导致 TiAlN 涂层基体表面粗糙化、TiAlN 涂层系统 H/E 值的增加，并且可在基体表面形成与 TiAlN 相位置相近的新物相 WC_{1-x}。另外，基体表面织构化可显著提高 TiAlN 涂层与基体界面间结合强度，这主要是由于基体表面织构化处理能够改变基体表面微观结构和晶体结构，有效提高基体表面的比表面积，为涂层的涂覆提供良好的附着表面。

（3）对基体表面织构化 TiAlN 涂层摩擦磨损特性的研究表明，与 CCT 试样相比，NCT 试样的磨损寿命显著增加，这主要是由于 NCT 试样更高的膜-基结合强度；MoS_2 固体润滑剂可有效降低 TiAlN 涂层表面摩擦系数，尤其是对 MCT 试样而言，与 CCT 试样相比，其表面平均摩擦系数降低了 65%～75%，这是由于在摩擦过程中，当涂覆在光滑表面的 MoS_2 固体润滑剂被完全磨掉时，摩擦副接触表面之间相互摩擦挤压作用可将储存在微沟槽中的 MoS_2 润滑剂不断析出补给，从而在摩擦接触面形成 MoS_2 润滑层；同时，微织构可通过捕捉、存储磨损颗粒的作用有效减缓 TiAlN 涂层的磨损程度;与 NCT 和 MCT 试样相比,MNCT 试样能够更加显著地改善 TiAlN 涂层的摩擦磨损性能,这主要归因于基体表面微织构与纳织构的协同作用。

(4) 通过车削试验研究了基体表面织构化 TiAlN 涂层刀具切削 AISI 316 不锈钢时的切削性能,结果表明,与 CCT 刀具相比,MCT、NCT 和 MNCT 刀具的切削力、刀-屑间平均摩擦系数均得到不同程度的降低,刀具前后刀面磨损程度得到了明显改善,其中 MNCT 刀具切削性能最优。其主要原因为:一方面,基体表面微织构可促进切削液的渗入,充分发挥切削液的润滑作用;同时,微织构还可起到降低刀-屑接触长度和捕捉磨屑的作用。另一方面,基体表面纳织构可显著增加 TiAlN 涂层与基体界面结合力,降低由工件材料黏结造成的黏着磨损,保持 TiAlN 涂层刀具涂层表面的完整性,从而更好地发挥 TiAlN 涂层高抗磨损性能特点,保护刀具基体。

第5章　多尺度表面织构陶瓷刀具的研究

本章提出多尺度表面织构陶瓷刀具的设计概念和设计思路,通过开展纳秒激光和飞秒激光在陶瓷刀具材料表面加工微织构和纳织构的工艺试验,研究不同的激光加工参数下微织构和纳织构的形成规律,优化微织构和纳织构的激光加工工艺参数,成功制备出多尺度表面织构陶瓷刀具,系统研究多尺度表面织构陶瓷刀具的摩擦磨损特性及切削性能,分析并揭示该刀具的减摩作用机理。

5.1　多尺度表面织构陶瓷刀具的概念和设计思路

金属切削过程中,刀具前刀面发生着剧烈的摩擦,由于法应力的分布不均匀,近切削刃处甚大,而远离切削刃处甚小,刀-屑接触界面分为两个区:黏结区和滑动区(图 5-1)。在黏结区这部分的单位切应力等于材料的剪切屈服强度 τ_s,滑动区的单位切应力由 τ_s 逐渐减小为零。正应力 σ 在刀尖处最大,沿刀-屑接触区域逐渐减小为零。黏结区的接触类型为紧密型接触,它的摩擦不服从古典摩擦法则,如果以 τ/σ 表示摩擦系数,则黏结区的摩擦系数是变数。滑动区属于峰点型接触,它的摩擦服从古典摩擦法则,各点的摩擦系数相等。两种接触模型如图 5-2 所示。

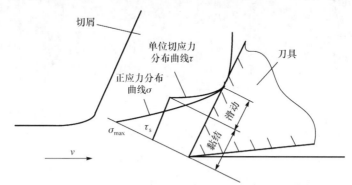

图 5-1　切屑与前刀面摩擦情况示意图

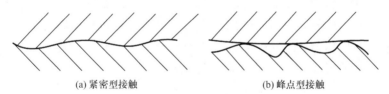

(a) 紧密型接触　　　　　　　　　　(b) 峰点型接触

图 5-2　摩擦接触模型示意图

一般条件下,金属切削时,黏结区的摩擦力要比滑动区摩擦力大很多,前刀面的摩擦由紧密接触区的摩擦起主要作用。因此,从切削时刀-屑接触理论分析,在刀-屑接触区制备合理的表面织构改善刀-屑接触区的接触类型,同时结合固体润滑技术,能够改变刀-屑接触界面之间的摩擦接触状态,减小刀-屑接触摩擦系数进而减小摩擦力。

由于陶瓷刀具的抗压强度远大于抗拉强度,所以为增强其承载能力和抗崩刃能力,必须采用负倒棱;同时由于负倒棱尺寸较小,不宜加工微织构,所以结合陶瓷刀具自身的结构特点和表面织构的设计理念,提出了多尺度表面织构陶瓷刀具的设计概念和设计思路,如图 5-3 所示。在陶瓷刀具负倒棱处加工出纳织构,以尽可能改变黏结区的摩擦接触状态使之由紧密型接触向峰点型接触转换,从而减少黏结区的摩擦。在前刀面加工出微纳复合多尺度表面织构,一方面尽可能使前刀面保持峰点型接触状态,另一方面加工出的微织构能够有效地收集刀-屑接触区的磨粒,减小前刀面的黏结和磨粒对前刀面的磨损。同时在微纳织构中填充固体润滑剂,从而实现微纳复合织构与固体润滑技术协同作用,达到切削时减摩效果。考虑到微织构尺寸较大,因此采用涂覆填充固体润滑剂的方法;纳织构由于尺寸较小,润滑剂不易填充,故采用 PVD 磁控溅射方法填充。

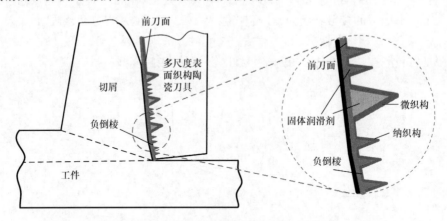

图 5-3　多尺度表面织构陶瓷刀具设计示意图

微纳复合多尺度表面织构陶瓷刀具的制备工艺路线如图 5-4 所示。其中,图 5-4(a)采用纳秒激光在陶瓷刀具前刀面制备出微织构;图 5-4(b)采用飞秒激光在陶瓷刀具负倒棱及前刀面加工出纳织构;图 5-4(c)通过涂覆填装方式将固体润滑剂填充至微织构中;图 5-4(d)采用多弧离子镀＋中频磁控溅射方法在刀具表面沉积固体润滑涂层,使固体润滑剂填充至纳织构中。

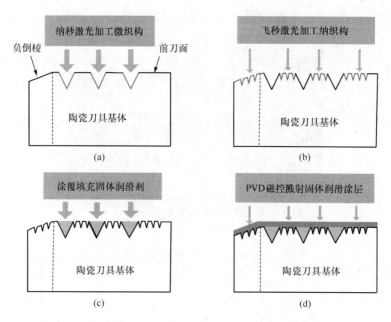

图 5-4　微纳复合多尺度表面织构陶瓷刀具的制备工艺路线

5.2　陶瓷刀具多尺度表面织构的制备工艺

采用激光诱导表面织构的过程是激光参数、材料特性和加工工艺参数共同作用的结果。由于陶瓷刀具材料脆性较大,对其进行激光加工时,不合适的激光加工参数不仅会影响表面织构的形貌,还会使陶瓷材料由于热变形导致被加工面出现裂纹及过大的应力集中等问题。因此,必须对激光加工参数进行合理的选择和优化,最大限度地减少不利因素的影响。

5.2.1　纳秒激光诱导陶瓷刀具表面微织构的制备工艺

1. 试验设备

试验中微织构的制备采用的是 Nd:YAG 泵浦固体激光器系统,如图 5-5 所示,其主要包括主机系统、控制系统、冷却系统和工作台四部分。该设备采用波长为 808nm 的半导体激光二极管泵浦 Nd:YAG 介质,使介质产生大量的反转粒子,从而形成对材料进行微加工的激光束。本激光设备具有能量大、响应速度快、光束质量好和连续工作能力长等特点,适合加工大范围大尺寸的织构。其主要的技术参数如下:激光波长为 1064nm,最大激光功率为 50W,重复频率为 0～20kHz,重复精度为±0.003mm,光束质量 $M^2<5$,激光横模为基模(TEM$_{00}$)。

图 5-5　Nd:YAG 泵浦固体激光器系统

2. 试验方法

试验材料选择 Al_2O_3/TiC 陶瓷刀具材料,刀具尺寸为 12mm × 12mm × 7.94mm,倒棱为 0.1mm×(−5°),其主要成分及性能见表 5-1。试验前将陶瓷试样表面研磨抛光,其表面粗糙度 R_a 在 0.02μm 以下,并在丙酮和酒精中超声清洗 2 次,每次 20min,待干燥后使用。图 5-6 为抛光后 Al_2O_3/TiC 试样表面形貌及 EDS 成分分析。由图可见,试样表面结构致密,Al_2O_3 和 TiC 晶粒均匀分布,其中白色部分为 Al_2O_3,黑色部分为 TiC。

表 5-1　Al_2O_3/TiC 陶瓷刀具材料性能

成分(质量分数)	硬度(HV)	屈服强度/MPa	断裂韧性/(MPa·m$^{1/2}$)
Al_2O_3+55% TiC	2200±150	900±50	5.2±0.3

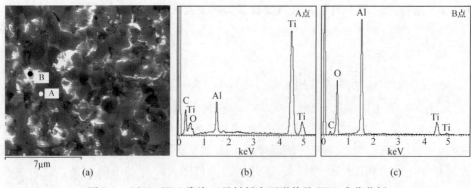

图 5-6　Al_2O_3/TiC 陶瓷刀具材料表面形貌及 EDS 成分分析

　　试验过程中工件不动,激光束通过振镜扫描系统实现激光束位置的移动,从而形成不同分布的微织构。试验在室温下空气环境中进行。在激光诱导表面微织构的加工工艺试验中,影响织构形成的因素很多,主要是材料本身的特性及激光加工参数。微织构的制备主要研究了泵浦电压、扫描速度、重复频率和扫描遍数对微织构表面质量及几何尺寸的影响。试验结束后,将试样超声清洗 20min。待干燥后,通过光学显微镜、扫描电子显微镜、X 射线能谱仪和白光干涉仪等试验仪器对织构表面进行检测,确定最优的加工参数。

5.2.2　飞秒激光诱导陶瓷刀具表面纳织构的制备工艺

1. 试验设备

　　纳织构的制备采用单束激光直接照射到陶瓷刀具材料表面,试验设备采用相干公司生产的型号为 Legend Elite-USP 的钛宝石飞秒激光器系统,如图 5-7 所示。该设备主要包括飞秒激光器、光路系统、三维移动平台和实时监测部分。飞秒激光射出后经由光闸、反射镜、透射镜、衰减器、偏振片等最终通过焦距为 20cm 的显微物镜得到光斑直径约为 $5\mu m$ 的激光束聚焦到样品表面,从而实现材料表面的微加工。该飞秒激光器的激光工作介质为钛宝石,激光波长为 800nm,重复频率为 500Hz,单脉冲最大能量为 1mJ,脉冲宽度为 120fs。

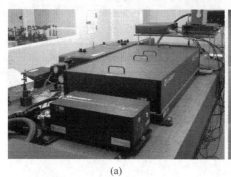

(a)　　　　　　　　　　　　　　　　　(b)

图 5-7　钛宝石飞秒激光器系统

2. 试验方法

　　飞秒激光诱导材料表面纳织构的形成主要有打点和扫线两种模式。考虑到试验加工区域比较大、尽可能要求加工区域纳织构分布均匀且加工效率高,本试验选择扫线模式使激光垂直射入工件表面实现大面积纳织构的制备。试验过程中,激光束位置不动,采用检测系统对加工过程进行实时监测,并通过程序控制移动加工平台实现三维移动平台和激光束位置的相互配合,从而加工出不同几何形貌的纳织构。试验在室温下空气环境中进行。

试验针对影响飞秒激光加工的主要参数进行研究,包括单脉冲能量、扫描速度和扫描遍数。试验结束后将试样进行超声清洗 20min,待干燥后通过扫描电子显微镜、原子力显微镜、白光干涉仪及 X 射线能谱仪等试验仪器对织构表面进行分析检测,并获得最优的加工参数。

5.2.3　纳秒激光诱导陶瓷刀具表面微织构的工艺参数优化

1. 加工参数对微织构表面质量的影响

1) 热影响区的形成

图 5-8 是泵浦电压为 19.5V、扫描速度为 5mm/s、重复频率为 15kHz、扫描 1 遍时,微织构凹槽表面形貌 SEM 图。由图可见,织构周围形成了类似火山口堆积

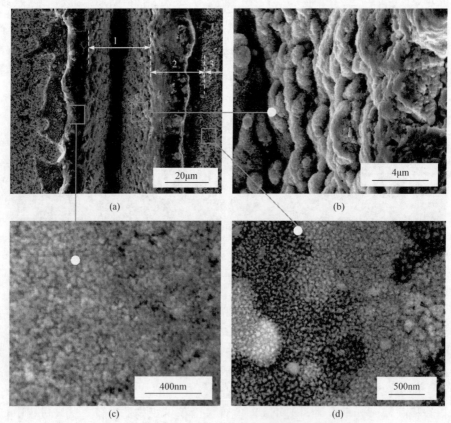

(a)　　　　　　　　　　　　　　　　　　(b)

(c)　　　　　　　　　　　　　　　　　　(d)

图 5-8　微织构凹槽表面热影响区形貌

泵浦电压 19.5V,扫描速度 5mm/s,重复频率 15kHz,扫描 1 遍

的形态,其主要的形成原理如图 5-9 所示。激光辐照后,当入射激光能量超过材料表面的烧蚀阈值时,材料表面在很高的温度下迅速液化和汽化从而形成熔池(图 5-9(a)和(b))。由于熔池内部存在自然对流和 Marangoni 对流形式,熔池内的材料重新分布,熔池内温度场和流场发生改变,在没有辅助气体条件下加工时,Marangoni 对流成为主要的对流方式。一方面,由于熔池表面形成一层氧化物,氧化物的流动造成了熔池内表面活性剂浓度梯度;另一方面,激光辐照后会使内部产生等离子体冲击波及液相爆炸等。同时,由于入射激光束具有基膜高斯分布,激光束中心区域能量很高,造成内部压力很大。当压力大于材料表面张力时会形成高速气流反向冲击,使熔融物被溅射出来并在很短的时间内迅速冷凝,从而在织构周围堆积形成重铸层(图 5-9(c)和(d))。

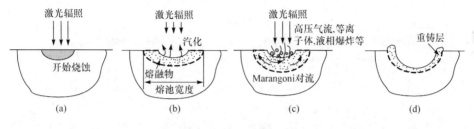

图 5-9　热影响区的形成

从图 5-8(a)可以看出,织构周围热影响区主要分为三个区域。织构内部(1区)为深度烧蚀区域,该区域内部呈现出了球状和鳞状的结构(图 5-8(b))。其主要是高的激光能量的冲击导致材料迅速熔化,同时激光的冲击导致液相爆炸和汽化等产生等离体子和高速气流,进而产生了鳞状结构;未被溅射出去的熔化的液滴在内部凝结形成球状结构。织构边缘由于液相材料的迅速冷凝,表现出液相沉积现象,其结构表现为无序的堆积成褶皱状,称为沉积区(2区)。沉积区表面上看非常光滑,其微观形貌显示为结构紧凑的纳米颗粒状结构(图 5-8(c))。这些纳米颗粒主要是由材料团簇爆炸形成的,爆炸后喷发出的各个正离子间由于强大的库伦斥力相互排斥,无法凝聚成大的颗粒,从而成为纳米颗粒。3 区受到很低能量的激光辐照未表现出明显的烧蚀,但是此区域受到热效应和应力变化导致其结构发生了变化,称为改性区。由图 5-8(d)可以看出,改性区表面仍然分布着由材料团簇爆炸后冷凝形成的纳米颗粒状结构,此区域的颗粒状结构与 2 区相比较为疏松。

图 5-10 为微织构端面形貌。由图可以明显地看出微织构端面近似为三角形。这主要是由于激光光束能量呈高斯分布状态。从织构底部中心向两侧能量减小,激光冲击时材料内部温度场与入射光的能量分布具有相似特征,因此能量最高的地方温度最高,材料去除量最多,深度也就最深。同时可以看出,织构表面热影响区的三个区域非常明显,熔池内壁形成的氧化膜厚度约为 $1.5\mu m$。

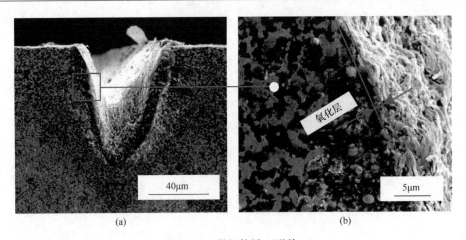

(a)　　　　　　　　　　　　　　　　　　　　　　(b)

图 5-10　　微织构端面形貌

泵浦电压为 19.5V,扫描速度为 5mm/s,重复频率为 15kHz,扫描 1 遍

2）表面形貌随不同加工参数的演变分析

激光加工过程中,激光束的能量密度必须大于材料表面的烧蚀阈值时才能使材料表面发生损伤;当能量密度过大时,材料表面又会发生严重的烧蚀,使加工表面产生大量的裂纹和气孔等缺陷。因此,必须合理选择加工参数,以达到最佳的织构形貌。试验采用的固体激光器中电压是影响激光功率的最主要因素。因此,试验首先研究了不同泵浦电压下织构表面形貌的演变规律。试验过程中,激光扫描速度为 5mm/s,频率为 6kHz,扫描 1 遍,调整激光加工电压为 16～25V。

图 5-11 为不同电压下微织构表面形貌。试验过程中发现,当泵浦电压较低时,试样表面由于能量较低未发生明显的烧蚀现象。这主要是由于当泵浦电压较低时激光功率过低,激光能量密度小于材料表面的烧蚀阈值,表面的能量被工件吸收传导给周围基材表面,未造成表面的损伤。当泵浦电压为 17V 时,激光功率密度大于材料表面的烧蚀阈值,材料表面发生了局部损伤(图 5-11(a))。但由于能量密度不足以使材料表面发生液化及汽化,所以并未形成完整的微沟槽结构。随着泵浦电压的继续增大,激光能量密度增加,材料表面单位面积上能够吸收更多的光子能量,材料表面去除量随之增加,形成的表面微沟槽也就更明显。图 5-11(b)是泵浦电压为 20V 时微沟槽的表面形貌。由图可以看出,微沟槽结构较为清晰,其底部均匀,沟槽边缘较为整齐,两侧有沉积的重铸层。图 5-11(c)是泵浦电压为 22V 时微沟槽表面形貌。由图可以看出,微沟槽底部呈颗粒状沉积,且表面出现了微小的裂纹,沟槽边缘出现了严重的破损,且出现了大量的裂纹和气孔。这主要是由于较大的激光能量密度使材料表面液化及汽化,同时伴随着液相爆炸和等离子体的产生,内部产生的高压及高的热冲击导致裂纹的产生。另外,产生的等离子体波反向冲击导致了激光加工的不稳定性,从而造成沟槽边缘的不均匀性。同时,

由于熔化的液滴在冷凝过程中内部气体未能及时逸出,从而诱发了气孔的产生。图 5-11(d)是泵浦电压为 25V 时加工出的微织构形貌。由图可见,当泵浦电压过大时,激光能量密度过大,使材料表面过度烧蚀,熔池内部液相未能及时排出而黏结在熔池内壁两侧,从而不能形成较好的沟槽形貌。同时,重铸层表面出现了大量的裂纹。因此,对于纳秒激光在陶瓷表面加工微织构的能量而言,存在一个最佳的能量。本试验得出的泵浦电压为 19~20V 时对应的能量能够产生最佳的表面微沟槽织构。

(a) 17V　　　　　　　　　　　　　　(b) 20V

(c) 22V　　　　　　　　　　　　　　(d) 25V

图 5-11　不同电压下微织构表面形貌

激光扫描速度能够影响单位面积上的脉冲数目,从而影响单位面积上的累积能量。当速度较低时,影响加工效率;速度较高时,又会导致脉冲重合度不好,引起沟槽的不连续性。因此,为研究扫描速度对加工表面质量的影响,设计了如下试验:泵浦电压为 19.5V,重复频率为 6kHz,扫描 1 遍,调整扫描速度为 1~200mm/s。

图 5-12 为不同扫描速度下微织构表面形貌。由图 5-12(a)可以看出,当扫描速度为 1mm/s 时,看不到沟槽底部,表明沟槽较深。沟槽内壁非常不均匀,大量的

重铸层沉积在沟槽内壁及沟槽顶部边缘。同时,重铸层表面有大量的裂纹产生。随着扫描速度增加到 5mm/s(图 5-12(b)),微沟槽清晰可见,底部及侧壁相对平整。沟槽底部呈颗粒状分布,内壁重铸层呈鱼鳞状分布,且没有出现明显的较大裂纹。当扫描速度增加到 20mm/s 时(图 5-12(c)),可以看出微沟槽不明显,熔融材料被溅射重铸在底部呈羽状分布。图 5-12(d)为扫描速度为 200mm/s 时加工出的表面形貌。可以看出,当扫描速度过大时,脉冲的重合度较低,加工表面不连续,出现了单个脉冲加工的痕迹。

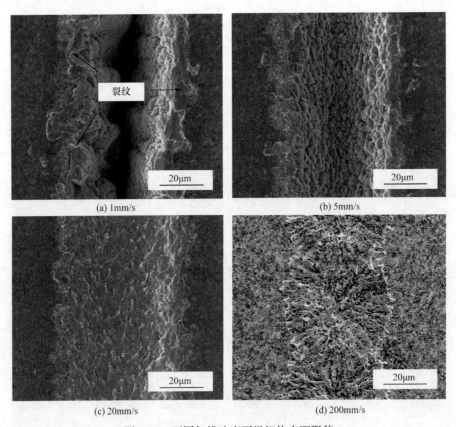

(a) 1mm/s　　　　　　　　　　　　　　　　(b) 5mm/s

(c) 20mm/s　　　　　　　　　　　　　　　　(d) 200mm/s

图 5-12　不同扫描速度下微织构表面形貌

　　随着扫描速度的增加,单位面积脉冲数减少,相邻脉冲之间的重复率变小。因此,沉积在单位面积上的能量变小。当扫描速度为 1mm/s 时,沉积在单位面积上的能量过大,使沟槽表面烧蚀严重,熔池内液相不能及时排出,导致沟槽内壁重铸层较多(图 5-12(a))。随着扫描速度增加至 5mm/s,单位面积上沉积的能量减小,合适的能量密度加工出较为光整的微沟槽(图 5-12(b))。当扫描速度继续增大到一定程度,造成了光斑的重合率较低,沉积在单位面积上能量变小,因此微沟槽不明显(图 5-12(c)),甚至可以看到单个脉冲的烧蚀痕迹(图 5-12(d))。因此,兼顾加工效率和加工质量,必须合理选择扫描速度。本节经过多次重复试验得出较好的扫描速度为 4～8mm/s。

激光重复频率影响沉积到单位面积上的脉冲数及能量,因此对微织构表面形貌有着重要的影响。试验研究了不同重复频率下微织构表面形貌的变化规律。试验过程中,泵浦电压为 19.5V,扫描速度为 5mm/s,扫描 1 遍,调整激光重复频率为 3～20kHz。图 5-13 为不同重复频率下微织构表面形貌。由图可以看出,当重复频率为 5kHz 时(图 5-13(a)),织构清晰可见,热影响区较小,沟槽内壁及两侧沉积的重铸层较少。重复频率增加到 10kHz 时(图 5-13(b)),沟槽底部较为平坦,但沟槽两侧的重铸层增多,沟槽的宽度有所增加。当重复频率为 15kHz 时(图 5-13(c)),沟槽内壁较为均匀,但沟槽边缘的重铸层凸起非常严重且重铸层内分布着裂纹。随着重复频率增加到 20kHz 时(图 5-13(d)),表面不能形成完整的微沟槽,沟槽两侧重铸层非常多,重铸层表面分布着裂纹,且沟槽内部形成了冠状的凸起。

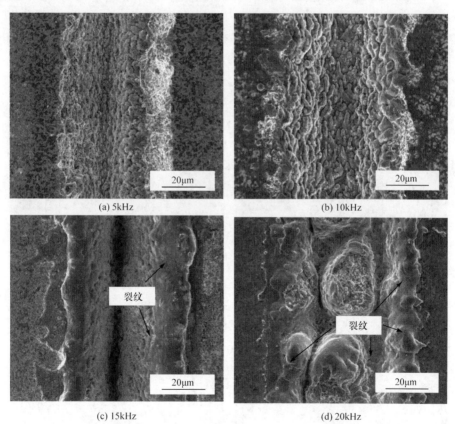

图 5-13　不同重复频率下微织构表面形貌

分析认为,随着重复频率的增加,单位面积上的脉冲数增多,光斑形成的孔群越密集,微沟槽的底部越平整。同时,由于激光烧蚀后材料液相的存在,可以提高材料对激光的吸收率,连续的多脉冲冲击相对于较少脉冲冲击能够去除更多的材料,因此微沟槽更加清晰(图 5-13(b))。当重复频率继续增大时,过高的脉冲能量导致材料烧蚀比较严重(图 5-13(c))。当重复频率增加到一定程度时,由于单个脉冲的能量较小,材料表面达不到汽化烧除温度,只能使材料产生熔化和凝固。同时,由于熔池内中心温度最高,熔融物表面张力最大,引起了 Marangoni 流动,使中心产生了冠状结构(图 5-13(d))。相关文献研究结果表明,尾缘机制和 SMAE 机制也是 Al_2O_3/TiC 陶瓷熔池内部形成冠状结构的重要原因。另外,当重复频率过大时,会在沟槽上方形成等离子云,它会吸收一部分激光能量,影响光束的均匀性,使微沟槽的质量下降。试验结果表明,激光重复频率为 $5\sim8kHz$ 时,微沟槽底部较为平坦,且织构边缘光整,重铸层较少。

　　为研究扫描遍数对微织构表面质量的影响,试验过程中,采用泵浦电压为 $19.5V$,扫描速度为 $5mm/s$,重复频率为 $6kHz$,扫描 $1\sim8$ 遍分别研究微织构表面形貌的变化规律。图 5-14 为不同扫描遍数下微织构表面形貌。由图可见,扫描 1 遍时(图 5-14(a)),织构底部及内壁非常平整,微沟槽边缘重铸层很少。扫描 3 遍时

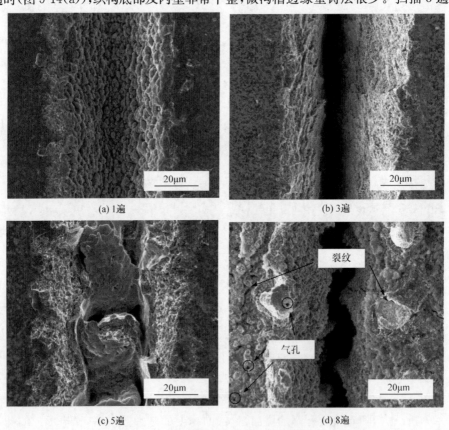

(a) 1遍　　　　　　　　　　　　　　(b) 3遍

(c) 5遍　　　　　　　　　　　　　　(d) 8遍

图 5-14　不同扫描遍数下微织构表面形貌

(图 5-14(b)),织构较深,内壁较为光滑,但边缘不够平整。扫描 5 遍时(图 5-14(c)),沟槽形貌与图 5-13(d)中 20kHz 沟槽形貌类似,加工质量很差。沟槽腔部堵塞,内部出现了大量的熔渣重铸现象,且边缘处烧蚀严重。扫描 8 遍时(图 5-14(d)),微沟槽表面烧蚀非常严重,沟槽内壁及边缘处出现了大量的重铸层,且表面出现了大量的裂纹和气孔。

分析认为,随着扫描遍数的增加,沉积在单位面积上的脉冲数和能量增加,材料去除量增加(图 5-14(a)和(b))。当扫描遍数继续增加时,由于沟槽较深,熔融的材料不能从凹腔内部溅射出来,导致在织构内部大量沉积;同时,由于内部 Marangoni 流动,形成了大量的凸起,凹腔全部被堵住,加工质量变差(图 5-14(c))。随着扫描遍数继续增加,被堵塞的腔部被脉冲重新烧蚀形成凹腔(图 5-14(d)),但由于单位面积上沉积的脉冲数和能量过大,整个微沟槽烧蚀非常严重。同时,大的热应力、冲击力及高能液相爆炸波使表面产生了大量的裂纹和气孔,表面质量非常差。研究结果表明,试验不易采用过多的扫描遍数;当扫描 1~3 遍时,微沟槽织构表面质量较好。

2. 加工参数对微织构几何尺寸的影响

不同的加工参数不仅影响微织构的表面形貌,还影响微织构的几何尺寸。试验采用 VHX-600E 超景深光学显微镜测量了不同加工参数下微织构的深度和宽度,并研究了微织构的深度和宽度随着不同加工参数的变化规律。

图 5-15 为泵浦电压对微织构深度和宽度的影响规律曲线。由图可见,随着泵浦电压从 16V 增加到 22V,微织构的深度和宽度显著增加。之后,随着泵浦电压增加到 25V,微织构宽度开始减小;微织构深度出现较大波动。分析认为,激光以恒定的扫描速度在试样表面辐照时,单位面积上的脉冲数相等,因此单位面积上的能量取决于单脉冲能量。可将微沟槽织构转化为多个脉冲形成微孔沿着直线叠加形成的线性沟槽。随着泵浦电压增加,单脉冲能量随之增大,沟槽的深度和宽度也就增加。这主要是由于激光束能量呈高斯分布状态,当能量较小时,只有光轴处能量能达到材料表面烧蚀阈值,因此只有中间部分能量产生烧蚀形成织构,导致微织构深度和宽度都较小。随着能量的增加,单位面积上的能量密度增加,材料表面的去除量增大。与此同时,能量密度越大,加工过程中产生的气相物质和由高压蒸气带走的液相物质也越多,织构宽度和深度随之增大。随着电压继续增加,试样表面能量增大,被烧蚀材料增多,但此时由于织构深度较大,熔融的物质不能及时排出腔外,微织构深度和宽度减小。当泵浦电压为 25V 时,被堵塞的织构重新被激光烧蚀溅射出来,导致深度增加(图 5-11)。由激光加工相关知识可知,由于脉冲宽度一定且离焦量不能过大,微织构深度和宽度随电压的增加是有限的。

图 5-16 为微织构深度和宽度随扫描速度的变化规律。由图可见,随着扫描速

度的增加,微织构深度显著降低,宽度先增加后出现波动然后减小。分析认为,随着扫描速度的增加,单位面积上沉积的有效脉冲数目和能量变小,材料的去除率降低,因此微沟槽的深度减小。微织构宽度先增加后波动的原因主要是,当扫描速度变大时,激光能量作用区域不够集中,导致了宽度略微增大。由于激光的脉冲宽度是一定的,所以随着扫描速度的继续增大,微织构宽度呈波动状态。

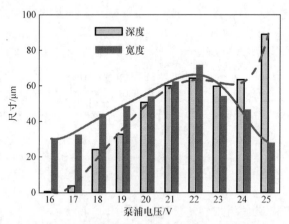

图 5-15　泵浦电压对微织构几何尺寸的影响
扫描速度 5mm/s,重复频率 6kHz,扫描 1 遍

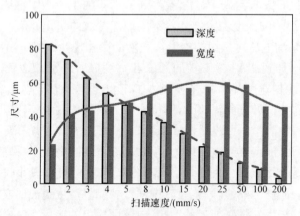

图 5-16　扫描速度对微织构几何尺寸的影响
泵浦电压 19.5V,重复频率 6kHz,扫描 1 遍

图 5-17 为微织构深度和宽度随重复频率的变化曲线。由图可见,随着重复频率增加到 15kHz,微织构深度不断增加,宽度先增加后减小;当重复频率为 20kHz 时,微织构深度突然降低。根据图 5-13 及相关分析可知,扫描速度一定时,随着重复频率的增大,光斑重合度变大,单位面积上的脉冲数增多。因此,累积的能量增多造成织构的宽度和深度有所增加。随着脉冲数的继续增加,微织构腔内的熔融物没有被溅射出去,重铸在织构两侧,使宽度有所减小。当重复频率为 20kHz 时,

从图 5-13(d)可以看到,微织构内部大量的重铸层凸起,导致了织构堵塞,深度减小。

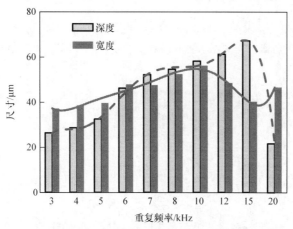

图 5-17　重复频率对微织构几何尺寸的影响
泵浦电压 19.5V,扫描速度 5mm/s,扫描 1 遍

图 5-18 为微织构深度和宽度随扫描遍数的变化曲线。由图可见,微织构深度随着扫描遍数的增加呈先增加后减小又增加趋势。微织构宽度随着扫描遍数的增加呈先缓慢增加后降低趋势。这主要是由于随着扫描遍数的增加,单位面积上累积的脉冲数和能量增加,微织构深度显著增加,且由于烧蚀,织构宽度略微增加。但当孔的深度增加到一定程度时,由于沟槽深度较大,离焦量过大导致接触点激光能量密度减小;同时由于沟槽内壁的反射、透射及激光的散射使材料的吸收和抛出力减小,熔融物的排出困难,造成织构内部重铸层增多,所以微织构深度和宽度降低。随着扫描遍数增加到 8 时,从图 5-14(d)可以看出,被堵塞的重铸层重新被烧蚀出沟槽,导致沟槽深度增加;但沟槽内壁重铸层较多导致微织构宽度减小。

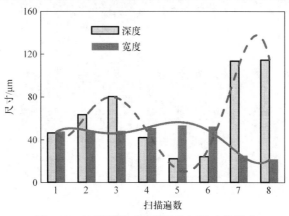

图 5-18　扫描遍数对微织构几何尺寸的影响
泵浦电压 19.5V,扫描速度 5mm/s,重复频率 6kHz

3. 微织构试样表面成分分析

图 5-19 为微织构表面热影响区的 O 元素线扫描 EDS 成分分析。由图可见，微织构边缘的 O 元素含量非常高。结果表明，在材料烧蚀及熔融物冷凝过程中发生了氧化。

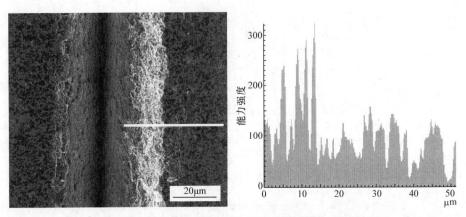

图 5-19　微织构表面热影响区的 O 元素线扫描 EDS 成分分析

泵浦电压 19.5V，扫描速度 5mm/s，重复频率 6kHz，扫描 2 遍

图 5-20 为重铸层表面形貌及 EDS 成分分析。由图可见，织构边缘 1 区内的 O 元素含量明显高于 2 区。通过对溅射出来的重铸层表面颗粒状物体进行成分分析（A 点），发现 A 点的 O 元素含量明显高于 1 区和 2 区；C 元素的含量有所减少。试验结果表明，冷凝的颗粒状物体主要为氧化物。根据激光与材料相互作用时多光子吸收理论，Al_2O_3/TiC 陶瓷经过激光辐照后，材料发生了 Ti—C 键的断裂，生

元素	元素含量/%(质量分数)	
	1区	2区
C	4.90	10.26
O	34.72	23.63
Al	12.65	6.52
Ti	39.07	53.37

元素	元素含量/%(质量分数)
C	2.26
O	41.31
Al	8.52
Ti	40.34

(a)　　　　　　　　　　　　(b)

图 5-20　重铸层表面形貌及 EDS 成分分析

泵浦电压 23V，扫描速度 5mm/s，重复频率 6kHz，扫描 1 遍

成自由电子和离子。一部分 Ti 离子与空气中的 O 结合，形成氧化物，另一部分可能直接以金属 Ti 的形式存在重铸层中。C 原子与空气中的 O 发生反应可能形成气体逸出，导致 C 元素的含量降低。此外，激光加工过程中温度过高，可能导致 Al_2O_3 的分解，形成 Al 的其他氧化物和游离态的 Al。同时，也可能形成 Al-Ti-O 等化合物。

激光加工过程中，当入射激光能量密度超过陶瓷材料表面烧蚀阈值时，材料瞬间蒸发并电离，形成的温度可高达 50000℃，考虑到 Al_2O_3 陶瓷在 3000℃，TiC 达到 4820℃以上即达到汽化温度。因此，根据吉布斯自由能函数法的计算公式及相关理论，查阅相关热力学手册，计算试验过程中（3000K 以下）可能发生的化学反应的吉布斯自由能，如表 5-2 所示。

表 5-2 激光加工中材料表面可能发生的化学反应及吉布斯自由能计算结果

序号	可能发生的反应	ΔG_{600}^{θ} /(J/mol)	ΔG_{1000}^{θ} /(J/mol)	ΔG_{2000}^{θ} /(J/mol)	ΔG_{3000}^{θ} /(J/mol)	是否反应
1	$TiC+2O_2=TiO_2+CO_2$	-2160690	-2832669	-2484685	-2859235	反应
2	$2TiC+3O_2=2TiO+2CO_2$	-858041	-806003	-166792	-53846	反应
3	$4TiC+5O_2=2Ti_2O_3+4CO$	384692	446724	546906	758028	不反应
4	$Al_2O_3+TiC+2O_2=Al_2TiO_5+CO_2$	-1063023	-2675934	—	—	反应
5	$2Al_2O_3=4Al+3O_2$	1570186	-150688	-263673	-170124	反应

根据热力学相关知识可知，ΔG_T^{θ} 为负，则化学反应可能按正向进行，ΔG_T^{θ} 为正则反应不进行。根据表 5-2 可以看出，反应 1 在不同温度下的吉布斯自由能绝对值最大，因此该反应进行的可能性最大，产物相对最稳定。同时，由图 5-20(b)中 A 点元素含量可知，Ti 和 O 元素的含量最高，根据相关文献试验结果推测反应产物为 TiO_2 的可能性最大。反应 3 在不同温度下，吉布斯自由能均为正，因此反应不发生。反应 4 在 2000K 以下的吉布斯自由能为负，且绝对值相对较大。因此，产物中可能含有 Al_2TiO_5，此结果与文献一致。反应 2 和 5 可能发生反应，但相比反应 1 可能性更小。据此推测，图 5-20 中氧化产物最可能为 TiO_2，同时溅射物中可能含有 Al_2TiO_5 及少部分游离态 Al 和 TiO。

4. 加工参数对试样表面粗糙度的影响

为考察微织构对表面粗糙度的影响，试验结束后，采用 Wyko NT9300 白光干涉仪对织构试样表面粗糙度进行测量，并与织构化前试样表面粗糙度进行对比。

图 5-21 为织构化试样表面粗糙度和未织构试样表面粗糙度测量值，其中织构加工参数为：泵浦电压 23V，扫描速度 5mm/s，重复频率 6kHz，扫描 1 遍，织构间距 150μm。由图可见，此织构试样表面粗糙度 R_a 约为 94.19nm，光滑试样表面粗

糙度 R_a 约为 19.89nm。结果表明,织构化处理明显增大了试样表面的粗糙度值。

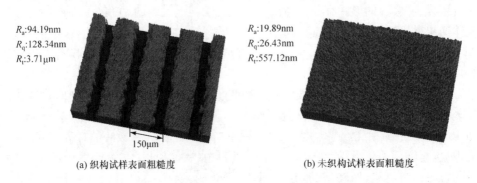

R_a:94.19nm
R_q:128.34nm
R_t:3.71μm

R_a:19.89nm
R_q:26.43nm
R_t:557.12nm

(a) 织构试样表面粗糙度
    (b) 未织构试样表面粗糙度

图 5-21　织构化试样与未织构试样表面粗糙度

图 5-22 为加工参数对表面粗糙度的影响。由图可见,不同的加工参数对试样表面粗糙度有一定的影响。试样表面粗糙度随着泵浦电压的增加而增大;随着扫描速度的增加逐渐减小然后趋于平稳;随着重复频率和扫描遍数的增加,表面粗糙

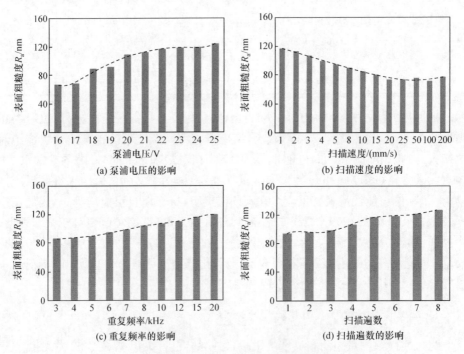

(a) 泵浦电压的影响
(b) 扫描速度的影响
(c) 重复频率的影响
(d) 扫描遍数的影响

图 5-22　加工参数对表面粗糙度的影响

织构加工参数:(a) 扫描速度 5mm/s,重复频率 6kHz,扫描 1 遍,织构间距 150μm;
(b) 泵浦电压 19.5V,重复频率 6kHz,扫描 1 遍,织构间距 150μm;
(c) 泵浦电压 19.5V,扫描速度 5mm/s,扫描 1 遍,织构间距 150μm;
(d) 泵浦电压 19.5V,扫描速度 5mm/s,重复频率 6kHz,织构间距 150μm

度表现出略微增大的趋势。这主要是由于表面粗糙度受烧蚀程度和溅射出的熔融物的影响。随着泵浦电压、重复频率和扫描遍数的增加,织构烧蚀严重,导致其粗糙度增大。速度增加导致单位面积沉积能量减少,织构烧蚀减少,表面粗糙度减小。

　　为延长激光器使用寿命,应尽可能减少激光能量,使用较低的扫描速度以达到材料表面烧蚀阈值实现织构的制备,试验选择最优的微织构加工参数为:泵浦电压 19.5V,扫描速度 5mm/s,重复频率 6kHz,扫描 1 遍。

　　图 5-23 为采用光学显微镜测量的最佳加工参数下制备出的直线型微织构和波浪型微织构形貌及单个微沟槽三维形貌和二维轮廓曲线。图 5-24 为采用白光干涉仪测量最佳加工参数下制备出的直线型与波浪型微织构三维形貌。由图可以看出,微织构分布均匀,表面质量较好。微织构截面呈三角形,织构深度约为 42.7μm,宽度约为 50μm。

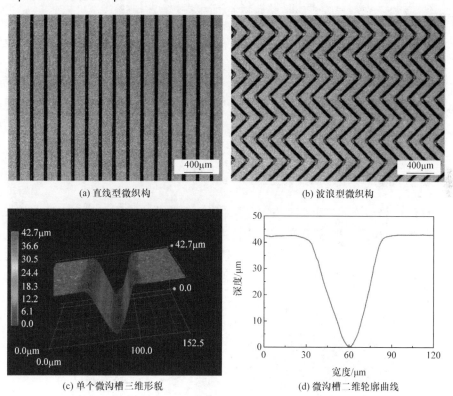

(a) 直线型微织构　　　　　　　　　　　　(b) 波浪型微织构

(c) 单个微沟槽三维形貌　　　　　　　　　(d) 微沟槽二维轮廓曲线

图 5-23　光学显微镜下微织构表面形貌及二维轮廓曲线
泵浦电压 19.5V,扫描速度 5mm/s,重复频率 6kHz,扫描 1 遍

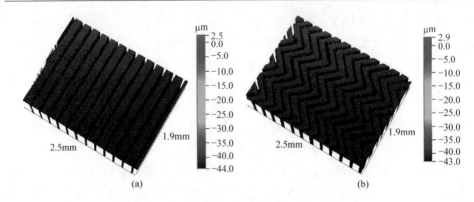

图 5-24 直线型和波浪型微织构三维形貌

泵浦电压 19.5V,扫描速度 5mm/s,重复频率 6kHz,扫描 1 遍

5.2.4 飞秒激光诱导陶瓷刀具表面纳织构的工艺参数优化

单束飞秒激光诱导陶瓷材料表面产生周期性纳织构主要是由入射激光与激发出来的等离子体波进行干涉形成的。只有当物体表面的激光能量密度在一定的范围内才能够对材料表面造成一定的损伤,从而激发出表面等离子体使之与入射光进行干涉从而形成周期性纳织构。因此,物体表面的周期性纳织构的形成与激光加工工艺参数有很大关系,试验对不同的加工参数下纳织构的演变规律进行了研究和分析。

1. 不同加工参数下纳织构表面形貌的演变分析

图 5-25 是激光单脉冲能量为 $0.75\mu J$ 和 $1\mu J$,扫描 1 遍后试样表面形貌随扫描速度的变化。由图可见,激光单脉冲能量为 $0.75\mu J$ 且扫描速度较低时($130\mu m/s$ 和 $250\mu m/s$),试样表面并没有产生非常明显的纳织构。当能量增加到 $1\mu J$,扫描速度为 $130\mu m/s$ 时,试样部分表面产生了非连续的纳织构;随着扫描速度增加到 $250\mu m/s$,只有极少量的纳织构出现在试样表面。当扫描速度增加到 $500\mu m/s$ 时,几乎看不到任何纳织构。分析认为,飞秒激光与材料相互作用时,都有相应的

(a) 0.75μJ

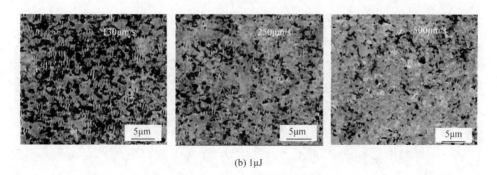

(b) 1μJ

图 5-25　不同激光单脉冲能量扫描 1 遍时试样表面形貌随扫描速度的变化

烧蚀阈值,当激光能量密度低于材料的烧蚀阈值时,材料吸收的能量是有限的,因此不能对材料造成损伤,也就不能激发试样表面的等离子体产生,从而不能形成纳织构。当激光能量密度接近材料表面的烧蚀阈值时,材料表面局部破坏,使局部表面的等离子体被激发,被激发的等离子体波与入射光发生干涉现象,形成了不连续的纳织构。

图 5-26 为不同扫描速度下激光单脉冲能量 $1.5 \sim 2.5 \mu J$,扫描 1 遍后试样表面形貌。由图 5-26(a)～(c)可以看出,激光单脉冲能量为 $1.5 \mu J$、$1.75 \mu J$ 和 $2 \mu J$,扫描速度为 $130 \mu m/s$ 和 $250 \mu m/s$ 时,试样表面形成纳织构杂乱无序,表面烧蚀较为严重。当扫描速度为 $500 \mu m/s$ 时,试样表面形成的纳织构较为清晰、规整且分布均

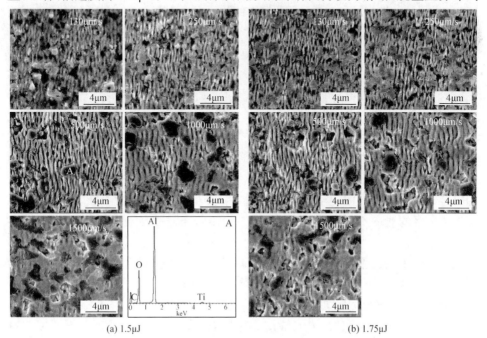

(a) 1.5μJ　　　　　　　　　　　　　(b) 1.75μJ

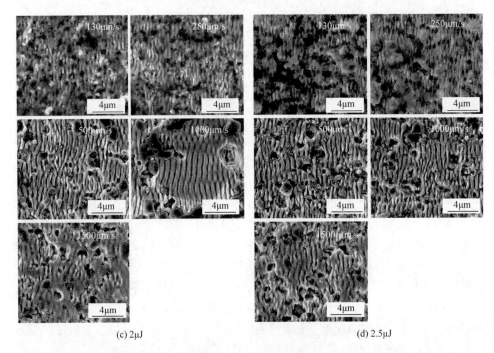

图 5-26　不同激光单脉冲能量扫描 1 遍时试样表面形貌随扫描速度的变化

匀。当扫描速度继续增加时,纳织构开始变得模糊且不连续。当速度增加到 $1500\mu m/s$ 时,试样表面基本不会出现纳织构。分析认为,当扫描速度较低时,单位面积上的脉冲数增多,激光能量密度增大,导致材料表面单位面积上接受的光子数较多,吸收的能量较大,因此材料的烧蚀相对严重。随着扫描速度增加到 $500\mu m/s$,单位面积沉积的能量减少,表面烧蚀减轻,同时激发出的表面等离子体波与入射光发生干涉更为明显,表面形成的纳织构较为清晰规整。当扫描速度继续增大时,单位面积上的激光脉冲数变少,材料表面累积的能量减少,不能很好地激发等离子体波使之与入射光发生干涉,因此不能形成规整的纳织构。同时可以看到,能量为 $1.5\mu J$、速度为 $500\mu m/s$ 时,试样表面有一些凸点没有形成纳织构;通过 A 点 EDS 成分分析可以看出,其主要为 Al_2O_3 颗粒。研究结果表明,尽管 TiC 的熔点高于 Al_2O_3,但由于 TiC 与 Al_2O_3 相比有更大的光吸收系数,所以 TiC 能够吸收更多的能量,其表面更易达到烧蚀阈值形成规整的纳织构。

当激光单脉冲能量为 $2.5\mu J$、扫描速度为 $130\mu m/s$ 和 $250\mu m/s$ 时,试样表面烧蚀非常严重,表面杂乱无序。主要原因是在较低的扫描速度下,试样表面单位面积脉冲数较多,累积的能量密度较大,造成了严重的烧蚀。当扫描速度为 $500\sim 1500\mu m/s$ 时,试样表面也形成了纳织构,但表面出现了大量的孔洞。这主要是由于部分 Al_2O_3 颗粒因大的激光能量直接被溅射出去从而在表面留下孔洞。图 5-27

为单脉冲能量 3μJ、扫描 1 遍时,不同扫描速度下的试样表面形貌。由图可见,当单脉冲能量为 3μJ 时,在不同扫描速度下试样表面的烧蚀均非常严重,表面杂乱无序,且出现了大量的烧蚀颗粒。分析认为,只有当试样表面的能量密度在烧蚀阈值和熔化阈值之间,试样表面才能形成规则的周期性纳织构。当入射的激光能量过高时,由于能量的累积作用,单位面积上沉积的能量超过了材料表面的熔化阈值造成材料表面的过度损伤,从而使表面烧蚀严重,出现了大量的烧蚀颗粒,不能形成规则的纳织构。

图 5-27 单脉冲能量 3μJ、扫描 1 遍时不同扫描速度下的试样表面形貌

由激光单脉冲能量和扫描速度对纳织构表面形貌的影响可以看出,单脉冲能量为 1.75μJ 和 2μJ、扫描速度为 500μm 时,纳织构较为规则。因此,为了更好地制备纳织构,试验研究了激光单脉冲能量为 1.75μJ 和 2μJ、扫描速度为 500μm/s 时,扫描遍数对纳织构形成的影响。

图 5-28 为单脉冲能量 1.75μJ 和 2μJ、扫描速度 500μm/s 时,不同扫描遍数下的试样表面形貌。由图可见,单脉冲能量为 1.75μJ 和 2μJ 时,纳织构表面形貌随着扫描遍数的变化规律几乎相同。当扫描 1 遍时,纳织构相对连续。随着扫描遍数的增加,初始的表面粗糙度变大,导致大量的等离体子被激发与入射光发生干涉,造成纳织构的断续且不规则。当单脉冲能量为 1.75μJ、扫描 6 遍或单脉冲能量为 2μJ、扫描 5 遍时,单位面积累积的激光能量过大,使得表面烧蚀非常严重,出现了大量的烧蚀颗粒和孔洞,纳织构几乎被破坏。因此,扫描遍数对纳织构的形成有很大的影响。试验结果表明,扫描 1 遍或 2 遍时,纳织构相对更加规则连续。

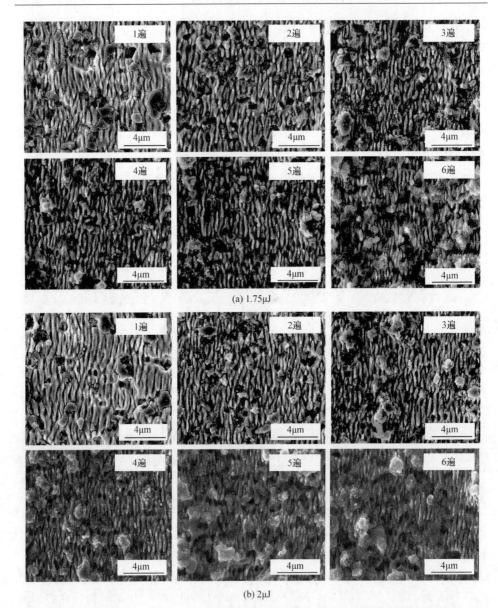

(a) 1.75μJ

(b) 2μJ

图 5-28　扫描速度为 500μm/s 时不同激光单脉冲能量下试样表面形貌随扫描遍数的变化

图 5-29 为不同加工参数下试样表面的三维形貌 AFM 图。由图 5-29(a)～(e) 可见,当单脉冲能量为 0.75μJ 时,试样表面相对平整。随着单脉冲能量增加到 2μJ,表面纳织构相对清晰且规则,纳织构变深。当单脉冲能量为 3μJ 时,试样表面高低不平,烧蚀严重。对比图 5-29(c)、(f)、(g)可以看出,随着速度的增加,试样表面烧蚀减轻,织构深度整体变浅。对比图 5-29(c)、(h)、(i)可见,随扫描遍数的增加,试样表面结构紊乱,烧蚀深度增加。

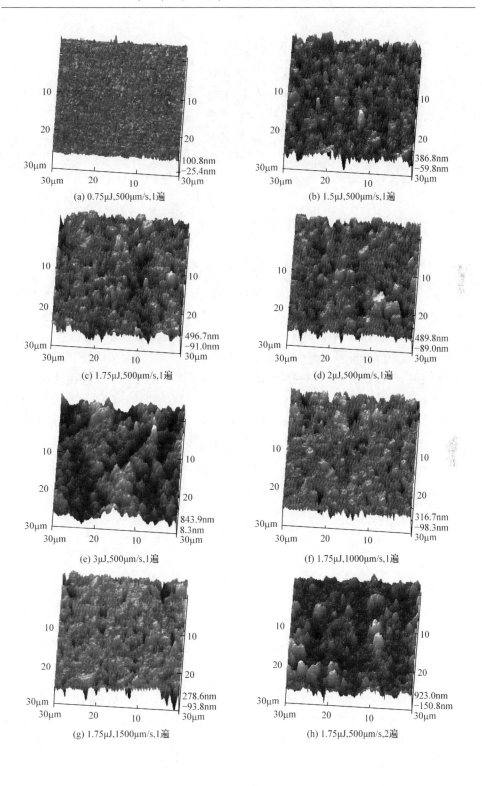

(a) 0.75μJ,500μm/s,1遍

(b) 1.5μJ,500μm/s,1遍

(c) 1.75μJ,500μm/s,1遍

(d) 2μJ,500μm/s,1遍

(e) 3μJ,500μm/s,1遍

(f) 1.75μJ,1000μm/s,1遍

(g) 1.75μJ,1500μm/s,1遍

(h) 1.75μJ,500μm/s,2遍

(i) 1.75μJ,500μm/s,4遍

图 5-29　不同加工参数下试样表面的三维形貌 AFM 图

2. 不同加工参数下纳织构几何尺寸的变化规律

为研究激光加工参数对纳织构几何尺寸的影响,试验采用原子力显微镜对不同加工参数下较为清晰规则的纳织构进行检测,研究了单脉冲能量和扫描速度对纳织构的深度和周期的影响,如图 5-30 所示。其中,图 5-30(a)为扫描速度 500μm/s、扫描 1 遍时,单脉冲能量对纳织构尺寸的影响。图 5-30(b)为单脉冲能量 1.75μJ、扫描 1 遍时,扫描速度对纳织构尺寸的影响。由图可知,随着单脉冲能量从 1.5μJ 增加到 2.5μJ,纳织构的深度呈增加的趋势;纳织构的周期维持在 700~800nm,并未表现出非常明显的增大或减小的趋势。随着扫描速度从 130μm/s 增加到 1000μm/s,纳织构的深度显著降低,纳织构的周期表现出增加趋势。

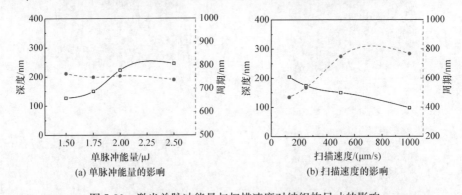

(a) 单脉冲能量的影响　　　　　　　　　(b) 扫描速度的影响

图 5-30　激光单脉冲能量与扫描速度对纳织构尺寸的影响

随着扫描速度的减小,单位面积上的脉冲数增多,表面越来越粗糙;同时激光单脉冲能量的增大也增加了表面粗糙度,表面粗糙度增大将导致表面等离子体波数增加,从而导致纳织构周期随着扫描速度的减小和单脉冲能量的增大而略微减小。不同的单脉冲能量和扫描速度使单位面积上的脉冲数和累积能量不同,因此

导致了纳织构深度的变化。

3. 不同加工参数下试样表面成分分析

为研究激光辐照对试样表面成分的影响,试验对扫描速度为 $500\mu m/s$、扫描 1 遍时,不同单脉冲能量下试样表面元素进行 EDS 成分分析,试验结果如表 5-3 所示。由表可见,随着激光单脉冲能量从 0 增加到 $1.75\mu J$,O 元素的含量呈现略微增加的趋势;之后,随着单脉冲能量增加到 $2.5\mu J$,O 元素的含量表现出明显的减少趋势;当单脉冲能量增加到 $3\mu J$ 时,O 元素的含量达到最大值为 30.92%。同时,试验发现 Al 元素的含量随单脉冲能量从 $1.75\mu J$ 增加到 $3\mu J$ 呈现降低的趋势。

表 5-3　不同单脉冲能量辐照后 Al_2O_3/TiC 陶瓷试样表面元素 EDS 成分分析

（扫描速度 $500\mu m/s$,扫描 1 遍）

单脉冲能量	元素含量/%（质量分数）							
$/\mu J$	C	O	Al	Ti	Ni	Mo	W	总计
0	8.66	30.42	14.51	35.25	2.01	3.86	5.29	
0.75	8.79	30.56	14.59	36.45	2.12	3.92	3.57	
1	9.21	30.68	14.78	35.63	2.09	4.01	3.60	
1.5	9.50	30.69	14.97	35.22	2.27	4.19	3.16	
1.75	9.06	30.82	14.89	35.21	2.41	4.39	3.22	100
2	9.14	29.14	13.66	36.09	2.75	4.63	4.59	
2.5	9.90	27.53	13.02	38.92	3.40	4.83	2.40	
3	9.34	30.92	12.96	37.34	2.98	4.45	2.01	

分析认为,随着激光单脉冲能量增加到 $1.75\mu J$,试样表面的氧化现象开始增多,导致 O 元素的含量开始增加。当单脉冲能量继续增加到 $2.5\mu J$ 时,O 元素的含量出现了降低的趋势。这主要是由于过高的激光能量导致材料表面部分 Al_2O_3 颗粒直接被溅射出去,从而导致 O 和 Al 元素含量的降低。随着激光单脉冲能量增加到 $3\mu J$,试样表面热效应严重,表面发生了大面积的氧化,导致了烧蚀区域的 O 元素含量急剧增加。

4. 不同加工参数下试样表面粗糙度的变化

图 5-31 为不同激光加工参数下试样表面粗糙度 R_a 的变化曲线。其中,图 5-31(a)为不同单脉冲能量和扫描速度下,扫描 1 遍时试样表面粗糙度 R_a 的变化。可见,单脉冲能量和扫描速度对试样表面粗糙度有很大的影响。激光辐照后的试样表面粗糙度明显增大,且表面粗糙度随着激光单脉冲能量的增加显著增大,随着扫描速度的增加呈减小趋势。试验在单脉冲能量为 $1.75\mu J$ 和 $2\mu J$、扫描速度为

$500\mu m/s$ 条件下,研究了试样表面粗糙度 R_a 随扫描遍数的变化曲线,如图 5-31(b)所示。由图可以看出,随着扫描遍数的增加,试样表面粗糙度增大。

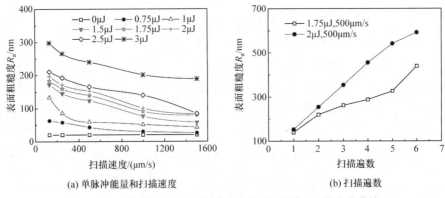

(a) 单脉冲能量和扫描速度　　　　　　　(b) 扫描遍数

图 5-31　不同激光加工参数下试样表面粗糙度 R_a 的变化曲线

分析认为,随着单脉冲能量的增加,试样表面开始形成纳织构,且纳织构深度增加导致表面粗糙度增大。过高的激光能量使试样表面烧蚀严重,因此导致较大的表面粗糙度。当扫描速度增加时,单位面积上沉积的激光脉冲数变少,使表面激发出的等离子体波数变少,由干涉形成的纳织构数量和深度的减少,导致表面粗糙度减小。当扫描遍数增加时,纳织构试样表面累积的能量增加,导致试样表面烧蚀严重,因此表面粗糙度随之增大。

综合考虑加工参数对纳织构表面质量的影响,同时兼顾加工效率和和激光器寿命,试验选择最优的纳织构加工参数为:单脉冲能量 $1.75\mu J$,扫描速度 $500\mu m/s$,扫描 1 遍。

图 5-32 为采用最佳激光加工参数制备出的纳织构表面形貌。图 5-33 为采用

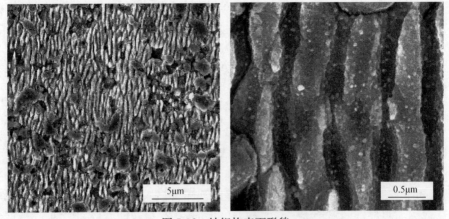

图 5-32　纳织构表面形貌
单脉冲能量 $1.75\mu J$,扫描速度 $500\mu m/s$,扫描 1 遍

最佳激光加工参数制备出的纳织构的三维形貌及二维轮廓曲线。由图可以看出，在此加工参数下，纳织构分布相对均匀，纳织构周期约为 750nm，深度约为 150nm。

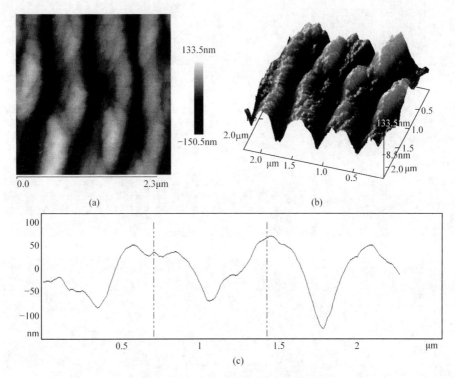

图 5-33　纳织构的三维形貌及二维轮廓曲线
单脉冲能量 1.75μJ，扫描速度 500μm/s，扫描 1 遍

5.3　多尺度表面织构陶瓷刀具的制备

5.3.1　表面织构陶瓷刀具制备

为避免表面织构的存在对刀尖强度的影响，微织构的加工应距主切削刃一定的距离。根据相关研究结果和理论，综合考虑切削加工过程中的刀-屑接触长度和微织构对刀具应力的影响，表面织构加工在前刀面区域约为 0.8mm×0.8mm，微织构加工在刀具前刀面刀-屑接触区距离刀刃约为 150μm，微织构间距约为 150μm。图 5-34 为采用最佳激光加工参数制备出的不同形貌的微织构、纳织构及微纳复合多尺度表面织构陶瓷刀具前刀面形貌。

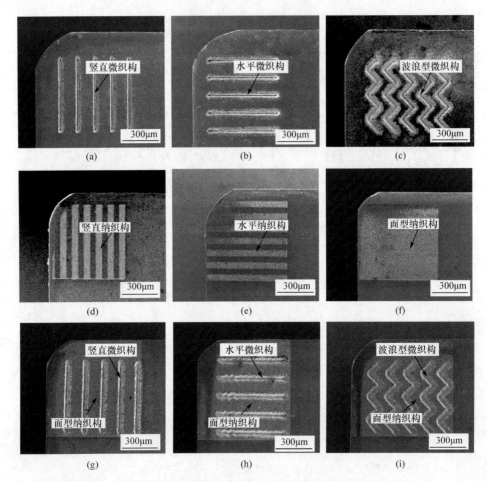

图 5-34　制备出的不同形貌的表面织构陶瓷刀具

(a)～(c) 微织构刀具;(d)～(f) 纳织构刀具;(g)～(i) 微纳复合多尺度表面织构刀具

5.3.2　润滑剂的优选及其添加方式

目前最为经典且应用最为广泛的固体润滑剂主要是具有层状结构的固体润滑剂,如石墨、二硫化钼、二硫化钨。由于固体润滑剂具有特殊的层状结构,剪切强度较低,容易黏结于基材表面同时在对偶件材料表面形成转移膜,从而起到减摩抗磨作用。

石墨的分子结构使同一层内的碳原子牢固地结合在一起,不易破坏;而层与层之间的结合力较弱,受剪切力作用后容易滑移,满足固体润滑剂的要求。但石墨在真空中的润滑性较差,当缺少气体时,其棱面比基础面更容易粘在摩擦副基材表面,从而增大了切向力,导致摩擦系数的增加。因此,石墨不适于缺少气体的环境中。

二硫化钼（MoS_2）和二硫化钨（WS_2）均为鳞片状晶体，晶体结构为六方晶系的层片状，分子层之间的结合力很弱，即分子层间表面为低剪切应力平面。当分子层间受到很小的切应力作用时，很容易沿分子层产生相对滑动，所以具有良好的固体润滑性能。MoS_2 具有较好的热稳定性，在空气中，400℃左右开始氧化，氧化后润滑性能急剧下降。与 MoS_2 相比，WS_2 耐热性和抗氧化性更好，当温度高于 400℃时，其摩擦系数低于 MoS_2。当空气不充足时，其摩擦系数也低于 MoS_2。同时，由于 WS_2 比 MoS_2 莫氏硬度低，在摩擦作用下其填充至织构内的润滑剂更容易析出。

金属切削过程中，刀-屑接触区处于高温高压状态，同时刀-屑接触紧密，缺乏空气流通。因此，综合考虑刀-屑之间的摩擦接触状态及润滑剂添加制备工艺，选择 WS_2 作为试验添加的润滑剂。试验选用机械涂覆方式将 WS_2 固体润滑剂填充到微织构中，并不断压实尽可能地排除微织构内的空气；采用 PVD 涂层工艺制备 WS_2 润滑涂层，使其填充至纳米织构中。根据相关文献可知，金属添加剂能够改善 WS_2 润滑涂层的力学性能和摩擦性能。因此，为改善涂层性能，试验在 WS_2 软涂层中添加了 Zr 元素制备出 WS_2/Zr 润滑涂层，同时在 WS_2/Zr 涂层与基体之间制备了一层 Zr 过渡层来提高涂层与基体的结合强度。WS_2/Zr 涂层的制备采用 AS-858 多功能离子镀膜机，通过多弧离子镀和中频磁控溅射分别在织构试样表面沉积一层 Zr 过渡层和 WS_2/Zr 涂层。沉积涂层前首先用 Ar^+ 离子预溅射清洗 10min，接着采用多弧离子镀沉积一层 Zr 过渡层，沉积时间为 15min；然后采用中频磁控溅射和离子束辅助沉积 WS_2/Zr 涂层。涂层的沉积工艺参数如表 5-4 所示。沉积结束后，采用扫描电子显微镜和 X 射线能谱仪对涂层表面进行表征，并采用 MH-6 硬度测试仪对涂层表面硬度进行测定。

表 5-4　沉积工艺参数

沉积温度/℃	氩气压强/Pa	基体负偏压/V	Zr 靶电流/A	WS_2 靶电流/A	沉积时间/min
180	0.5	−100	80	1.2	100

图 5-35 为制备出的添加润滑剂的微织构陶瓷刀具、纳织构陶瓷刀具和微纳复合多尺度表面织构陶瓷刀具前刀面形貌。图 5-36 为纳织构表面与未织构表面 WS_2/Zr 涂层和截面 SEM 形貌及相应元素线扫描 EDS 成分分析。由图可以看出，制备出的未织构表面涂层结构较为致密，纳织构表面涂层较为疏松。分析认为，这主要是由于纳织构增大了试样表面粗糙度，织构形貌复印在涂层表面形成疏松的孔洞。由试样横截面及元素线扫描分析可以明显看出，基体、Zr 过渡层及 WS_2/Zr 涂层三层结构。S、W 和 Zr 元素主要分布在表面涂层部分，基体与 WS_2/Zr 涂层之间存在一层 Zr 过渡层。Zr 过渡层的厚度约为 $0.13\mu m$，WS_2/Zr 固体润滑

涂层的厚度约为 $0.8\mu m$。试验测得涂层表面硬度约为 6.2 GPa，临界载荷约为 47N。因此，与基体材料相比，涂层降低了试样表面硬度。

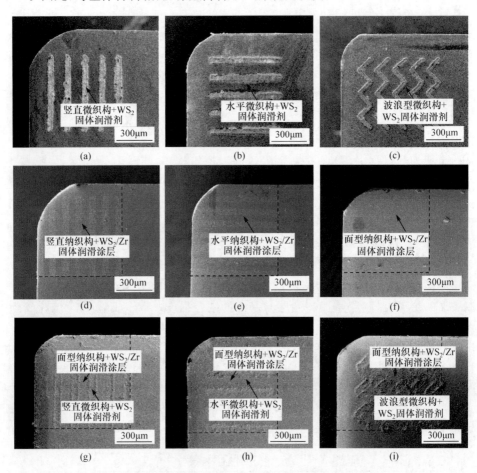

图 5-35　添加润滑剂的表面织构陶瓷刀具

(a)~(c) 填充润滑剂的微织构刀具；(d)~(f) 填充润滑涂层的纳织构刀具；

(g)~(i) 填充润滑剂和润滑涂层的微纳复合多尺度表面织构刀具

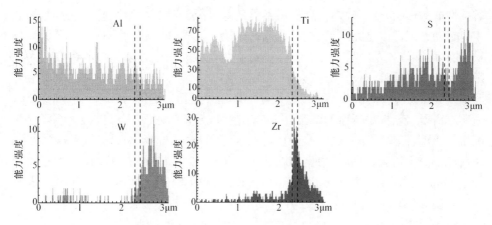

图 5-36　WS$_2$/Zr 涂层试样表面及截面 SEM 形貌及相应元素线扫描 EDS 成分分析

5.4　多尺度表面织构陶瓷刀具的摩擦磨损特性研究

5.4.1　多尺度表面织构陶瓷刀具的摩擦磨损试验方案

试验方案如图 5-37 所示,通过分析微织构和纳织构在不同的试验条件下对陶瓷刀具材料表面摩擦磨损特性的影响,探究了微织构与纳织构的减摩作用机理。

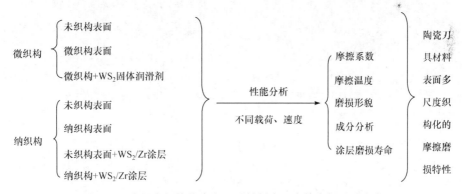

图 5-37　多尺度织构化陶瓷刀具材料表面摩擦磨损试验方案

5.4.2　微织构对陶瓷刀具材料表面摩擦磨损性能的影响

1. 试验方法

1)摩擦副的选择

摩擦磨损试验主要是为了研究磨损现象和本质,正确地评价各种因素对摩擦磨损性能的影响，从而确定符合使用条件的最优化参数。摩擦试验中试样之间的相对运动方式可以是纯滚动、纯滑动或者滚动伴随滑动，其接触形式可以分为面接触、线接触和点接触三种。通常面接触试样的单位面积压力为 80～100MPa，一般用于磨粒磨损试验。线接触试样的最大接触压力可达 1000MPa，适合于接触疲劳磨损试验和黏着磨损试验。点接触试样的表面接触压力更高，最大可达 5000MPa，适用于需要很高接触压力的试验。金属切削时，刀具前刀面刀-屑接触区实际上是面接触类型，但是由于其表面接触压力很大，所以本节选择点接触形式中的球-盘接触摩擦磨损试验。同时，根据赫兹接触理论可知，点接触的球-盘摩擦磨损试验实际上也可以看成一个承受很大压力的微小的面接触。因此，所选接触类型满足实际切削条件。

2）试验设备

采用美国 CETR 公司生产的 UMT-2 型多功能摩擦磨损试验机进行球-盘滑动摩擦试验，该试验设备可分别进行往复及旋转摩擦试验。摩擦接触模型示意图如图 5-38 所示。

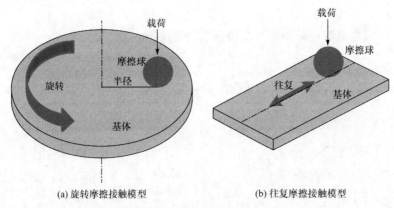

(a) 旋转摩擦接触模型　　　　　　　(b) 往复摩擦接触模型

图 5-38　摩擦试验设备及摩擦接触模型示意图

试验过程中，下试样摩擦盘固定在主轴工作台上，上试样摩擦球被固定在夹具中与工作台上的摩擦盘接触，并通过力传感器施加载荷。摩擦试验机的工作台可进行高速旋转，固定在夹具中的摩擦球可以跟随夹具做水平或垂直运动，通过球-盘的相互配合可实现两者相对旋转和往复摩擦试验。旋转摩擦试验时，摩擦球位置固定，主轴带动工作台上的摩擦盘旋转，通过调节主轴转速以实现不同速度的摩擦试验。往复摩擦试验时，工作台上的摩擦盘固定不动，固定在夹具中的摩擦球连同力传感器在驱动系统控制下实现往复运动。试验过程中施加的载荷与摩擦力能够通过软件实时采集，自动绘制出摩擦系数曲线并记录在计算机中。

3）试样制备

试验对比研究了微织构及填充固体润滑剂的微织构陶瓷刀具材料表面的摩擦

磨损性能,并与未织构表面进行试验对比。下试样为 ϕ60mm×5mm 的陶瓷摩擦盘,摩擦盘是制备陶瓷刀具前的毛坯试样,其主要成分及性能见表 5-1。试验前采用平面磨床对其表面进行粗磨,然后分别采用 CBN 研磨粉及金刚石抛光剂对粗磨后试样表面进行研磨抛光,使其表面粗糙度 R_a 达到 0.02μm 以下。摩擦球采用直径为 9.525mm 的 45 淬火钢球(切削时工件材料),其表面硬度为 40~50HRC,表面粗糙度 R_a 约为 0.1μm。之后将试样在丙酮和酒精中分别超声清洗 20min,待干燥后使用。

采用优化得到的最佳纳秒激光加工参数在陶瓷试样表面制备出以圆盘中心沿半径方向环形阵列的直线型微沟槽,圆环内径为 20mm,外径为 45mm;然后采用涂覆填充方式在微沟槽中填充 WS$_2$ 固体润滑剂。图 5-39 为制备出的试样表面形貌,其中图 5-39(a)为微织构摩擦盘试样,图 5-39(b)为未涂覆填充 WS$_2$ 固体润滑剂的试样,图 5-39(c)为涂覆填充 WS$_2$ 固体润滑剂的试样。

 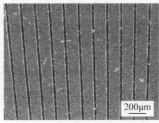 

(a) 微织构摩擦盘试样　　　(b) 未填充WS$_2$固体润滑剂试样　　　(c) 填充WS$_2$固体润滑剂试样

图 5-39　不同试样表面形貌

4) 试验条件

试验采用球-盘单向旋转滑动方式,在室温下空气环境中进行。摩擦速度为 40~160m/min,载荷为 5~20N。试验采用摩擦半径为 15mm,相应的织构间距约为 150μm,表面粗糙度 R_a 约为 87.4nm,摩擦次数为 4000 次。试验研究了不同载荷和滑动速度下试样表面的摩擦磨损性能。试验过程中采用 TH5104R 红外热像仪测量接触界面间的最高温度。试验结束后,采用扫描电子显微镜和白光干涉仪观测试样表面磨损形貌及磨痕轮廓,同时采用 X 射线能谱仪对磨损表面进行成分检测。为简化命名,将未织构表面试样、织构表面未填充 WS$_2$ 固体润滑剂试样和织构表面涂覆填充 WS$_2$ 固体润滑剂试样分别记为 AS、AT 和 AT-W。

2. 微织构陶瓷试样表面摩擦磨损特性

1) 摩擦系数

图 5-40 为载荷 15N,滑动速度 80m/min 和 120m/min 时,试样摩擦系数随摩擦次数的变化曲线。由图可见,AT 试样摩擦系数大于 AS 试样,AT-W 试样摩擦

系数明显小于 AS 试样,且能够更快地达到稳定摩擦状态。分析认为,AT 试样由于微织构增加了表面粗糙度,过大的表面粗糙度引起表面的增摩作用大于由于接触面积的减少引起的减摩效果,从而导致织构表面摩擦系数增大。相关试验研究结果表明,微织构在一定的干摩擦条件下能够有效地降低摩擦系数。因此,微织构的减摩作用与试验材料、试验条件和表面粗糙度等有很大的关系。微织构与固体润滑剂协同作用能够有效地降低摩擦系数。

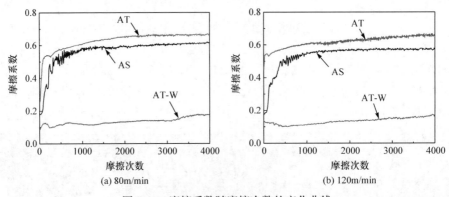

图 5-40　摩擦系数随摩擦次数的变化曲线

载荷 15N

将不同试样摩擦过程中稳定阶段的摩擦系数求平均值作为平均摩擦系数,绘制出平均摩擦系数随滑动速度及载荷的变化曲线,如图 5-41 所示。可见,在不同的滑动速度及载荷作用下,微织构与固体润滑技术相结合能够有效地降低平均摩擦系数。与 AS 试样相比,AT-W 试样表面平均摩擦系数降低了 70%~80%。

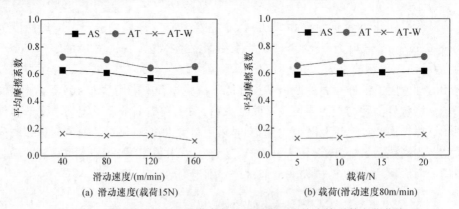

图 5-41　不同滑动速度及载荷条件下试样表面平均摩擦系数变化曲线

2) 摩擦温度

图 5-42 为采用红外热像仪测量的载荷为 15N、滑动速度为 80m/min 时,AS 试样摩擦过程中摩擦温度的分布图。可以看出,此时摩擦接触界面的最高温度为

113.4℃。将试样摩擦过程中稳定阶段最高摩擦温度的平均值作为最高摩擦温度绘制出不同滑动速度与载荷下,试样表面平均摩擦温度的变化曲线,如图 5-43 所示。由图可见,试样表面平均摩擦温度随滑动速度和载荷的增加而增大。在相同试验条件下,AT 试样增加了表面摩擦温度,AT-W 试样能够有效地降低摩擦温度,其平均摩擦温度与 AS 试样相比降低了 40%~50%。

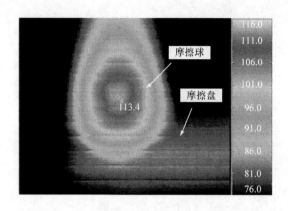

图 5-42 球-盘接触表面摩擦温度分布图(单位:℃)

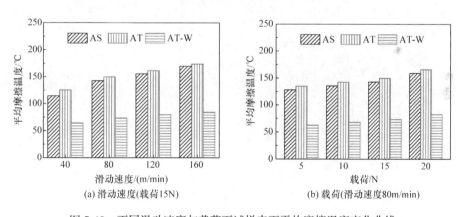

图 5-43 不同滑动速度与载荷下试样表面平均摩擦温度变化曲线

3) 磨损形貌及减摩机理

图 5-44 为载荷 15N、滑动速度 80m/min、摩擦 4000 次后,AS、AT 和 AT-W 试样表面磨痕轮廓曲线。由图可见,与 AS 试样相比,AT 和 AT-W 试样磨痕深度明显减小,但 AT 试样磨痕宽度略微增加。其主要原因是在干摩擦下,微织构试样表面粗糙度较大,使摩擦球磨损面积增大,因此摩擦接触面积增加,从而增加了磨痕宽度。同时,接触面积的增加导致了单位面积接触压力变小,减少了磨痕深度。

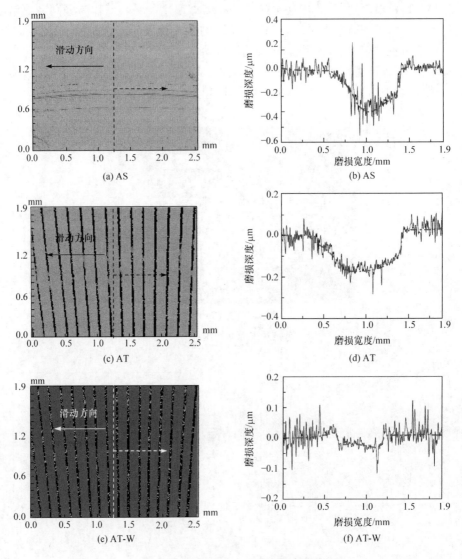

图 5-44　不同试样表面磨痕轮廓曲线

图 5-45 为载荷 15N、滑动速度 80m/min、摩擦 4000 次后,不同试样磨损表面的三维形貌。由图可见,AS 试样磨损表面出现了大量的犁沟和黏结;AT 试样表面没有出现明显的黏结,仅有少量的犁沟产生且微织构仍然存在,AT-W 试样磨损表面未出现明显的犁沟和黏结。结果表明,微织构的存在能够有效地减少表面的磨粒磨损和黏结,微织构与固体润滑技术结合能够更有效地改善试样表面的磨损性能。

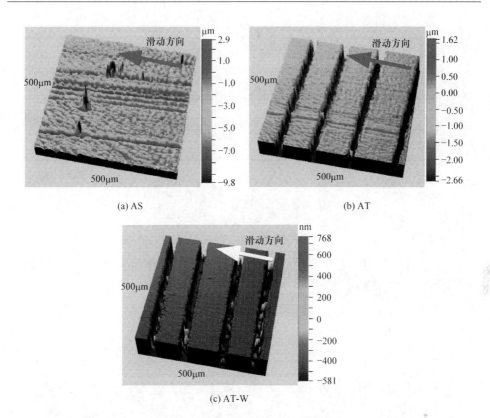

(a) AS

(b) AT

(c) AT-W

图 5-45　不同试样磨损表面的三维形貌

图 5-46 为载荷 15N、滑动速度 80m/min、摩擦 4000 次后，AS 试样磨损表面形貌及成分分析。由图 5-46(b)可见，磨痕表面出现了块状的黏结；A 点成分分析(图 5-46(c))结果表明，其主要为摩擦球表面磨掉的铁屑被压实在摩擦面上。由图 5-46(d)可以看出，磨损表面有大量的黏结和犁沟产生，试验结果与图 5-45(a)一致。图 5-46(e)为图 5-46(a)中磨损表面 Fe 元素的面分布。由图可以看出，磨痕表面分布着大量的 Fe 元素。

图 5-47 为载荷 15N、滑动速度 80m/min、摩擦 4000 次后，AT 试样磨损表面形貌及 Fe 元素的面分布。由图可见，大量的 Fe 元素集中于微织构内部，微织构中间磨损表面 Fe 元素分布与 AS 试样相比明显减少。结果表明，微织构能够有效收集磨屑，从而减少表面的黏结与磨粒磨损。

图 5-48 为载荷 15N、滑动速度 80m/min、摩擦 4000 次后，AT-W 试样磨损表面形貌及相应元素的面分布。由图可见，相对于 AS 试样(图 5-46)，AT-W 试样磨损表面未观察到明显的犁沟和黏结，织构中间光滑表面出现了大量的润滑膜。磨

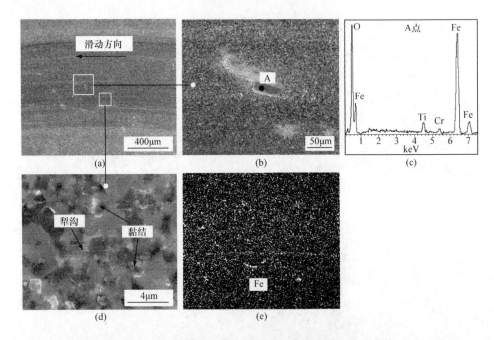

图 5-46 干摩擦条件下 AS 试样磨损表面形貌和成分分析

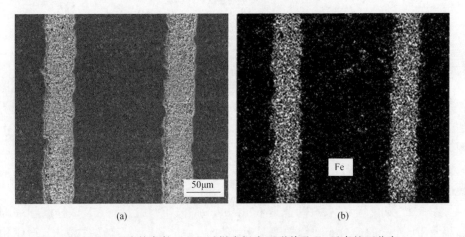

图 5-47 干摩擦条件下 AT 试样磨损表面形貌及 Fe 元素的面分布

损表面元素面分布显示（图 5-48(c)～(e)），大量 S 和 W 元素分布在整个磨损表面，少量 Fe 元素出现在磨损表面，且其主要集中在织构内部。结果表明，摩擦过程中，织构内部润滑剂在接触摩擦作用下，能够析出到织构中间的光滑表面形成润滑膜，从而减小摩擦和磨损。同时，微织构能够捕捉磨屑，减少表面的磨粒磨损和黏结。

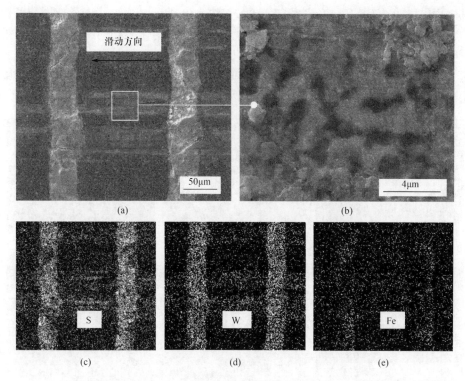

图 5-48　AT-W 试样磨损表面形貌及相应元素的面分布

5.4.3　纳织构对陶瓷刀具材料表面摩擦磨损性能的影响

1. 试验方法

试验设备采用 UMT 型摩擦磨损试验机。由于试验条件限制,摩擦试验采用往复滑动摩擦形式,在室温下空气环境中进行。试验条件:滑动速度为 2～10mm/s,载荷为 15～60N,往复行程为 8mm,摩擦 750 次。试验对比研究了未织构表面(SS)、纳织构表面(TS)、未织构涂层表面(SCS)和纳织构涂层表面(TCS)四种不同试样表面的摩擦磨损性能。试验结束后,采用扫描电子显微镜观察试样和摩擦球磨损表面形貌,同时采用 X 射线能谱仪对磨损表面进行成分分析。

2. 试样制备

试验采用的下试样为 12mm×12mm×7.94mm 的陶瓷刀具,试验前采用 CBN 研磨粉及金刚石抛光剂对试样表面进行研磨抛光,使其表面粗糙度 R_a 达到 0.02μm 以下。摩擦球采用直径为 9.525mm 的 45 淬火钢球(切削时工件材料),

其表面硬度为 40~50HRC，表面粗糙度 R_a 约为 0.1μm。之后将试样在丙酮和酒精中分别超声清洗 20min，待干燥后使用。试验采用优化得到的纳米织构制备的最佳加工参数，在试样表面制备出的纳织构区域面积为 10mm×10mm，其中织构区域宽度为 50μm，间隔为 50μm。图 5-49 为制备出的 WS$_2$/Zr 涂层与未涂层纳织构试样表面形貌。

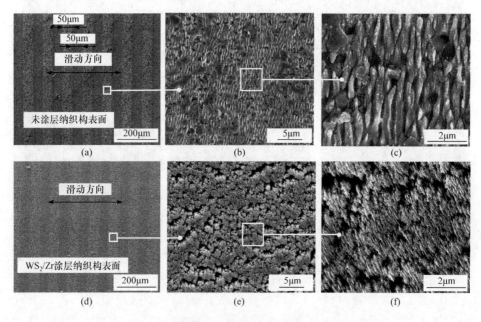

图 5-49　涂层与未涂层纳织构试样表面形貌

3. 纳织构对固体润滑涂层膜-基结合强度的影响

图 5-50 为 SCS 与 TCS 试样表面涂层膜-基结合强度测试曲线。可见，在整个加载过程中，SCS 试样摩擦系数曲线呈现四个阶段（Ⅰ-1、Ⅰ-2、Ⅰ-3、Ⅰ-4），TCS 试样摩擦系数曲线呈现三个阶段（Ⅱ-1、Ⅱ-2、Ⅱ-3）。在 Ⅰ-1 阶段，SCS 试样摩擦系数迅速降低，其主要原因是在初始阶段，金刚石压头与涂层表面接触，涂层被压实至原始厚度，涂层开始向金刚石压头表面转移形成有效的润滑膜，因此摩擦系数呈现迅速降低趋势。在 Ⅰ-2 阶段，摩擦系数在整个滑动过程处于最低值阶段。这主要是由于 WS$_2$/Zr 涂层在金刚石压头与涂层试样接触表面形成有效的润滑膜，使摩擦系数相对最低。之后，摩擦系数升高出现 Ⅰ-3 阶段。分析认为，其主要是由于当加载力增大到一定程度时，WS$_2$/Zr 涂层开始破裂。此时，Zr 过渡层与 WS$_2$/Zr 涂层共同作用，使摩擦系数相对于只有 WS$_2$/Zr 涂层作用阶段时有所增加。随着加载力继续增加到 47N 左右，Zr 过渡层破裂，金刚石压头与基体接触，润

滑涂层不能起到有效的润滑作用,使摩擦系数明显增加,即出现了Ⅰ-4 阶段。因此,未织构表面涂层的临界载荷约为 47N。对于 TCS 试样,Ⅱ-1 阶段摩擦系数迅速降低,其原因与Ⅰ-1 阶段相同。在Ⅱ-2 阶段,摩擦系数相对较低且较为稳定,此阶段主要是 WS_2/Zr 润滑涂层能够在接触表面形成有效的润滑膜从而减小摩擦。当加载力增加到 63N 左右时,摩擦系数出现了上升阶段,此时 WS_2/Zr 涂层破裂,WS_2/Zr 涂层与 Zr 过渡层协同作用减少了摩擦系数。因此,对于 TCS 试样,临界载荷必然大于 63N。试验结果表明,纳织构的存在有效地增加了临界载荷,提高了涂层与基体之间的界面结合强度。

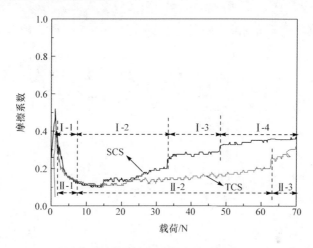

图 5-50　SCS 和 TCS 试样表面涂层膜-基结合强度测试曲线

　　图 5-51 为 SCS 和 TCS 试样表面划痕末端的表面形貌及成分分析。由图 5-51(a)可以看出,SCS 试样划痕表面润滑膜完全剥落,同时表面出现了很深的犁沟。通过 A 点成分分析(图 5-51(c))可以看出,划痕表面主要成分为 Al 和 Ti 元素,结果表明其裸露的表面为基体。由图 5-51(b)及 B 点成分分析(图 5-51(d))和 C 点成分分析(图 5-51(e))可以看出,TCS 试样划痕表面没有出现很深的犁沟,在织构与未织构区域均检测到大量的 W、S 和 Zr 元素。结果表明,大量的润滑膜仍存在于织构区域,且润滑膜转移到未织构区域表面。因此,织构表面能够提高涂层与基体的结合强度,并能存储润滑剂使其在摩擦过程中转移到未织构表面,形成润滑膜从而减小摩擦。

　　4. 摩擦系数

　　图 5-52 为载荷 30N、滑动速度 5mm/s 时,不同试样摩擦系数随摩擦次数的变化曲线。由图可见,与 SS 试样相比,TS 试样达到稳定摩擦阶段时间更短。稳定后 SS 试样摩擦系数为 $0.6\sim0.7$,TS 试样摩擦系数为 $0.5\sim0.6$。可见,TS 试样摩

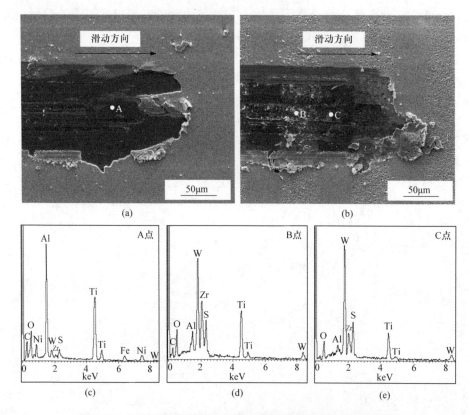

图 5-51　SCS 和 TCS 试样表面划痕末端的表面形貌及成分分析

擦系数与 SS 试样相比明显降低。SCS 和 TCS 试样摩擦系数明显低于 SS 和 TS 试样摩擦系数，TCS 试样表现出更好的润滑性能。试验发现，TCS 试样在整个摩

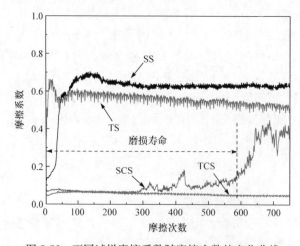

图 5-52　不同试样摩擦系数随摩擦次数的变化曲线

擦过程中摩擦系数一直维持在 0.06 左右且波动非常小。SCS 试样在摩擦小于 300 次时,摩擦系数和 TCS 试样无明显区别;随着摩擦次数继续增加,SCS 试样摩擦系数开始出现波动并略微增加;当摩擦次数增加到 590 次左右时,摩擦系数急剧增加,并出现大幅度波动。

　　分析认为,在摩擦 300 次之前,SCS 试样表面预置的 WS_2/Zr 涂层能够在球-盘接触界面形成充足的润滑膜,从而维持着持续稳定的低摩擦系数。随着摩擦的继续进行,部分 WS_2/Zr 涂层被磨破,Zr 过渡层与 WS_2/Zr 涂层共同作用,摩擦系数略微增加且出现了波动。当摩擦次数大于 590 次时,润滑涂层完全磨破,摩擦系数出现了急剧的增加且波动较大,润滑失效。试验结果表明,干摩擦条件下,纳织构能够降低陶瓷试样摩擦系数;与干摩擦相比,润滑涂层试样摩擦系数明显降低,且纳织构结合固体润滑涂层能够更有效地改善摩擦性能。

　　为研究不同滑动速度及载荷下纳织构对试样表面摩擦性能的影响,将摩擦过程中润滑失效之前稳定摩擦系数的平均值作为平均摩擦系数,绘制出平均摩擦系数随滑动速度和载荷的变化曲线,如图 5-53 所示。由图 5-53(a)可知,四种试样表面平均摩擦系数随着滑动速度的增加呈下降趋势。TS 试样表面平均摩擦系数明显低于 SS 试样表面平均摩擦系数;TCS 试样表面平均摩擦系数比 SCS 试样表面明显降低。由图 5-53(b)可见,随着载荷的增加,SS 试样表面平均摩擦系数呈略微降低趋势,TS、SCS 和 TCS 试样表面平均摩擦系数呈现先减小后略微增加的趋势。不同载荷条件下,TS 试样表面平均摩擦系数均低于 SS 试样表面平均摩擦系数;TCS 试样表面平均摩擦系数最低。试验结果表明,与 SS 试样相比,TS 试样摩擦系数降低了 6%～13%;与 SCS 和 SS 试样相比,TCS 试样摩擦系数分别降低了 16%～38% 和 85%～93%。

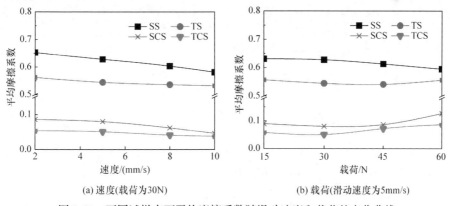

(a) 速度(载荷为30N)　　　　　　　　　(b) 载荷(滑动速度为5mm/s)

图 5-53　不同试样表面平均摩擦系数随滑动速度和载荷的变化曲线

5. 涂层磨损寿命

涂层磨损寿命是衡量涂层有效作用的一个重要指标。一般涂层摩擦磨损过程中会经历跑合摩擦磨损、稳定摩擦磨损和剧烈摩擦磨损三个时期,每个不同的摩擦磨损时间内摩擦系数都会有不同的变化规律,当涂层达到剧烈摩擦磨损阶段时,摩擦系数会出现突变的特性,涂层基本被磨穿,从而判定涂层失效。此时,将涂层失效之前的摩擦次数、摩擦距离或者摩擦时间作为涂层的磨损寿命。

　　试验将涂层失效前的摩擦次数作为涂层的磨损寿命(图 5-52),并绘制了不同滑动速度和载荷作用下 SCS 和 TCS 试样表面涂层磨损寿命变化曲线,如图 5-54所示。由图可见,不同速度与载荷作用下,TCS 试样表面涂层磨损寿命明显高于SCS 试样。由图 5-54(a)可以看出,随着滑动速度的增加,SCS 试样表面涂层磨损寿命从 400 次增加到 650 次左右;TCS 试样表面涂层磨损寿命均超过 750 次。由图 5-54(b)可以看出,SCS 试样随着载荷从 15N 增加到 60N,涂层磨损寿命从 700次逐渐减小至 110 次左右。当载荷从 15N 增加到 45N 时,TCS 试样表面涂层磨损寿命均超过 750 次;当载荷增加至 60N 时,TCS 试样表面涂层磨损寿命降低至660 次左右。试验结果表明,纳织构明显提高了涂层的磨损寿命。分析认为,其主要原因是纳织构提高了涂层与基体的结合强度;同时,在摩擦过程中,纳织构中的润滑涂层能够及时转移到未织构表面,形成持续不断的润滑膜。

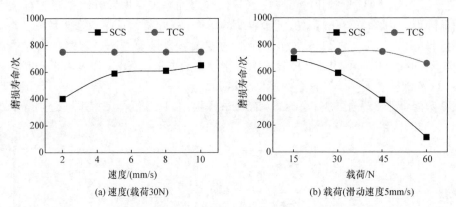

(a) 速度(载荷30N)　　　　　　　　　　(b) 载荷(滑动速度5mm/s)

图 5-54　不同滑动速度和载荷作用下试样表面涂层磨损寿命的变化曲线

6. 磨损形貌及作用机理

　　图 5-55 为载荷 30N、滑动速度 5mm/s、摩擦 750 次后,SS 试样磨损表面形貌及成分分析。由图可见,SS 试样磨损表面出现了大量的块状黏结(图 5-55(a)和(b));A 点成分分析(图 5-55(c))显示其主要黏结物为 Fe。由磨痕表面放大图(图 5-55(d))和 B 点成分分析(图 5-55(e))可知,磨痕表面产生了大量的犁沟和压实的磨屑,其主要是由于摩擦球表面的磨屑在摩擦作用下被压实到试样表面。图 5-55(a)中磨痕表面的 Fe 元素面分布(图 5-55(f))结果表明,大量的 Fe 元素分布在整个的磨痕表面。

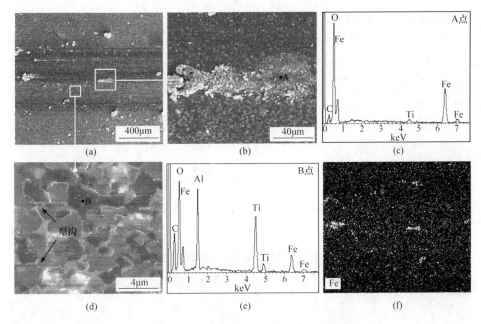

图 5-55　SS 试样磨损表面形貌及成分分析

图 5-56 为载荷 30N、滑动速度 5mm/s、摩擦 750 次后,TS 试样磨损表面形貌及成分分析。由图可见,与图 5-55 中 SS 试样磨损表面相比,TS 试样磨损表面未出现大块状的黏结;纳织构磨损区域(图 5-56(c))及 A 点成分分析(图 5-56(d))表

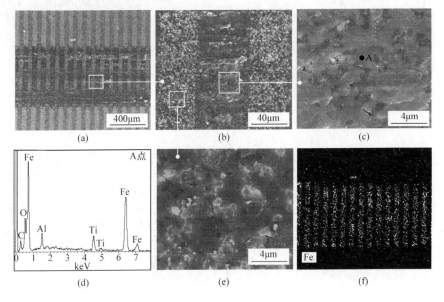

图 5-56　TS 试样磨损表面形貌及成分分析

明,纳织构表面黏结大量的 Fe,纳织构几乎被完全覆盖。图 5-56(e)显示未织构区域表面黏结较少,且没有犁沟的产生。由图 5-56(a)中磨损表面 Fe 元素面分布(图 5-56(f))可以看出,Fe 元素主要集中在纳织构区域,未织构表面区域含量较少。试验结果表明,纳织构的存在能够有效地捕捉磨屑,从而减少表面的磨粒磨损和块状黏结。

图 5-57 为载荷 30N、滑动速度 5mm/s、摩擦 750 次后,SCS 试样磨损表面形貌及成分分析。由图 5-57(a)可见,SCS 试样表面的磨痕宽度明显低于 SS 和 TS 试样,这表明 WS$_2$/Zr 涂层能够有效地降低表面的磨损。由磨损表面放大图及 A 点与 B 点成分分析(图 5-57(b)~(e))可以看出,A 点区域检测出大量的基体元素,只有很少量的涂层元素能检测出来;B 点区域检测出大量的 Zr 元素。由图 5-57(a)中磨损表面元素的面分布图(图 5-57(f)~(i))可以看出,大量的 Zr 元

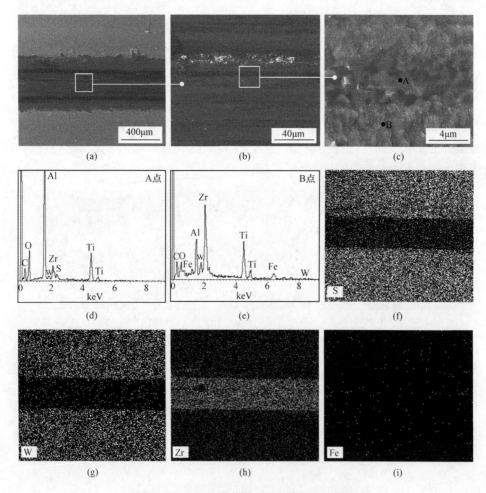

图 5-57　SCS 试样磨损表面形貌及成分分析

素过渡层出现在磨痕表面,少量的 S、W 和 Fe 元素分布在磨痕区域。结果表明,SCS 试样表面润滑涂层基本被完全磨破,基体及 Zr 过渡层暴露出来。与 SS 和 TS 试样相比,润滑涂层的减摩效果,使表面的磨损相对较小,且只有很少量的铁屑产生。

　　图 5-58 为载荷 30N、滑动速度 5mm/s、摩擦 750 次后,TCS 试样磨损表面形貌及成分分析。由图 5-58(a)可以看出,TCS 试样表面磨痕宽度与 SCS 试样表面相比明显减小,表面没有出现很深的磨痕;磨损表面部分润滑涂层出现了破损(右侧)。未织构表面放大图(图 5-58(e))和 C 点成分分析(图 5-58(h))显示,大量的 Zr 和 Ti 元素出现在表面,可知未织构区域表面 WS$_2$/Zr 涂层出现了破损,Zr 过渡层暴露出来。由织构区域表面放大图(图 5-58(c))和 A 点成分分析(图 5-58(f))可以看出,纳织构区域表面主要成分为 W 和 S 元素。结果表明,纳织构及其表面润滑涂层仍然存在,未出现明显的破损。磨损表面放大图(图 5-58(d))及 B 点成分分析(图 5-58(g))表明,磨损表面被大量的连续润滑膜覆盖,表面没有出现明显的黏结和犁沟。由磨损表面的元素面分布(图 5-58(i)～(l))可以看出,大量的 S 和 W 元素分布在磨痕区域,只有在最右侧部分区域出现了 W 和 S 元素的缺失以及大量 Zr 元素的集中;无明显的 Fe 元素分布于磨损表面。试验结果表明,在整个的摩擦过程中,大部分润滑涂层存在于磨损表面,只有小部分润滑涂层被磨破,使过渡层暴露出来。因此,与 SCS 试样相比,TCS 试样表面能够延长涂层寿命,在摩擦接触界面间形成更有效的润滑膜,从而起到减摩抗磨效果。

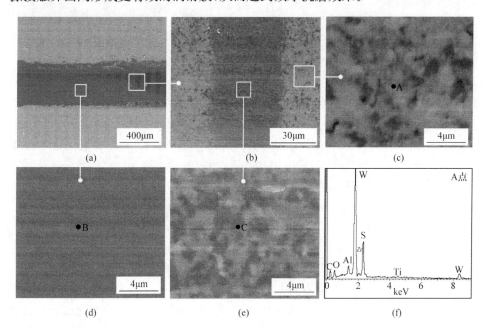

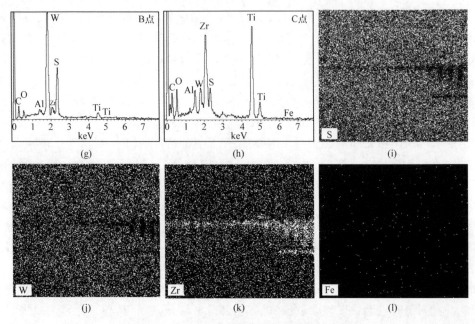

图 5-58　TCS 试样磨损表面形貌及成分分析

　　图 5-59 为载荷 30N、滑动速度 5mm/s、与不同试样摩擦 750 次后,摩擦球表面的磨损形貌及成分分析。由图 5-59(a)可见,与 SS 试样对磨后,摩擦球表面产生了较多的犁沟,磨损直径约为 657.7μm,磨痕周围出现了大量的块状黏结物。通过放大的磨痕形貌(图 5-59(b))及 A 点成分分析(图 5-59(c))可见,摩擦球磨损后的磨屑未能及时排除,在摩擦接触压力作用下黏结到摩擦球表面。与 TS 试样对磨后(图 5-59(d)),摩擦球磨痕面积比 SS 试样略微增大,磨痕直径约为 675.9μm,但磨痕周围未出现大量黏结物。同时,磨痕表面放大图(图 5-59(e))和 B 点成分分析(图 5-59(f))显示其表面主要为磨粒磨损,很少量的磨屑黏结在磨痕表面。这主要是由于纳织构能够有效地收集磨屑,从而减少了摩擦接触界面之间的磨屑向摩擦球表面转移。与 SCS 试样对磨后(图 5-59(g)),摩擦球表面磨痕面积相比于与 SS 和 TS 试样对磨后明显减小,其磨痕直径约为 577.7μm。大量的粉末状颗粒黏结在磨痕周围,通过 C 点成分分析(图 5-59(i))可知,黏结的颗粒主要是试样表面脱落的 WS_2/Zr 固体润滑涂层。同时,图 5-59(h)和 D 点成分分析(图 5-59(j))结果表明,磨痕表面被大量压实的黏结物覆盖,其主要为 Zr 过渡层。分析认为,SCS 试样表面涂层与基体的结合强度较低,磨损掉的润滑涂层不能有效地储存在试样表面,从而在摩擦的作用下被挤压到磨痕周围。当表面润滑涂层被完全磨破,Zr 过渡层随之转移到摩擦球表面。图 5-59(k)为与 TCS 试样对磨后摩擦球表面的磨损形貌。可以看出,摩擦球表面磨痕非常不明显,磨痕面积与其他摩擦球相比最小,其磨痕直径约为 488.8μm。由磨损表面放大图(图 5-59(l))和 E 点成分分析

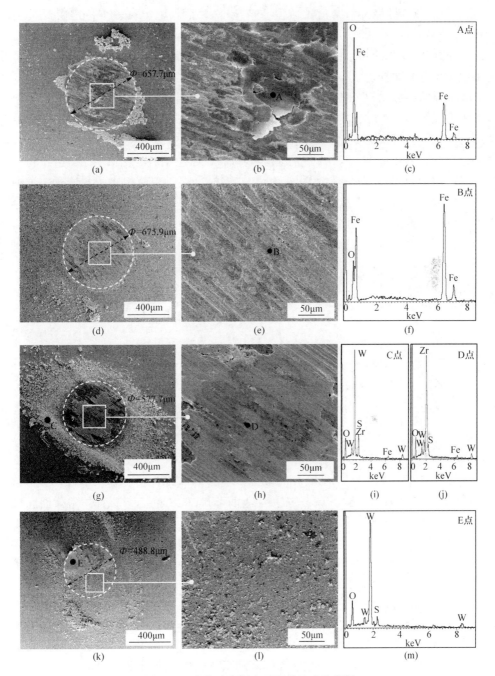

图 5-59　摩擦球磨损表面形貌及成分分析

(a)~(c) SS;(d)~(f) TS;(g)~(j) SCS;(k)~(m) TCS

（图 5-59(m)）可以看出，磨痕区域没有产生明显的犁沟，磨损表面附着黏结物为 WS_2/Zr 涂层。这是因为纳织构的存在，使摩擦接触界面的润滑涂层能够得到及时补充，同时在摩擦过程中能够持续地转移到摩擦球表面形成润滑膜，从而减小了摩擦球表面的磨损。

　　试验结果表明，在干摩擦及结合固体润滑涂层条件下，表面纳织构能够有效地减小摩擦与黏结；同时，纳织构提高了涂层与基体的结合强度，延长了涂层表面的磨损寿命。分析认为，不同试样表面的主要作用机理如图 5-60 所示。对比 SS 与 TS 试样接触表面可知，SS 试样接触表面相对光滑，其表面接触相当紧密（图 5-60(a)），因此实际接触面积较大。与 SS 试样接触表面相比，TS 试样由于纳织构的存在，其表面由紧密接触转变为非紧密接触，减小了实际接触面积，从而导致了摩擦力的减小。同时，纳织构的存在能够有效地收集摩擦过程中产生的磨屑，减少磨屑在摩擦接触表面的黏结。

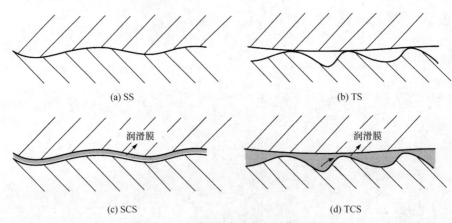

(a) SS　　　　　　　　　　　　　　　　(b) TS

(c) SCS　　　　　　　　　　　　　　　(d) TCS

图 5-60　不同试样表面的主要作用机理

　　对比 SCS、TCS、SS 和 TS 试样接触表面可知，SCS 和 TCS 试样接触表面润滑膜的存在改变了其摩擦接触状态（图 5-60(c)和(d)）。当摩擦副间存在润滑薄膜时，在摩擦过程中，陶瓷基体承受载荷，摩擦发生在润滑薄膜内。由于 WS_2/Zr 涂层剪切强度远远小于钢与陶瓷试样黏结点的剪切强度，界面剪切强度较低导致摩擦系数较低，所以减少了试样表面的磨损与黏结。同时，润滑膜转移到摩擦球表面，使摩擦球磨损明显减少。

　　对比 SCS 和 TCS 试样结果表明，TCS 试样能够有效地降低摩擦系数，延长润滑涂层的磨损寿命，减少摩擦接触界面的黏结与犁沟。分析认为，在摩擦初始阶段，SCS 试样表面预置的润滑涂层能够起到有效的润滑作用（图 5-60(c)）。但由于基体与涂层的结合强度较低，摩擦一段时间后，初始表面的润滑涂层被磨损掉，接触界面间的润滑膜不能得到充分的补充，使涂层磨损寿命降低。随着摩擦的继续进行，润滑涂层及过渡层被磨破，试样基体暴露出来。同时，由于 WS_2/Zr 涂层不能有效地进入摩擦接触界面，大量的 WS_2/Zr 涂层被拖敷在磨痕周围，润滑效果降低。TCS 试样表面由于纳织构的存在（图 5-60(d)），一方面增加了润滑涂层与基体的结合强度，从而减缓了润滑涂层薄膜的破损；另一方面当表面润滑涂层磨损后，纳织构内部的润滑涂层在摩擦作用下，被挤压拖敷到摩擦接触界面之间，能够及时补充润滑涂层，形成持续的润滑膜，延长了润滑涂层的磨损寿命。同时，润滑膜转移到摩擦球表面，减少了摩擦球的磨损与黏结。

5.5　多尺度表面织构陶瓷刀具的切削性能研究

5.5.1　刀-屑接触界面的理论模型

图 5-61 为刀-屑接触界面模型，其中图 5-61(a) 为直角自由切削时力的模型，图 5-61(b) 为刀-屑接触界面应力分布模型。直角自由切削时，剪切面上受到剪切力 F_s 和正压力 F_{ns}。F_z 为切削运动方向的切削分力（主切削力），F_y 为垂直于切削运动方向的切削分力（进给力），F_f 为前刀面刀-屑接触区受到的剪切力，F_n 为前刀面受到的正压力，F_r 为 F_n 和 F_f 的合力。各力的几何关系如图 5-61(a) 所示。图中，β 为摩擦角，γ_o 为前角，ϕ 为剪切角，A_c 为切削层截面图，a_c 为切削深度，a_{ch} 为切屑厚度。

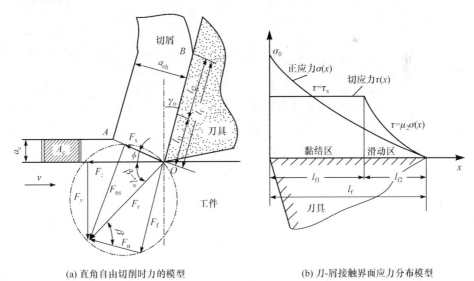

(a) 直角自由切削时力的模型　　　　　　　(b) 刀-屑接触界面应力分布模型

图 5-61　刀-屑接触界面模型

刀具切削时，前刀面刀-屑接触区存在正应力和切应力，由于正应力分布不均匀，在近切削刃处很大，从而导致刀-屑接触长度上（图 5-61(a) 中 OB）存在两种类型的接触区:黏结区和滑动区。在黏结区正应力较大,切应力为常数,因此其摩擦系数为变数;在滑动区,摩擦服从古典摩擦法则,摩擦系数相对恒定。刀-屑接触界面的应力分布如图 5-61(b)所示。图中,l_f 为刀-屑接触长度,l_{f1} 为黏结区接触长度,l_{f2} 为滑动区接触长度。当切削过程中存在黏结区时,仅用前刀面刀-屑接触区的平均摩擦系数研究前刀面摩擦性能并不是很充分,因此有必要研究前刀面黏结区接触长度 l_{f1}、滑动区接触长度 l_{f2}、黏结区的平均摩擦系数 μ_1、滑动区的摩擦系数 μ_2 以及前刀面刀-屑接触区的应力分布情况。

根据前刀面刀-屑接触界面应力分布模型可将正应力和切应力分别表示如下。

前刀面刀-屑接触区的切应力分布 $\tau(x)$ 可表示为

$$\tau(x)=\begin{cases}\tau_s, & 0\leqslant x\leqslant l_{f1}\\ \mu_2\sigma(x), & l_{f1}\leqslant x\leqslant l_f\end{cases} \tag{5-1}$$

式中,τ_s 为工件材料的剪切屈服强度;μ_2 为滑动区的摩擦系数;x 为距刀尖的距离。

刀-屑接触区的正应力分布 $\sigma(x)$ 可表示为

$$\sigma(x)=q(l_f-x)^\xi \tag{5-2}$$

式中,q 为应力方程系数,为常数;ξ 为应力分布指数系数,查阅文献可知,其一般取 3。

由图 5-61(b)应力分布模型可知,最大正应力 σ_0 出现在刀尖处,即 $x=0$。因此,由式(5-2)可得

$$\sigma_0=ql_f^\xi \tag{5-3}$$

变换式(5-3)可得

$$q=\sigma_0 l_f^{-\xi} \tag{5-4}$$

将式(5-4)代入式(5-2)中,得

$$\sigma(x)=\sigma_0 l_f^{-\xi}(l_f-x)^\xi=\sigma_0\left(1-\frac{x}{l_f}\right)^\xi \tag{5-5}$$

在从 $x=0$ 到 $x=l_{f1}$ 之间,黏结区的切应力 $\tau=\tau_s$。在 $x=l_{f1}$ 到 $x=l_f$ 之间的滑动区内,其摩擦系数 μ_2 为常数。因此,将式(5-5)代入式(5-1)可得滑动区内切应力分布 $\tau(x)$ 为

$$\tau(x)=\mu_2\sigma(x)=\mu_2\sigma_0\left(1-\frac{x}{l_f}\right)^\xi, \quad l_{f1}\leqslant x\leqslant l_f \tag{5-6}$$

由切应力的分布模型可知,在滑动区内,当 $x=l_{f1}$ 时切应力取最大值,为 τ_s。因此,由式(5-6)可得

$$\tau_s=\mu_2\sigma_0\left(1-\frac{l_{f1}}{l_f}\right)^\xi \tag{5-7}$$

对式(5-7)变形可得黏结区的接触长度 l_{f1} 为

$$l_{f1}=l_f\left[1-\left(\frac{\tau_s}{\mu_2\sigma_0}\right)^{1/\xi}\right] \tag{5-8}$$

将式(5-5)在 $x=0$ 到 $x=l_{\mathrm{f}}$ 内积分,可得作用在刀具前刀面的正压力 F_{n} 为

$$F_{\mathrm{n}}=\int_0^{l_{\mathrm{f}}}a_{\mathrm{w}}\sigma(x)\mathrm{d}x=\int_0^{l_{\mathrm{f}}}a_{\mathrm{w}}\sigma_0\left(1-\frac{x}{l_{\mathrm{f}}}\right)^{\xi}\mathrm{d}x=\sigma_0\frac{a_{\mathrm{w}}l_{\mathrm{f}}}{\xi+1} \tag{5-9}$$

式中,a_{w} 为切削宽度。

同时,正压力 F_{n} 可通过剪切平面上的剪切力 F_{s} 表示为

$$F_{\mathrm{n}}=F_{\mathrm{s}}\frac{\cos\beta}{\cos(\phi+\beta-\gamma_0)} \tag{5-10}$$

由金属切削原理可知

$$\beta=\arctan\mu \tag{5-11}$$

$$F_{\mathrm{s}}=\tau_{\mathrm{s}}A_{\mathrm{s}}=\frac{\tau_{\mathrm{s}}A_{\mathrm{c}}}{\sin\phi} \tag{5-12}$$

$$A_{\mathrm{c}}=a_{\mathrm{c}}a_{\mathrm{w}} \tag{5-13}$$

式中,μ 为前刀面刀-屑接触区平均摩擦系数,其值可通过试验测量的三向切削力求出;A_{s} 为剪切面截面图;A_{c} 为切削层截面图。

将式(5-13)代入式(5-12)可得

$$F_{\mathrm{s}}=\frac{\tau_{\mathrm{s}}a_{\mathrm{c}}a_{\mathrm{w}}}{\sin\phi} \tag{5-14}$$

联立式(5-9)、式(5-10)和式(5-14)可得刀尖处最大正应力 σ_0 为

$$\sigma_0=\tau_{\mathrm{s}}\frac{a_{\mathrm{c}}(\xi+1)}{l_{\mathrm{f}}\sin\phi}\cdot\frac{\cos\beta}{\cos(\phi+\beta-\gamma_{\mathrm{o}})} \tag{5-15}$$

图 5-61(a)中,假设切削时切屑处于稳定状态,由力矩平衡可知

$$M_{OA}=M_{OB} \tag{5-16}$$

$$M_{OA}=F_{\mathrm{s}}a_{\mathrm{c}}\frac{\tan(\phi+\beta-\gamma_{\mathrm{o}})}{2\sin\phi} \tag{5-17}$$

$$M_{OB}=\int_0^{l_{\mathrm{f}}}x\sigma_0\left(1-\frac{x}{l_{\mathrm{f}}}\right)^{\xi}a_{\mathrm{w}}\mathrm{d}x=F_{\mathrm{s}}\frac{l_{\mathrm{f}}}{\xi+2}\cdot\frac{\cos\gamma_{\mathrm{o}}}{\cos(\phi+\beta-\gamma_{\mathrm{o}})} \tag{5-18}$$

由式(5-16)、式(5-17)和式(5-18)可求出刀-屑接触长度 l_{f} 为

$$l_{\mathrm{f}}=a_{\mathrm{w}}\frac{\xi+2}{2}\cdot\frac{\sin(\phi+\beta-\gamma_{\mathrm{o}})}{\sin\phi\cos\beta} \tag{5-19}$$

当切削条件一定时,可由切削试验结果计算出摩擦角 β、剪切角 ϕ,进而可以由式(5-19)求出刀-屑接触长度 l_{f}。

当 x 在 $x=l_{\mathrm{fl}}$ 到 $x=l_{\mathrm{f}}$ 之间时,由式(5-6)和式(5-7)可得出切应力分布函数 $\tau(x)$ 为

$$\tau(x)=\tau_{\mathrm{s}}\left(1-\frac{x-l_{\mathrm{fl}}}{l_{\mathrm{f2}}}\right)^{\xi},\quad l_{\mathrm{fl}}\leqslant x\leqslant l_{\mathrm{f}} \tag{5-20}$$

已知刀-屑接触区的平均摩擦系数 μ 可表示为

$$\mu = \frac{F_f}{F_n} \tag{5-21}$$

刀-屑接触区前刀面受到的剪切力 F_f 可通过切应力函数积分获得

$$F_f = \int_0^{l_{f1}} \tau_s a_w dx + \int_{l_{f1}}^{l_f} \tau_s a_w \left(1 - \frac{x - l_{f1}}{l_{f2}}\right)^\xi dx = \tau_s a_w \left(l_{f1} + \frac{l_{f2}}{\xi + 1}\right) \tag{5-22}$$

将式(5-22)和式(5-10)代入式(5-21)可得

$$\mu = \frac{F_f}{F_n} = \tau_s a_w \left(l_{f1} + \frac{l_{f2}}{\xi + 1}\right) \Big/ \left[F_s \frac{\cos\beta}{\cos(\phi + \beta - \gamma_o)}\right] = \frac{\tau_s}{\sigma_0}\left(1 + \xi \frac{l_{f1}}{l_f}\right) \tag{5-23}$$

联立式(5-8)、式(5-11)和式(5-23),可得

$$\mu = \tan\beta = \frac{\tau_s}{\sigma_0}\left\{1 + \xi\left[1 - \left(\frac{\tau_s}{\sigma_0 \mu_2}\right)^{1/\xi}\right]\right\} \tag{5-24}$$

联立式(5-15)和式(5-19)可得

$$\frac{\tau_s}{\sigma_0} = \frac{\xi + 2}{4(\xi + 1)} \cdot \frac{\sin[2(\phi + \beta - \gamma_o)]}{\cos^2\beta} \tag{5-25}$$

将式(5-25)代入式(5-24)可求出滑动区摩擦系数 μ_2。

黏结区的平均摩擦系数 μ_1 可由黏结区的切向力 F_{f1} 和黏结区的正压力 F_{n1} 求得

$$\mu_1 = \frac{F_{f1}}{F_{n1}} = \frac{\displaystyle\int_0^{l_{f1}} \tau_s a_w dx}{\displaystyle\int_0^{l_{f1}} a_w \sigma(x) dx} = \frac{\tau_s l_{f1}(\xi + 1)}{\sigma_0 l_f\left[1 - \left(\dfrac{l_{f2}}{l_f}\right)^{\xi+1}\right]} \tag{5-26}$$

由于刀-屑接触区应力分布不均匀,所以可求出刀-屑接触界面的平均正应力 σ_{ave} 和平均切应力 τ_{ave} 为

$$\sigma_{ave} = \frac{1}{a_w l_f}\int_0^{l_f} a_w \sigma(x) dx = \frac{1}{l_f}\int_0^{l_f} \sigma_0\left(1 - \frac{x}{l_f}\right)^\xi dx = \frac{\sigma_0}{\xi + 1} \tag{5-27}$$

$$\tau_{ave} = \frac{1}{a_w l_f}\left[\int_0^{l_{f1}} \tau_s a_w dx + \int_{l_{f1}}^{l_f} \tau_s a_w \left(1 - \frac{x - l_{f1}}{l_{f2}}\right)^\xi dx\right] = \frac{\tau_s}{l_f}\left(l_{f1} + \frac{l_{f2}}{\xi + 1}\right) \tag{5-28}$$

因此,根据以上确定的理论模型,可以求出刀-屑接触长度 l_f、黏结区的接触长度 l_{f1}、滑动区的接触长度 l_{f2}、黏结区的平均摩擦系数 μ_1、滑动区摩擦系数 μ_2 以及刀-屑接触区的应力分布函数,从而定性与定量地分析织构刀具切削过程中的作用机理。

5.5.2　试验方法

试验刀具选择填充润滑剂的波浪型微织构和面型纳织构多尺度表面织构陶瓷刀具(AT-L)进行切削试验研究,并将试验结果与面型纳织构涂层陶瓷刀具

（AN-L）、无织构表面涂层陶瓷刀具（AS-L）和无织构陶瓷刀具（AS）进行对比，试验刀具如表 5-5 所示。

表 5-5　试验采用的四种刀具

刀具名称	前刀面特征
AS	无织构
AS-L	无织构表面＋固体润滑涂层
AN-L	纳织构＋固体润滑涂层
AT-L	微织构＋固体润滑剂＋纳织构＋固体润滑涂层

采用 CA6140 普通车床进行车削试验，试验条件为连续干切削。刀具几何角度为：前角 $\gamma_\circ=-5°$，后角 $\alpha_\circ=5°$，刃倾角 $\lambda_s=-5°$，主偏角 $\kappa_r=45°$，刀尖圆弧半径 $r_\varepsilon=0.1mm$。切削条件：切削速度 $v=80\sim260m/min$，进给量 $f=0.2mm/r$，切削深度 $a_p=0.2mm$。工件材料：45 淬火钢，硬度 $40\sim50HRC$，尺寸为 $\phi100mm\times50mm$。试验过程采用 Kistler 9275 压电晶体测力仪测量三向切削力，使用 TH5104 型红外热像仪测量切削温度，使用扫描电子显微镜观察刀具表面磨损形貌；同时采用 X 射线能谱仪对刀具磨损表面进行成分检测。切削试验方案及试验现场如图 5-62 所示。

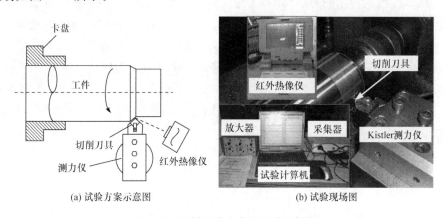

（a）试验方案示意图　　　　　　　　（b）试验现场图

图 5-62　切削试验方案及试验现场图

5.5.3　多尺度表面织构陶瓷刀具的切削性能及减摩机理

1. 切削力

图 5-63 为四种不同刀具切削 45 淬火钢时切削力随切削速度的变化曲线。由图可以看出，与 AS 刀具相比，AS-L、AN-L 和 AT-L 三种刀具均能够有效降低三

向切削力。AT-L 刀具三向切削力降低最为明显,径向力 F_y 相比于其他方向切削力降低幅度最大;其轴向力 F_x、径向力 F_y 和切向力 F_z 分别降低了 20%～30%、30%～40% 和 20%～30%。同时可以看出,切削速度对切削力有较大影响。随着切削速度的增加,四种不同刀具三向切削力呈下降趋势;切削速度较高时,切削力降低幅度减小。

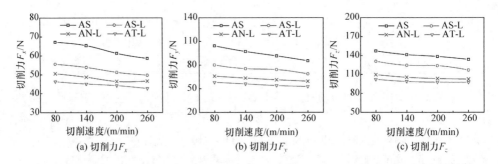

图 5-63　不同刀具切削力随切削速度的变化曲线

2. 前刀面摩擦系数

图 5-64 为四种不同刀具切削 45 淬火钢时刀具前刀面平均摩擦系数随切削速度的变化。由图可以看出,AS-L、AN-L 和 AT-L 刀具前刀面平均摩擦系数相比于 AS 刀具明显降低。四种刀具前刀面平均摩擦系数均随着切削速度的增加呈下降趋势;AS 刀具前刀面平均摩擦系数随切削速度的增加下降较快,AS-L、AN-L 和 AT-L 刀具前刀面平均摩擦系数随切削速度的增加降低较为缓慢。试验结果表明,AT-L 刀具能最有效地降低刀具切削时前刀面刀-屑接触区平均摩擦系数,其降低幅度为 17%～22%。

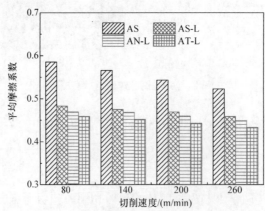

图 5-64　不同刀具前刀面平均摩擦系数随切削速度的变化

　　为更好地研究织构刀具刀-屑接触界面的摩擦特性,通过 5.5.1 节中的理论模型分别计算出黏结区和滑动区的摩擦系数,从而定性与定量地分析表面织构陶瓷刀具的减摩机理。图 5-65 为不同切削速度下四种刀具刀-屑接触界面黏结区平均摩擦系数和滑动区摩擦系数变化规律。由图可以看出,不同切削速度下,AS-L、AN-L 和 AT-L 刀具黏结区平均摩擦系数和滑动区摩擦系数与 AS 刀具相比明显减小;且随着滑动速度的增加,黏结区的平均摩擦系数和滑动区的摩擦系数均减小,其变化规律与前刀面平均摩擦系数基本一致。其中,AT-L 刀具黏结区平均摩擦系数和滑动区摩擦系数最小。试验结果表明,三种刀具能有效地减少前刀面的平均摩擦系数,这主要是由于减小了黏结区平均摩擦系数和滑动区摩擦系数,且AT-L 刀具能够最大限度地减小黏结区平均摩擦系数和滑动区摩擦系数,从而降低刀-屑接触区的平均摩擦系数。

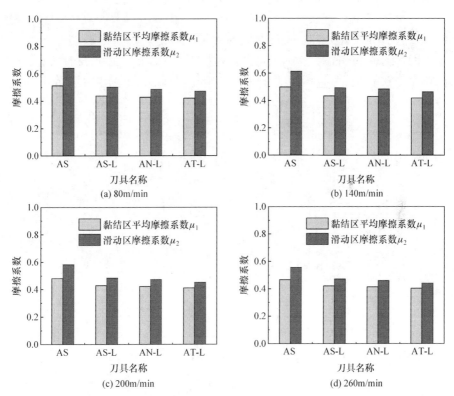

图 5-65　不同切削速度下刀-屑接触界面黏结区平均摩擦系数与滑动区摩擦系数变化规律

　　对比图 5-64 和图 5-65 可以看出,黏结区的平均摩擦系数小于前刀面的平均摩擦系数,滑动区的摩擦系数大于前刀面的平均摩擦系数。分析认为,这主要是由于黏结区内的切应力为定值,而正应力很大,切应力与正应力的比值变小,从而使黏结区内的平均摩擦系数小于刀-屑接触区的平均摩擦系数。在滑动区内,切应力和正应力均呈指数函数分布,因此其比值相对较大。

3. 刀-屑接触长度

由金属切削原理可知,刀-屑接触长度是影响刀具前刀面摩擦特性的重要因素。图 5-66 为不同切削速度下四种刀具刀-屑接触长度、黏结区长度和滑动区长度的变化规律。由图可以看出,不同切削速度下,黏结区长度明显小于滑动区长度。与 AS 刀具相比,AS-L、AN-L 和 AT-L 三种刀具均能够有效地减小前刀面刀-屑接触长度、黏结区长度和滑动区长度;且 AT-L 刀具减小的幅度最大,其降低的幅度分别为 8%～17%、38%～55% 和 5%～10%。随着切削速度的增加,刀-屑接触长度、黏结区长度和滑动区长度均呈略微减小趋势。这主要是由于在切削时固体润滑剂能够在刀-屑接触界面形成一层润滑膜,从而减小了刀-屑之间的黏结和摩擦。当切削速度较高时,工件材料的软化导致其剪切屈服强度降低,使刀-屑接触长度略微减小。同时,微纳织构的置入改变了前刀面的刀-屑接触状态。纳织构的存在提高了涂层与基体的结合强度,同时微织构能够存储更多的润滑剂,使切

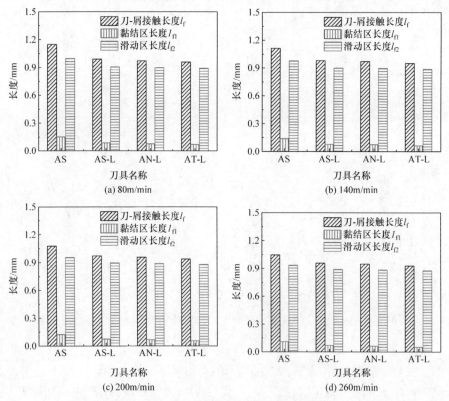

图 5-66　不同切削速度下四种刀具刀-屑接触长度、黏结区长度和滑动区长度的变化规律

削过程中刀-屑接触界面间更容易形成润滑薄膜,切屑更容易与前刀面分离,从而减小了刀-屑接触长度。

金属切削时,前刀面的摩擦力主要来自于黏结区的摩擦力,而摩擦力与刀-屑接触长度(面积)有直接的关系。因此,为更好地研究表面织构对前刀面的减摩作用,分别计算了不同速度下刀具黏结区长度占刀-屑接触长度的比例,如图 5-67 所示。由图可见,黏结区的长度占前刀面刀-屑接触长度的 5%~15%。AT-L 刀具黏结区长度占总刀-屑接触长度比例最小,因此能够最大限度地降低前刀面的摩擦力。也就是说,微纳织构能够降低刀-屑接触界面黏结区的比例,增加滑动区的比例,使黏结区向滑动区转变,从而减小摩擦力。

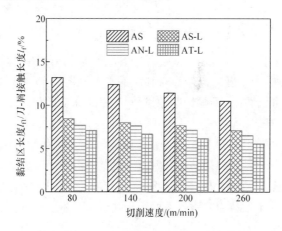

图 5-67 不同速度下四种刀具黏结区长度占刀-屑接触长度的比例

4. 刀-屑接触界面应力分布

图 5-68 为切削速度 200m/min 时,计算出的刀-屑接触界面正应力和切应力的分布曲线。由图 5-68(a)可以看出,AS-L、AN-L 和 AT-L 三种刀具与 AS 刀具相比,改变了刀-屑接触界面正应力场的分布,但其变化并不很明显。由放大图可以看出,AS-L、AN-L 和 AT-L 三种刀具刀尖处正应力值与 AS 刀具相比均有所增大,且 AT-L 刀具刀尖处正应力值相对最大,其最大应力值为 1008.6MPa。由图 5-68(b)可以看出,刀-屑接触界面切应力分为两个部分,分别为黏结区恒定的切应力和滑动区变化的切应力。计算时,未考虑材料加工过程中温度导致的材料软化和加工硬化等导致的材料屈服强度的变化,因此假设黏结区的切应力均等于材料的屈服强度极限。由图可见,AS-L、AN-L 和 AT-L 三种刀具与 AS 刀具相比改变了刀-屑接触界面切应力的分布,且明显降低了滑动区的切应力;AT-L 刀具效果最为明显。

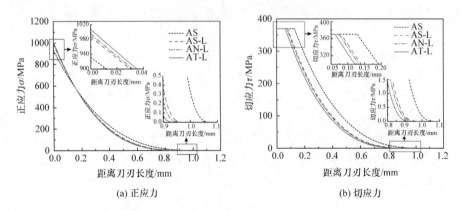

(a) 正应力　　　　　　　　　　　(b) 切应力

图 5-68　切削速度为 200m/min 时刀-屑接触界面正应力和切应力分布曲线

　　陶瓷刀具由于脆性较大,在切削过程中容易产生崩刃现象。因此,刀尖处应力对刀具的破损、裂纹产生及刀具寿命有很大的影响。图 5-69 为计算出的刀尖处最大正应力。由图可以看出,不同切削速度下,AS-L、AN-L 和 AT-L 三种刀具刀尖处正应力均大于 AS 刀具,且 AT-L 刀具刀尖处正应力最大,相比 AS 刀具其增大了 7%~11%。结果表明,微纳织构的置入略微增大了切削时刀尖处的正应力,其最大正应力值为 1015.8MPa,远小于陶瓷刀具的抗压强度,因此能够满足试验要求。但刀尖处正应力的增大更容易导致刀尖破损及裂纹的产生,因此兼顾减摩效果与刀尖应力的影响,必须合理设计表面织构,防止刀尖处应力过大造成崩刃现象。

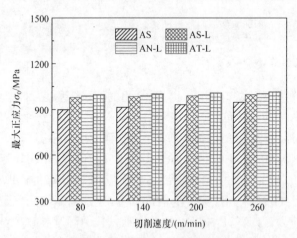

图 5-69　不同切削速度下四种刀具刀尖处最大正应力

　　图 5-70 为不同切削速度下四种刀具刀-屑接触区平均正应力和平均切应力的变化规律。由图可见,不同切削速度下,AS-L、AN-L 和 AT-L 三种刀具与 AS 刀具相比,刀-屑接触区平均正应力明显增大,刀-屑接触区平均切应力减小。其中,

AT-L 刀具刀-屑接触区平均正应力相比 AS 刀具增加幅度最大,为 7%～11%;平均切应力减小幅度最大,为 11%～13%。随着切削速度的增加,几种不同刀具的刀-屑接触区的平均正应力增大,平均切应力减小。

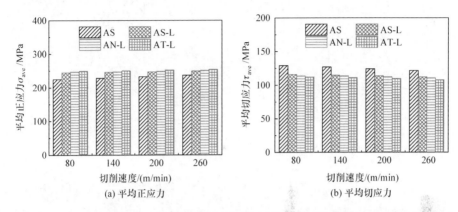

(a) 平均正应力　　　　　　　　　　(b) 平均切应力

图 5-70　不同切削速度下四种刀具刀-屑接触区平均正应力和平均切应力变化规律

分析认为,AS-L 刀具由于表面 WS_2/Zr 涂层剪切强度较低,改善了前刀面的摩擦性能,使刀-屑接触长度减小,从而减小了刀-屑接触面积,导致平均正应力的增大,同时造成刀尖应力的增大。但由于能够在刀-屑接触界面形成一层润滑膜,所以能够有效地减小刀-屑接触界面的平均切向力。表面织构的置入能够进一步增强润滑效果,减小刀-屑接触长度。试验结果表明,AT-L 刀具由于微纳织构的存在,刀-屑接触长度最小,由此导致刀-屑接触区平均正应力增大,应力向刀尖转移,从而增大了刀尖处最大正应力。同时,其更加良好的润滑效果及刀-屑接触界面的减小,导致摩擦力的减小,从而降低刀-屑接触区平均切应力。由图 5-66 可以看出,随着切削速度的增加,刀-屑接触长度变小,因此前刀面的平均正应力略微增加。刀-屑接触长度减小及黏结区长度占刀-屑接触长度比例变小,使摩擦力变小,从而减小了刀-屑接触界面的平均切应力。

5. 切削温度

试验过程中采用红外热像仪测量稳定切削过程中的切削温度,将试验过程中测量的 5 次最高切削温度的平均值作为最高切削温度,绘制出不同切削速度下刀具的切削温度变化规律图。图 5-71 为不同刀具切削温度随切削速度的变化规律。由图可以看出,随着切削速度的增加,切削温度显著增加。相同的试验条件下,AS-L、AN-L 和 AT-L 刀具均能降低切削温度,其中 AT-L 刀具切削温度最低;与 AS 刀具相比,AT-L 刀具切削温度降低了 10%～20%。试验结果表明,微纳复合织构与固体润滑技术协同作用能够更有效地降低切削温度。

刀-屑之间的摩擦力与刀-屑接触界面平均剪切强度和刀-屑接触面积(长度)成

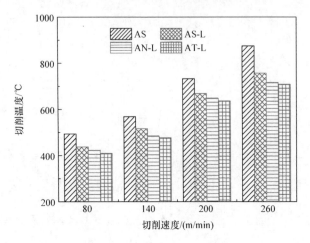

图 5-71　不同刀具切削温度随切削速度的变化规律

正比。切削过程中,润滑薄膜与微纳织构的存在减少了刀-屑接触界面的平均剪切强度和实际的刀-屑接触长度,所以能够减少刀-屑接触界面间摩擦力的产生,从而能够减少切削过程中热量的产生。另外,微纳织构的存在,在一定程度上能够增加刀具的散热面积,从而加速热量的扩散,导致切削温度的降低。

6. 刀具磨损

以上研究结果表明,相同的试验条件下,AT-L 刀具能够更有效地改善刀具的切削性能。因此,试验选择 AS 和 AT-L 刀具进行刀具磨损及刀具寿命研究。图 5-72 为切削速度 200m/mim 时,AS 和 AT-L 刀具后刀面磨损宽度 VB 随切削

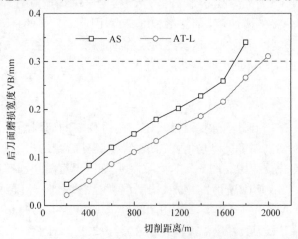

图 5-72　AS 和 AT-L 刀具后刀面磨损宽度 VB 随切削距离的变化

切削速度 200m/min

距离的变化曲线。由图可以看出，随着切削距离的增加，刀具后刀面磨损宽度增大；相同的切削距离时，AT-L 刀具后刀面磨损宽度小于 AS 刀具。当后刀面磨损宽度达到 0.3mm 时，AS 刀具切削距离为 1700m，AT-L 刀具切削距离为 1950m。因此，与 AS 刀具相比，AT-L 刀具寿命提高了约 14.7%。

7. 前刀面磨损形貌及减摩机理

图 5-73 为 AS 刀具切削 800m 后前刀面磨损形貌及 Fe 元素面分布。由图可见，刀具前刀面出现了磨损凹坑，刀尖处出现了破损（图 5-73(c)）。由前刀面磨损形貌放大图（图 5-73(b)）可以看出，磨损表面出现了大量的犁沟，且表面出现大量孔洞。分析认为，这主要是由于干切削时，前刀面摩擦十分剧烈，磨屑中的硬质点导致前刀面产生了大量的犁沟。同时，高的切削温度、正压力及摩擦力，使滑动摩

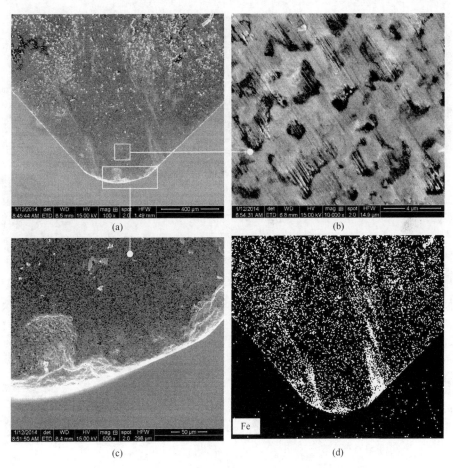

图 5-73　AS 刀具前刀面磨损形貌及 Fe 元素面分布

切削速度 200m/min，切削距离 800m

擦过程中大量的微细晶粒被拔出基体表面，留下孔洞。由磨损表面(图 5-73(a))的 Fe 元素面分布(图 5-73(d))可见，大量的 Fe 元素分布在磨损表面。但由图 5-73(a) 可以看出，磨损表面黏结主要出现在磨痕两侧，并没有明显的 Fe 黏结在磨损表面。分析认为，这可能是由于前刀面摩擦状态异常剧烈，切削温度较高，切屑与刀具接触紧密引起了扩散磨损，从而使 Fe 元素扩散到基体内部。试验结果表明，AS 刀具前刀面磨损的主要形式为磨粒磨损、扩散磨损和少量黏结。

图 5-74～图 5-76 分别为 AS-L、AN-L 和 AT-L 刀具切削 800m 后前刀面磨损形貌及磨损表面成分分析。由图 5-74 可以看出，AS-L 刀具磨损后刀尖未出现破损，部分黏结物吸附在前刀面。通过前刀面放大图(图 5-74(b)和(c))及 A 和 B 点成分分析(图 5-74(d)和(e))可知，WS_2/Zr 固体润滑涂层基本完全脱落，导致基体暴露；少量的 Zr 过渡层吸附在磨损表面。由磨损表面放大图(图 5-74(f))可见，其

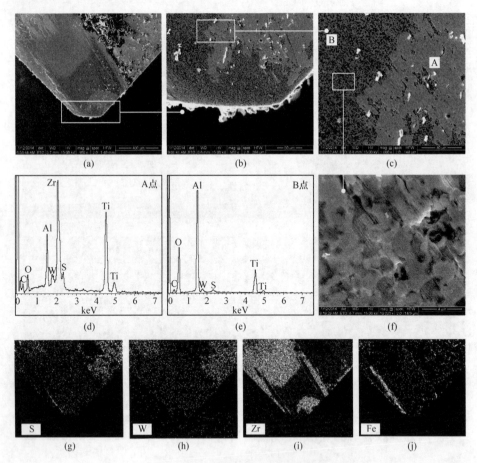

图 5-74　AS-L 刀具前刀面磨损形貌及磨损表面成分分析

切削速度 200m/min，切削距离 800m

表面出现了少量的磨痕沟槽,同时部分晶粒被拔出,形成孔洞。因此,其主要的磨损形式为磨粒磨损。图 5-74(g)~(j)为图 5-74(a)中磨损表面元素面分布。由图可见,磨损表面刀-屑接触区的 S 和 W 元素基本完全脱落,少量的 Zr 元素出现在刀-屑接触区;同时相比于 AS 刀具,Fe 元素主要集中在磨痕的两侧,只有少量的 Fe 元素分布在磨损表面。

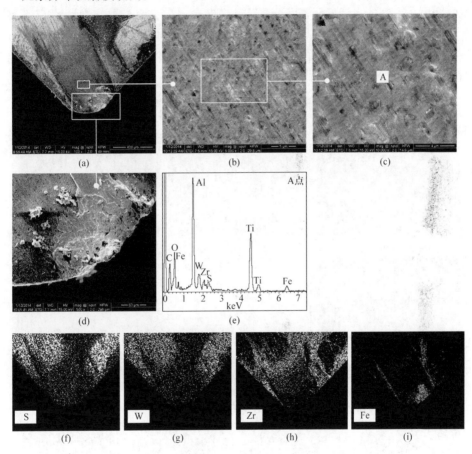

图 5-75　AN-L 刀具前刀面磨损形貌及磨损表面成分分析
切削速度 200m/min,切削距离 800m

由图 5-75 可以看出,AN-L 刀具磨损后前刀面未出现明显的晶粒拔出现象,磨损表面仅有少量的犁沟产生;同时发现刀尖处未出现破损,但出现了大量黏结。分析认为,切削时刀尖处涂层被首先磨破,由于纳织构仍然存在,在高温高压下,软化的切屑被挤压至织构内部,从而导致黏结产生。另外,正是由于刀尖处黏结的产生保护了刀尖,从而减少了刀尖的破损。由磨损表面的元素面分布可以看出,少量 S、W 和 Zr 元素分布在刀-屑接触区表面,结果表明,仍然有少量的 WS_2/Zr 固体润

滑涂层存在于磨损表面。前刀面的 Fe 元素分布较少,只有刀尖处出现了黏结的
Fe。由 AT-L 刀具前刀面磨损形貌(图 5-76)可以看出,磨损前刀面犁沟较少,没
有出现由于晶粒被拔出后基体表面形成的孔洞。由图 5-76(c)和(d)可以看出,刀-
屑接触区纳织构表面涂层剥落严重,表面有少量的黏结,微织构腔内充实。A 与 B
点成分分析(图 5-76(e)和(f))结果表明,微沟槽内主要为大量的 WS$_2$ 润滑剂和收
集的磨屑。由磨损表面的元素面分布(图 5-76(g)～(j))可以看出,大量的 W、S 和
Zr 元素存在于磨损表面,Fe 元素主要集中在微织构沟槽中。因此,WS$_2$/Zr 固体
润滑涂层和微织构内部填充的固体润滑剂的存在,能够在刀-屑接触界面形成一层
润滑膜,从而有效地减少了摩擦与磨损。

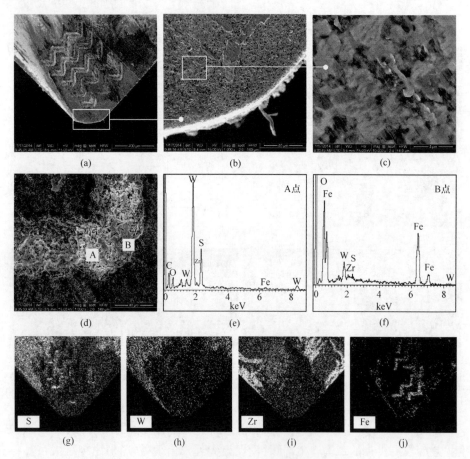

图 5-76　AT-L 刀具前刀面磨损形貌及磨损表面成分分析
切削速度 200m/min,切削距离 800m

试验结果表明,微纳多尺度表面织构陶瓷刀具(AT-L)能够有效地减小切削过程
中的摩擦和磨损,其主要的作用机理如图 5-77 所示。切削开始阶段(图 5-77(a)),

织构刀具表面存在一层 WS_2/Zr 涂层,切削时刀-屑之间的摩擦主要发生在切屑与涂层之间,较高硬度的基体承受载荷。由于 WS_2/Zr 涂层具有较低的剪切强度,所以能够减小刀-屑之间的摩擦,从而减小切削力。同时,5.4 节试验结果表明,纳织构的存在增加了涂层与基体的结合强度,因此涂层不易被切屑带走。随着切削过程的继续进行(图 5-77(b)),部分磨损的涂层被切屑带走,同时微织构的存在,能够有效地收集磨损掉的润滑涂层。此时,纳织构与内部涂层共同作用,与切屑之间发生摩擦。微织构内的固体润滑剂和收集到的润滑涂层在刀-屑接触摩擦的作用下,能够有效地析出,从而在刀-屑接触界面形成润滑膜实现二次润滑。同时,微纳织构的存在减少了刀-屑接触长度及黏结区长度占刀-屑接触长度的比例,因此能够有效地减小摩擦力。随着切削的继续进行(图 5-77(c)),靠近刀尖处纳织构与涂层磨损较为严重,摩擦界面间产生了磨屑,微织构的存在能够有效地收集磨屑,从而减小了由于磨屑在前刀面的摩擦产生的磨粒磨损。另外,微织构中的润滑剂能够不断地被拖敷至刀-屑接触界面,形成润滑膜,实现润滑作用。因此,在整个切削过程中,AT-L 刀具前刀面摩擦与磨损的减小是微织构、纳织构及固体润滑剂共同作用的结果。

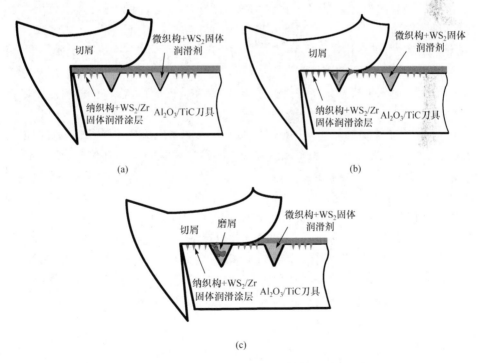

图 5-77　微纳多尺度表面织构陶瓷刀具作用机理示意图

5.6 本章小结

(1) 提出了多尺度表面织构陶瓷刀具的概念和设计思路,研究了多尺度表面织构陶瓷刀具的制备方法和制备工艺。通过开展纳秒激光和飞秒激光在陶瓷刀具材料表面加工微织构与纳织构的工艺试验,优化得到最佳的微织构和纳织构激光加工工艺参数。采用最佳激光加工参数同时结合固体润滑技术制备出了多尺度表面织构陶瓷刀具。

(2) 通过摩擦磨损试验对微织构陶瓷刀具材料表面摩擦磨损特性进行了研究。结果表明,干摩擦条件下,微织构试样(AT)增大了摩擦系数和摩擦温度,但减小了表面的磨粒磨损和黏结。微织构与固体润滑技术协同作用(AT-W)能够有效地减小摩擦系数、摩擦温度和表面的磨损与黏结。这主要是由于摩擦作用使微织构内部固体润滑剂转移到摩擦接触界面形成润滑膜,从而有效地减小了摩擦,降低了摩擦温度;同时,微织构能够有效地收集磨屑,减少表面的磨粒磨损和黏结。

(3) 通过摩擦磨损试验对纳织构陶瓷刀具材料表面摩擦磨损特性进行了研究。结果表明,纳织构试样(TS)相比无织构试样(SS)能够有效地减小表面摩擦和黏结,纳织构涂层试样(TCS)减摩效果最为明显。同时,分析了 TCS 试样减摩润滑机理:一方面,纳织构提高了涂层与基体的结合强度,延长了涂层的磨损寿命;另一方面,纳织构能够存储固体润滑涂层,摩擦过程中,纳织构中的润滑涂层在摩擦挤压作用下,有效地转移到摩擦接触界面,形成连续的润滑薄膜,从而减小了摩擦与黏结。

(4) 研究了无织构陶瓷刀具(AS)、无织构表面涂层陶瓷刀具(AS-L)、纳织构表面涂层陶瓷刀具(AN-L)和多尺度表面织构涂层陶瓷刀具(AT-L)干切削 45 淬火钢时的切削性能。结果表明,AT-L 刀具能够最有效地改善刀具的切削性能。揭示了 AT-L 刀具切削过程中的减摩机理。切削过程中,AT-L 刀具能够在刀-屑接触界面形成一层润滑薄膜,从而减小刀-屑接触界面间的摩擦。微纳织构的存在能够有效地减小刀-屑接触长度,降低黏结区长度占刀-屑接触长度的比例。同时,纳织构增加了涂层与基体的结合强度,微织构能够收集磨屑和磨损掉的润滑涂层,进而能够减小前刀面磨粒磨损和提供二次润滑作用。因此,AT-L 刀具能够有效地减小摩擦与磨损是固体润滑剂、微织构与纳织构共同作用的结果。

参 考 文 献

艾兴,等. 2004. 高速切削加工技术. 北京:国防工业出版社

陈日曜. 2005. 金属切削原理. 北京:机械工业出版社

邓建新,赵军. 2005. 数控刀具材料选用手册. 北京:机械工业出版社

邓建新,葛培琪,艾兴. 2003. 切削加工的润滑技术研究进展与展望. 摩擦学学报,23(6):546-550

邓建新,等. 2010. 自润滑刀具及其切削加工. 北京:科学出版社

连云崧. 2014. 软涂层微纳织构自润滑刀具的制备及其切削性能研究. 济南:山东大学博士学位论文

刘镇昌. 2008. 切削液技术. 北京:机械工业出版社

石淼森. 2000. 固体润滑材料. 北京:化学工业出版社

宋文龙. 2010. 微池自润滑刀具的研究. 济南:山东大学博士学位论文

温诗铸,黄平. 2002. 摩擦学原理. 北京:清华大学出版社

吴泽. 2013. 微织构自润滑与振荡热管自冷却双重效用的干切削刀具的研究. 济南:山东大学博士学位论文

邢佑强. 2016. 多尺度表面织构陶瓷刀具的制备及其切削性能研究. 济南:山东大学博士学位论文

张克栋. 2017. 基体表面织构化 TiAlN 涂层刀具的制备与应用的基础研究. 济南:山东大学博士学位论文

Arroyo J M,Diniz A E,Lima M S F. 2010. Wear performance of laser precoating treated cemented carbide milling tools. Wear,268(11):1329-1336

Basnyat P,Luster B,Muratore C,et al. 2008. Surface texturing for adaptive solid lubrication. Surface and Coatings Technology,203(1-2):73-79

Bonse J,Rosenfeld A,Krüger J. 2009. On the role of surface plasmon polaritons in the formation of laser-induced periodic surface structures upon irradiation of silicon by femtosecond-laser pulses. Journal of Applied Physics,106(10):104910

Chang W L,Sun J N,Luo X C,et al. 2011. Investigation of microstructured milling tool for deferring tool wear. Wear,271(9):2433-2437

Costache F,Henyk M,Reif J. 2002. Modification of dielectric surfaces with ultra-short laser pulses. Applied Surface Science,186(1):352-357

da Silva W M,Suarez M P,Machado A R,et al. 2013. Effect of laser surface modification on the micro-abrasive wear resistance of coated cemented carbide tools. Wear,302(1-2):1230-1240

Deckman H W,Dunsmuir J H. 1983. Applications of surface textures produced with natural lithography. Journal of Vacuum Science and Technology B,1(4):1109-1112

Deng J X,Liu J H,Zhao J L,et al. 2008. Friction and wear behaviors of the PVD ZrN coated carbide in sliding wear tests and in machining processes. Wear,264(3-4):298-307

Deng J X,Song W L,Zhang H. 2009. Design,fabrication and properties of a self-lubricated tool in dry cutting. International Journal of Machine Tools & Manufacture,49(1):66-72

Deng J X, Wu Z, Lian Y S, et al. 2012. Performance of carbide tools with textured rake-face filled with solid lubricants in dry cutting processes. International Journal of Refractory Metals & Hard Materials, 30(1): 164-172

Deng J X, Lian Y S, Wu Z, et al. 2013. Performance of femtosecond laser-textured cutting tools deposited with WS_2 solid lubricant coatings. Surface and Coatings Technology, 222: 135-143

Enomoto T, Sugihara T. 2010. Improving anti-adhesive properties of cutting tool surfaces by nano-/micro-textures. CIRP Annals—Manufacturing Technology, 59(1): 597-600

Enomoto T, Sugihara T, Yukinaga S, et al. 2012. Highly wear-resistant cutting tools with textured surfaces in steel cutting. CIRP Annals—Manufacturing Technology, 61(1): 571-574

Etsion I. 2005. State of the art in laser surface texturing. Journal of Tribology, 127(1): 248-253

Etsion I, Sher E. 2009. Improving fuel efficiency with laser surface textured piston rings. Tribology International, 42(4): 542-547

Fatima A, Mativenga P T. 2015. A comparative study on cutting performance of rake-flank face structured cutting tool in orthogonal cutting of AISI/SAE 4140. The International Journal of Advanced Manufacturing Technology, 78(9-12): 2097-2106

Guo P, Ehmann K F. 2013. An analysis of the surface generation mechanics of the elliptical vibration texturing process. International Journal of Machine Tools & Manufacture, 64(1): 85-95

Inomata Y, Fukui K, Shirasawa K. 1997. Surface texturing of large area multicrystalline silicon solar cells using reactive ion etching method. Solar Energy Materials and Solar Cells, 48(1): 237-242

Jahan M P, Rahman M, Wong Y S. 2011. A review on the conventional and micro-electro discharge machining of tungsten carbide. International Journal of Machine Tools and Manufacture, 51(12): 837-858

Jeng Y R. 1996. Impact of plateaued surfaces on tribological performance. Tribology Transactions, 39(2): 354-361

Jeschke H O, Garcia M E, Lenzner M, et al. 2002. Laser ablation thresholds of silicon for different pulse durations: Theory and experiment. Applied Surface Science, 197(1): 839-844

Kalss W, Reiter A, Derflinger V, et al. 2006. Modern coatings in high performance cutting applications. International Journal of Refractory Metals & Hard Materials, 24(5): 399-404

Kawasegi N, Sugimori H, Morimoto H, et al. 2009. Development of cutting tools with microscale and nanoscale textures to improve frictional behavior. Precision Engineering, 33(3): 248-254

Kim D M, Lee I, Kim S K, et al. 2016. Influence of a micropatterned insert on characteristics of the tool-workpiece interface in a hard turning process. Journal of Materials Processing Technology, 229: 160-171

Klocke F, Krieg T. 1999. Coated tools for metal cutting—Features and application. Annals of the CIRP, 48(2): 515-525

Koshy P, Tovey J. 2011. Performance of electrical discharge textured cutting tools. CIRP Annals—Manufacturing Technology, 60(1): 153-156

Lei S,Devarajan S,Chang Z H. 2009. A comparative study on the machining performance of textured cutting tools with lubrication. International Journal of Mechatronics and Manufacturing Systems,2(4):401-413

Lei S,Devarajan S,Chang Z H. 2009. A study of micropool lubricated cutting tool in machining of mild steel. Journal of Materials Processing Technology,209(3):1612-1620

Li Y,Deng J X,Chai Y S,et al. 2016. Surface textures on cemented carbide cutting tools by micro EDM assisted with high frequency vibration. International Journal of Advanced Manufacturing Technology,82(9-12):2157-2165

Lian Y S,Deng J X,Li S P,et al. 2013. Preparation and cutting performance of WS$_2$ soft-coated tools. International Journal of Advanced Manufacturing Technology,67(5-8):1027-1033

Ling T D,Liu P,Xiong S,et al. 2013. Surface texturing of drill bits for adhesion reduction and tool life enhancement. Tribology Letters,52(1):113-122

Liu Y Y,Deng J X,Wu F F,et al. 2017. Wear resistance of carbide tools with textured flank-face in dry cutting of green alumina ceramics. Wear,372-373:91-103

Liu Y Y,Liu L L,Deng J X,et al. 2017. Fabrication of micro-scale textured grooves on green ZrO$_2$ ceramics by pulsed laser ablation. Ceramics International,43(8):6519-6531

Lorazo P,Lewis L J,Meunier M. 2003. Short-pulse laser ablation of solids:From phase explosion to fragmentation. Physical Review Letters,91(22):225502

Neves D,Diniz A E,Lima M S F. 2013. Microstructural analyses and wear behavior of the cemented carbide tools after laser surface treatment and PVD coating. Applied Surface Science,282(5): 680-688

Obikawa T,Kamio A,Takaoka H,et al. 2011. Micro-texture at the coated tool face for high performance cutting. International Journal of Machine Tools and Manufacture,51(12):966-972

Pal V K,Choudhury S K. 2015. Fabrication of texturing tool to produce array of square holes for EDM by abrasive water jet machining. International Journal of Advanced Manufacturing Technology,85(9-12):2061-2071

Rethfeld B,Sokolowski-Tinten K,von der Linde D,et al. 2004. Timescales in the response of materials to femtosecond laser excitation. Applied Physics A,79(4-6):767-769

Ryk G,Etsion I. 2006. Testing piston rings with partial laser surface texturing for friction reduction. Wear,261(7):792-796

Sabri L,Mansori E M. 2009. Process variability in honing of cylinder liner with vitrified bonded diamond tools. Surface and Coatings Technology,204(6):1046-1050

Sakabe S, Hashida M, Tokita S, et al. 2009. Mechanism for self-formation of periodic grating structures on a metal surface by a femtosecond laser pulse. Physical Review B,79(3):033409

Sciti D,Bellosi A. 2001. Laser-induced surface drilling of silicon carbide. Applied Surface Science, 180(1):92-101

Sharma V,Pandey P M. 2016. Recent advances in turning with textured cutting tools:A review. Journal of Cleaner Production,137:701-715

Smith G T. 2008. Cutting Tool Technology: Industrial Handbook. New York: Springer Science and Business Media

Sugihara T, Enomoto T. 2009. Development of a cutting tool with a nano/micro-textured surface—Improvement of anti-adhesive effect by considering the texture patterns. Precision Engineering, 33(4): 425-429

Sugihara T, Enomoto T. 2012. Improving anti-adhesion in aluminum alloy cutting by micro stripe texture. Precision Engineering, 36(2): 229-237

Sugihara T, Enomoto T. 2013. Crater and flank wear resistance of cutting tools having micro textured surfaces. Precision Engineering, 37(4): 888-896

Venkatesan S, Stephens L S. 2005. Surface textures for enhanced lubrication: Fabrication and characterization techniques. Lexington: University of Kentucky Libraries

Viana R, Lima M S F, Sales W F, et al. 2015. Laser texturing of substrate of coated tools—Performance during machining and in adhesion tests. Surface and Coatings Technology, 276: 485-501

Vora H D, Santhanakrishnan S, Harimkar S P, et al. 2012. Evolution of surface topography in one-dimensional laser machining of structural alumina. Journal of the European Ceramic Society, 32(16): 4205-4218

Vorobyev A, Guo C. 2008. Femtosecond laser-induced periodic surface structure formation on tungsten. Journal of Applied Physics, 104(6): 063523

Wakuda M, Yamauchi Y, Kanzaki S. 2002. Effect of workpiece properties on machinability in abrasive jet machining of ceramic materials. Precision Engineering, 26(2): 193-198

Wakuda M, Yamauchi Y, Kanzaki S, et al. 2003. Effect of surface texturing on friction reduction between ceramic and steel materials under lubricated sliding contact. Wear, 254(3-4): 356-363

Wang X, Kato K, Adachi K, et al. 2001. The effect of laser texturing of SiC surface on the critical load for the transition of water lubrication mode from hydrodynamic to mixed. Tribology International, 34(10): 703-711

Wu Z, Deng J X, Chen Y, et al. 2012. Performance of the self-lubricating textured tools in dry cutting of Ti-6Al-4V. International Journal of Advanced Manufacturing Technology, 62(1-2): 943-951

Wu Z, Deng J X, Xing Y Q, et al. 2012. Tribological behaviour of textured cemented carbide filled with a solid lubricant in dry sliding with titanium alloys. Wear, 292-293(29): 135-143

Xie J, Luo M J, He J L, et al. 2012. Micro-grinding of micro-groove array on tool rake surface for dry cutting of titanium alloy. International Journal of Precision Engineering and Manufacturing, 13(10): 1845-1852

Xie J, Luo M J, Wu K K, et al. 2013. Experimental study on cutting temperature and cutting force in dry turning of titanium alloy using a non-coated micro-grooved tool. International Journal of Machine Tools and Manufacture, 73(1): 25-36

Xie J, Li Y H, Yang L F. 2015. Study on 5-axial milling on microstructured freeform surface using the macro-ball cutter patterned with micro-cutting-edge array. CIRP Annals—Manufacturing

Technology,64(1):101-104

Xing Y Q,Deng J X,Lian Y S,et al. 2014. Multiple nanoscale parallel grooves formed on $Si_3 N_4$/ TiC ceramic by femtosecond pulsed laser. Applied Surface Science,289(1):62-71

Xing Y Q,Deng J X,Zhao J,et al. 2014. Cutting performance and wear mechanism of nanoscale and microscale textured $Al_2 O_3$/TiC ceramic tools in dry cutting of hardened steel. International Journal of Refractory Metals and Hard Materials,43(3):46-58

Xing Y Q,Deng J X,Zhou Y H,et al. 2014. Fabrication and tribological properties of $Al_2 O_3$/TiC ceramic with nano-textures and WS_2/Zr soft-coatings. Surface and Coating Technology,258: 699-710

Xing Y Q,Deng J X,Wang X S,et al. 2015. Effect of laser surface textures combined with multi-solid lubricant coatings on the tribological properties of $Al_2 O_3$/TiC ceramic. Wear,342-343: 1-12

Zhang K D,Deng J X,Xing Y Q,et al. 2015. Effect of microscale texture on cutting performance of WC/Co-based TiAlN coated tools under different lubrication conditions. Applied Surface Science,326:107-118

Zhang K D,Deng J X,Meng R,et al. 2016. Influence of laser substrate pretreatment on anti-adhesive wear properties of WC/Co-based TiAlN coatings against AISI 316 stainless steel. International Journal of Refractory Metals and Hard Materials,57:101-114

Zhu W L,Xing Y Q,Ehmann K F,et al. 2016. Ultrasonic elliptical vibration texturing of the rake face of carbide cutting tools for adhesion reduction. The International Journal of Advanced Manufacturing Technology,85(9-12):2669-2679